인벤터 3D CAD 실기/실습 형상모델링

이광수 · 공성일 공저

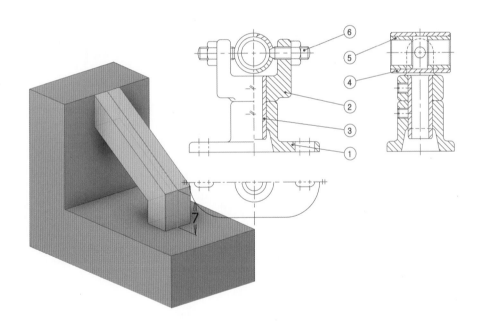

일진사

∷ 책 머리에...

최근 3D 프린터는 제조업계에 있어 혁명적 도구라고 해도 과언이 아닙니다.

쏟아지는 관심에 3D 프린팅 데이터를 만들어 주는 3D 형상 모델링 소프트웨어에 대한 시장부터 민감하게 반응하고 있습니다. 이에 따라 개인 사용자는 물론 산업계에서도 사용하기 쉽고 안정적이며 다양한 기능을 탑재한 3D CAD(Computer Aided Design) 프로그램이 각광을 받고 있습니다. 그 중 대표격이 오토데스크(AUTODESK) 사의 인벤터(Inventor)입니다.

오토데스크는 급변하는 외부 환경 변화와 고객들의 니즈에 맞춰 학교를 중심으로 이 프로그램을 무료로 보급하고 있습니다. 또한 사용자로부터 수집한 의견과 설문을 토대로 성능과 기능을 꾸준히 개선하는 모습입니다. 이로 인한 변화 때문에 작업자 입장에서 새 기능에 적응하기 쉽지 않은 경우가 있습니다.

본 저자는 이 프로그램을 누구보다 빨리 익힐 수 있도록 책을 구성하였습니다.

초보자 입장에서 기능을 가장 효율적으로 습득할 수 있게 과제들 중심으로 원고를 작성하였습니다. 내용을 최대한 쉽고 효율적으로 전달할 수 있는 방법을 찾기 위해 수차례의 교육 관계자 미팅과 여러 번의 원고 수정을 거쳐, 이를 통해 충분한 예제와 다른 책과 차별화되는 직관적이면서도 이해가 쉬운 설명을 추구하였습니다. 또한 CAD와 CAM 자격증까지 아우를 수 있게 신경을 썼습니다.

무엇보다 실무에서 중요성이 대두되고 있는 국가직무표준능력(NCS) 기준에 맞춰 크게 세 가지 특징으로 구성하였습니다.

첫째, 교육자가 아닌 학습자 중심으로 서술하였습니다.

3D 형상 모델링 입문자가 내용을 이해하는 데 걸리는 시간을 최소화하고, 직관적으로 따라 할 수 있도록 내용을 구성하였으며, 교육 공학 개념에 따라 편집 전 수업 시뮬레이션을 실시하고 그 내용을 반영하여 누구나 쉽고 빠르게 따라 할 수 있는 내용으로 구성하였습니다.

둘째, 산업 현장에서 요구하는 사용자의 요구 수준에 맞추어 제작하였습니다.

현장 및 교육 전문가 등이 내용을 검증해 현장 입문자에게 맞도록 최적화하였습니다.

셋째, 국가직무표준능력(NCS) 관련 과정 평가형 응시자는 물론 자격증 시험을 준비하는 사람들도 이 책 한 권으로 공부가 가능하도록 집필하였습니다.

컴퓨터응용가공산업기사, 기계설계산업기사, 전산응용기계제도기능사, 컴퓨터응용밀링기능사를 준비하는 수험자가 짧은 시간에 필요한 정보를 얻을 수 있도록 하였습니다.

아무쪼록 이 책이 여러분의 꿈을 실현하는데 있어 조금이나마 도움이 되기를 바라며, 아울러 책이 탄생하기까지 힘써 주신 분들께도 감사의 말씀을 전하고 싶습니다.

저자 씀

● **능력단위 학습 목표**

첫째, 3D-CAD(인벤터) 시작 대화상자를 열어 명령을 실행하고 보조 명령어로 캐드 프로그램을 사용자 환경에 맞게 설정하여 3D 형상 모델링에 필요한 명령과 옵션을 설정하고 도면 영역을 지정하여 출력하고 데이터를 관리할 수 있다.

둘째, KS규격에 따라 형상 모델링 및 도면작성에 필요한 선의 기본 모양, 형태는 물론 문자, 숫자, 기호 등의 색상 및 크기와 굵기(가중치)를 설정할 수 있다.

셋째, 투상법과 제3각법의 투상 원리를 이해하여 2D 도면을 3차원(3D)으로 CAD 프로그램을 이용하여 3D 형상을 모델링할 수 있다.

넷째, 3D 형상 모델링을 2D로 변환하여 부품의 형상과 가공 방법에 따른 정밀도를 적용한 치수 공차 및 주서, 치수 허용차, 끼워 맞춤 공차, 표면 거칠기, 재료 기호 크기, 기하 공차 지시에 따라 KS 규격에 맞게 치수 보조 기호를 사용하여 치수를 기입할 수 있다.

다섯째, 결합용 기계 요소, 동력 전달 기계 요소와 지그 등의 종류와 기능을 이해하고 KS규격에서 규정한 자료를 찾아 부품의 형상을 모델링할 수 있다.

● **선수 학습**

3D 형상 모델링은 기계, 자동화, 치공구 부품을 제작하기 위해 3D CAD(인벤터) 프로그램을 이용한 3D 형상 모델링을 하는 과정으로서 각 교육기관에서 보유하고 있는 2D 도면 작성용 CAD 프로그램 운용에 대한 선수 학습이 필요하다.

● **관련 지식, 기술, 태도, 사용 장비 및 공구**

(1) 관련 지식

- CAD 프로그램 운용에 관한 지식
- 제도 기본에 관한 지식
- 투상 방법에 관한 지식
- 치수 지시와 치수 공차, 끼워 맞춤 공차, 기하 공차, 표면 거칠기, 주서, 재료 선정에 관한 지식
- 기계 요소에 관한 지식
- 3D 도면 작성
- 동력 전달 요소에 관한 지식
- 동력 전달 요소의 기능과 작동, 특성에 관한 지식
- 지그의 기구적 기능과 작동, 특성에 관한 지식
- 기계공작 및 기계재료에 관한 지식
- KS규격에 관한 지식

(2) 기술

- 기본적인 설계 자료(KS 데이터 등)의 수집 및 분류 능력
- 3D CAD 프로그램 운용 능력

(3) 태도

- 요구하는 데이터 형식으로 변환할 수 있는 분석적 태도
- 도면 형식에 관한 자료 요청 및 수집을 위한 분석적 태도
- 3D 형상 모델링에 의한 부품들의 호환성과 규격화에 관한 책임감

(4) 사용 장비 및 공구

- 3D CAD 시스템 및 인벤터 프로그램

종합 과제 평가표

항목	주요 항목	세부 채점	세부 배점 및 구분 (모범 답안을 기준으로 함.)	배점	종합	합계
1	투상도 선택 수와 배열 및 단면도	투상도 선택 수 적절성과 배열 위치 (특히, 저면도 또는 평면도와 상세도)	최상 7점, 상 5점, 보통 3점, 나쁨 1점, 아주 나쁨 0점	7	30	100
		올바른 대칭, 부분, 국부상도 선택 수와 적절성	최상 7점, 상 5점, 보통 3점, 나쁨 1점, 아주 나쁨 0점	7		
		올바른 온, 한쪽, 부분, 회전, 계단 단면도 선택 수와 적절성 등	최상 7점, 상 5점, 보통 3점, 나쁨 1점, 아주 나쁨 0점	7		
		모따기 누락, 투상선 누락, 단면도, 상세도 관련 주서 크기와 위치, 척도 값	채점 부위 개소를 정하고 틀린 개소 당 1점 감점	9		
2	치수 지시	중요 치수 지시 값, 지시 위치, 기준	채점 부위 개소를 정하고 치수 값, 지시 위치가 틀린 개소 당 1점 감점	5	20	
		일반 치수 지시 값, 지시 위치, 기준		5		
		치수 지시 누락	치수 지시 1개소 누락 당 1점 감점	10		
3	치수 공차, 끼워 맞춤 공차 기호	치수 공차 지시 값, 지시 위치	틀린 개소 당 1점 감점	10	10	
4	기하 공차 기호	데이텀 지시 위치	틀린 데이텀 지시 1개소 당 1점 감점	4	10	
		기하 공차 기호 지시 ('∅'기호 있음 또는 없음 채점 필수)	틀린 기하 공차 지시 1개소 당 1점 감점	6		
5	표면 거칠기	표면 거칠기 기호 지시 위치, 값 (대표 기호와 부품도 지시 일치 필수)	틀린 표면 거칠기 지시 1개소 당 1점 감점	10	10	
6	재료 지시	주요 부품 적절한 재료 선택	틀린 1개 부품 당 1점 감점	3	3	
7	배치	도면 전체에 대한 각 부품의 적절한 배치	상 3점, 중 2점, 하 1점	3	3	
8	주서	주서의 적절한 내용 지시	상 2점, 중 1점, 하 0점	2	2	
9	부품란	부품명의 적절성 및 부품 수량 등	상 2점, 중 1점, 하 0점	2	2	
10	3D 형상 모델링	3D 형상 모델링 렌더링의 적절성과 배열 위치	최상 10점, 상 7점, 보통 4점, 나쁨 1점, 아주 나쁨 0점	10	10	

∷ 차 례

Chapter **3** 단품 모델링하기

Chapter 4　분해 조립

Chapter 5　파트 모델링하기

Chapter **6** **도면 작성하기**

Chapter **7** CAM 가공

Chapter **8** 종합 평가

Inventor

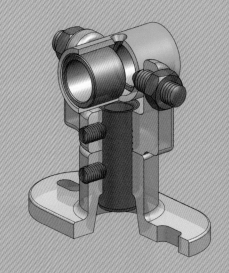

Chapter
1

Inventor의 시작

1 Window에서의 시작

① Window 창에서 Autodesk Inventor Professional 2019의 바로가기 아이콘 ⬛을 더블클릭한다.

② Window 창에서 시작 ⇨ 모든 프로그램(P) ⇨ Autodesk Inventor 2019 ⇨ Autodesk Inventor Professional 2019를 선택한다.

2 Inventor 환경 및 화면 구성

(1) Inventor의 초기 화면

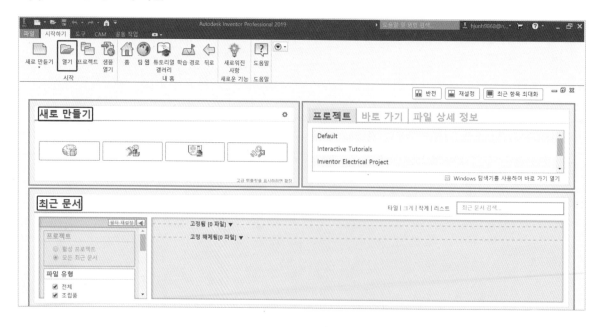

Inventor를 실행하면 위와 같은 화면이 나타난다. 주요 아이콘별 기능은 다음과 같다.

① **새로 만들기** : 새로운 작업을 시작할 때 선택한다.

② **열기** : 기존에 저장된 작업 파일을 불러온다.

③ **최근 문서** : 가장 최근에 작업한 데이터를 불러온다.

[새로 만들기]를 클릭하면 다음과 같은 화면이 나온다.
부품-2D 및 3D 객체 작성 ⇨ Standard.ipt ⇨ 작성

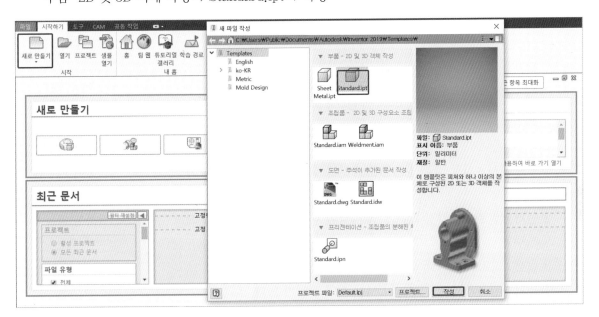

(2) Inventor 화면 구성

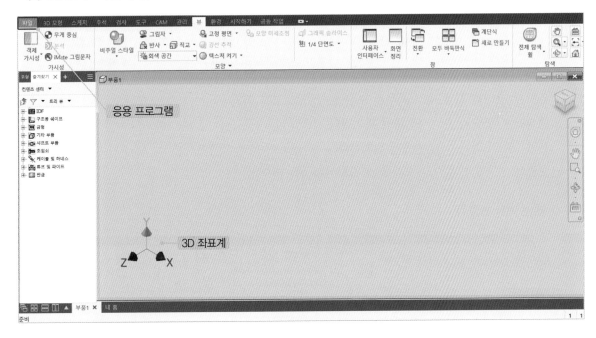

(3) 응용 프로그램 메뉴

새로 만들기 : 새 파일을 작성한다.

열기 : 기존에 저장된 작업 파일을 불러온다.

저장 : 파일을 저장한다.

다른 이름으로 저장 : 다른 이름의 파일 사본을 저장한다.

내보내기 : 파일을 DWG, PDF 또는 다른 CAD/이미지 형식으로 내보내기 한다.

관리 : 모든 파일을 변환 또는 갱신하여 관리한다.

Vault 서버 : Vault로 연결한다.

iProperties : iProperties로 연결한다.

인쇄 : 인쇄(출력)한다.

닫기 : 닫기

① **최근 문서** : 가장 최근에 사용한 파일이 맨 위부터 목록에 나열되고, 파일을 선택하여 파일을 불러온다.

② **현재 열린 문서** : 가장 최근에 연 파일이 맨 위부터 목록에 나열되고, 파일을 선택하여 파일을 불러온다.

③ **옵션** : 응용 프로그램 옵션 대화상자에서 옵션을 선택한다.

④ **닫기** : 활성화된 파일 닫기와 모든 파일 닫기가 있다.

(4) 리본

① 기능별로 명령 아이콘을 나열하며, 탭들을 분류하여 묶은 활성화된 창에 따라 변경된다.

윈도우 그래픽 창 위에서 마우스 오른쪽 클릭 ⇨ 고정 위치

맨 위 : 수평 리본은 창 맨 위에 위치한다.

왼쪽 : 수직 리본은 창 왼쪽에 위치한다.

오른쪽 : 수직 리본은 창 오른쪽에 위치한다.

② **리본 메뉴 만들기**

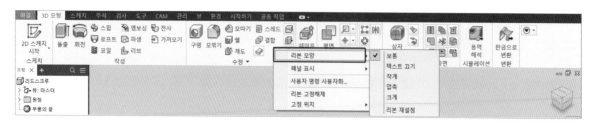

리본 메뉴에서 마우스 오른쪽 버튼을 클릭하면 팝업창이 나온다. 여기서 리본 메뉴를 생성하고 삭제할 수 있다.

(5) 키 탭

[F10]키를 선택하면 응용 프로그램 메뉴가 나타나며, 위와 같은 접근 도구막대 및 리본에 바로가기가 표시된다. 표시된 영문키를 선택하면 명령이 실행된다.

(6) 모형(검색기 막대)

부품 작업 요소 간의 상호 관계 구조 등의 정보를 표시한다.

(7) 작업창

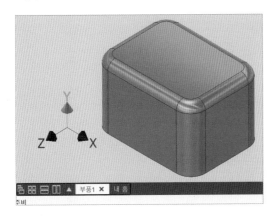

문서 탭 : 여러 개의 파일이 열려 있으며 작업창 아래에 파일 이름의 탭이 생성된다. 탭 위에 커서를 놓으면 표시되고, 선택하면 파일 내용이 나타난다.

윈도우 그래픽 화면에서 마우스 오른쪽 클릭

기능의 목차 메뉴를 제공하며, 선택한 객체의 자주 사용하는 기능을 표시하고 선택하면 명령을 실행할 수 있다.

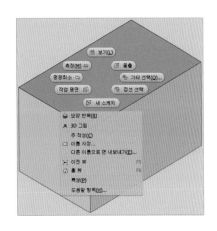

모델링 객체(면, 모서리)를 선택하고 마우스 오른쪽 클릭

모델링에서 사용되는 메뉴를 제공하며, 모델링 객체의 자주 사용하는 기능을 표시하고 선택하면 명령을 실행할 수 있다.

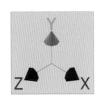

3D 좌표계

기본 좌표계는 X축 – 적색, Y축 – 녹색, Z축 – 청색으로 표시한다.

❸ 기본 명령어

(1) 새로 만들기(Ctrl+N)

새 파일 대화상자에 표시된 템플릿 파일을 선택하여 새로운 작업을 시작한다.

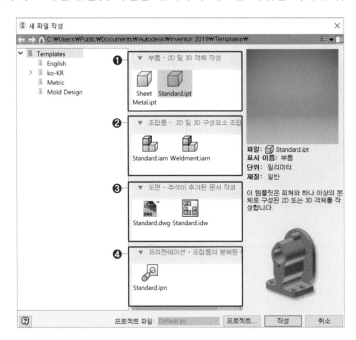

- Templates 탭 : 기본 표준 파일을 새로 생성한다.
- English 탭 : Inch계열의 파일(ANSI, Inch계열)을 새로 생성한다.
- Metric 탭 : mm계열의 파일(JIS, DIN, ISO, mm계열)을 새로 생성한다.
- Mold Design 탭 : 금형설계의 파일을 새로 생성한다.

❶ 부품-2D 및 3D 객체 작성

    – Sheet Metal.ipt : 판금 부품 파일을 작성한다.

    – Standard.ipt : 부품 파일을 작성한다.

❷ 조립품-2D 및 3D 구성요소 조립

    – Standard.iam : 조립품을 작성한다.

    – Weldment.iam : 용접의 조립품(구조물)을 작성한다.

❸ 도면-주석이 추가된 문서 작성

    – Standard.dwg : Inventor 도면(.dwg)를 작성한다.

    – Standard.idw : Inventor 도면(.idw)를 작성한다.

❹ 프리젠테이션-조립품의 분해된 투영 작성

    – Standard.ipn : Autodesk Inventor 프리젠테이션을 작성한다.

(2) 열기(Ctrl+O)

기존에 작성하여 저장한 파일을 연다.

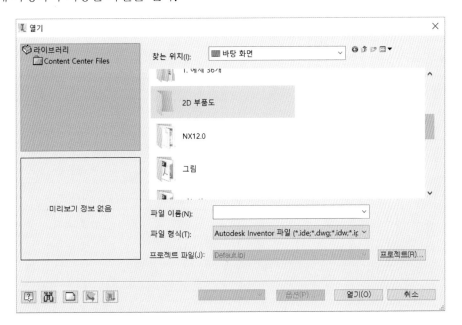

찾는 위치(I) : 찾는 파일 경로의 위치

파일 목록 창 : 파일의 목차를 표시

파일 이름(N) : 열고자 하는 파일 이름을 입력한다.

파일 형식(T) : 나열된 파일 목록에서 열고자 하는 형식을 선택한다.

프로젝트 파일(J) : 프로젝트 파일을 표시

프로젝트(R)... : 프로젝트 파일의 프로젝트 대화상자를 연다.

빠른 시작 : 새 파일 대화상자가 열린다.

찾기(F)... : 파일의 특성으로 검색할 대화상자를 연다.

옵션(P)... : 파일의 옵션을 설정할 대화상자를 연다.

(3) 저장

파일 이름과 형식으로 지정하여 저장한다.

(4) 다른 이름으로 저장

다른 파일 이름과 형식으로 지정하여 저장한다.

４ 단축키

(1) Windows 단축키

단축키	기능	탭	단축키	기능	탭
Ctrl + A	모두 선택	전체	Ctrl + S	저장	전역
Ctrl + C	선택한 항목 복사	전역	Ctrl + V	붙여넣기	전역
Ctrl + N	새로 만들기	전역	Ctrl + X	잘라내기	관리
Ctrl + O	열기	전역	Ctrl + Y	명령 복구	전역
Ctrl + P	인쇄	전역	Ctrl + Z	명령 취소	전역

(2) Inventor 단축키

단축키	기능	탭	단축키	기능	탭
F1	도움말	전역	F C	형상 공차	도면
F2	그래픽 창 초점 이동	전역	H	구멍	부품
F3	확대 또는 축소	전역	L	선	스케치
F4	객체 회전	전역	L E	지시선	도면
F5	이전 뷰로 돌아감	전역	L O	플롯 피처	부품
F6	등각 투영 뷰	전역	M	이동	조립
F7	슬라이스	스케치	M I	대칭	부품/조립
F8	구속조건 표시	스케치	N	구성 요소 작성	조립
F9	구속조건 숨기기	스케치	O D S	세로좌표 치수 세트	스케치
B	품번 명령 활성화	도면	P	구성 요소 배치	조립
B D A	기준선 치수 세트	도면	Q	IMATE 작성	조립
C	원그리기	스케치	R	회전	부품/조립
C	구속조건	조립	R O	구성 요소 회전	조립
C H	모따기	부품	R P	직사각형 패턴	부품/스케치
C P	원형 패턴	2D 스케치	S	2D 스케치	부품/스케치
D	일반 치수	스케치/도면	S 3	3D 스케치	부품

단축키	기능	탭	단축키	기능	탭
D	면 기울기/테이퍼	부품	S W	스윕	부품/조립
E	돌출		T	텍스트	스케치/도면
F	모깎기	부품/조립	T	구성 요소 미세 조정	프리젠테이션
T R	자르기	스케치	Alt + 마우스 끌기	조립 메이트 구속조건	조립
]	작업 평면	전역	Ctrl + −	맨 위 항목으로 복귀	부품/조립
/	작업축		Ctrl + .	원점	
•	작업점	스케치/부품	Ctrl + /	원점 축	
,	고정 작업점	부품	Ctrl +]	원점 평면	
Alt + .	사용자 작업점	부품/조립	Ctrl + =	상위 항목으로 복귀	
Alt + /	사용자 작업축		Ctrl + O	화면	전역
Alt +]	사용자 작업 평면		Ctrl + Enter	복귀	부품/조립
Alt + F11	VBA 펌집기	도구	Ctrl + H	대지	조립
Alt + F8	매크로		Ctrl + Shift + E	자유도	

:: 2 스케치 작성하기

1 스케치 환경

- 2D 스케치를 작업 평면 또는 새 작업 평면에 작성하거나 조립품의 작업 평면에 작성한다. 스케치 패널 막대의 도구를 사용하여 프로파일 또는 경로의 곡선을 작성한다.
- 2D 스케치를 클릭한다.

2D 스케치를 클릭하면 데이텀 평면과 데이텀 축, 점이 나타나는데, **F6은 등각보기**로 전환된다.
XY, XZ, YZ 데이텀 면과 점을 활용하여 스케치한다.

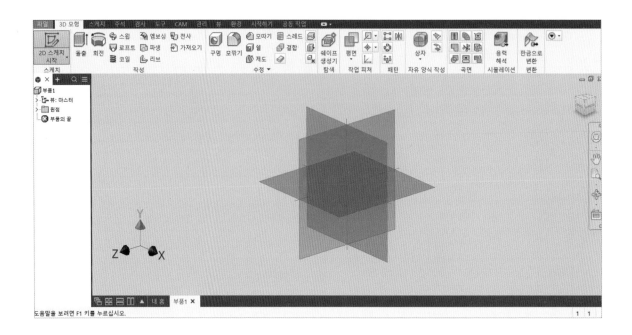

2 도형 그리기

(1) 선 그리기

두 개의 점을 잇는 프로파일선으로 Esc 또는 더블클릭하면 선 기능이 종료된다.

메뉴 ⇨ 스케치 ⇨ 작성 ⇨ 선(✏)

① 작업창에서 선의 시작점을 선택한다.

② 마우스를 수평으로 이동하여 길이 60과 수평 구속조건을 입력하고 Enter┘한다.

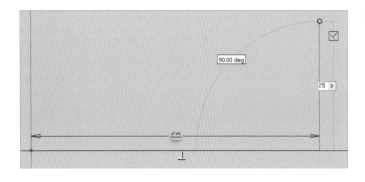

③ 마우스를 수직으로 구속조건과 길이 25와 직각 구속조건을 입력하고 Enter┘한다.

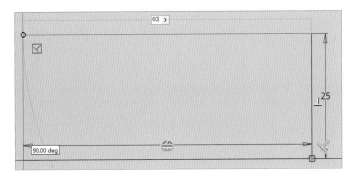

④ 마우스를 수평으로 이동하여 길이 60과 직각 구속조건을 입력하고 [Enter↵]한다.

⑤ 마우스를 수직으로 이동하여 시작점을 클릭하여 사각형을 완성한다.

> **참고** **선과 호 작성**
> - 첫 번째 점을 클릭한다.
> - 두 번째 점을 클릭한 상태로 마우스를 움직이면 원호가 그려진다.

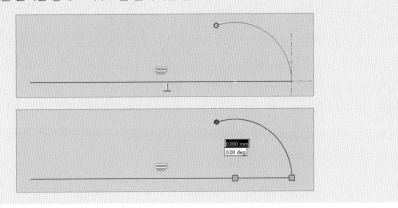

(2) 원

① 중심점 원

중심점과 반지름이 있는 원을 작성한다.

메뉴 ⇨ 스케치 ⇨ 작성 ⇨ 원(◎)

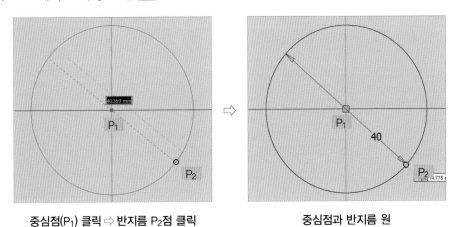

중심점(P₁) 클릭 ⇨ 반지름 P₂점 클릭　　　　　중심점과 반지름 원

> **참고** 치수로 입력하려면 지름값 55를 입력한다.

② 3접점 원

3접점에 접한 원을 작성한다.

메뉴 ⇨ 스케치 ⇨ 작성 ⇨ 원( )

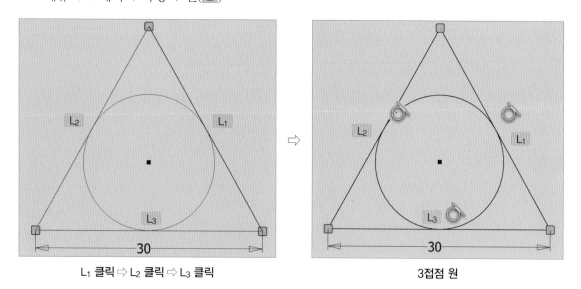

L₁ 클릭 ⇨ L₂ 클릭 ⇨ L₃ 클릭   3접점 원

③ 타원

중심점 및 축과 보조축을 사용하여 타원을 작성한다.

메뉴 ⇨ 스케치 ⇨ 작성 ⇨ 타원( )

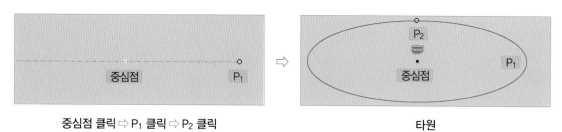

중심점 클릭 ⇨ P₁ 클릭 ⇨ P₂ 클릭   타원

참고   타원은 중심점, 장축, 단축을 이용하여 타원을 작도하며, 장축과 단축은 작도 순서에 관계없이 치수 또는 형상구속으로 장축, 단축을 구분한다.

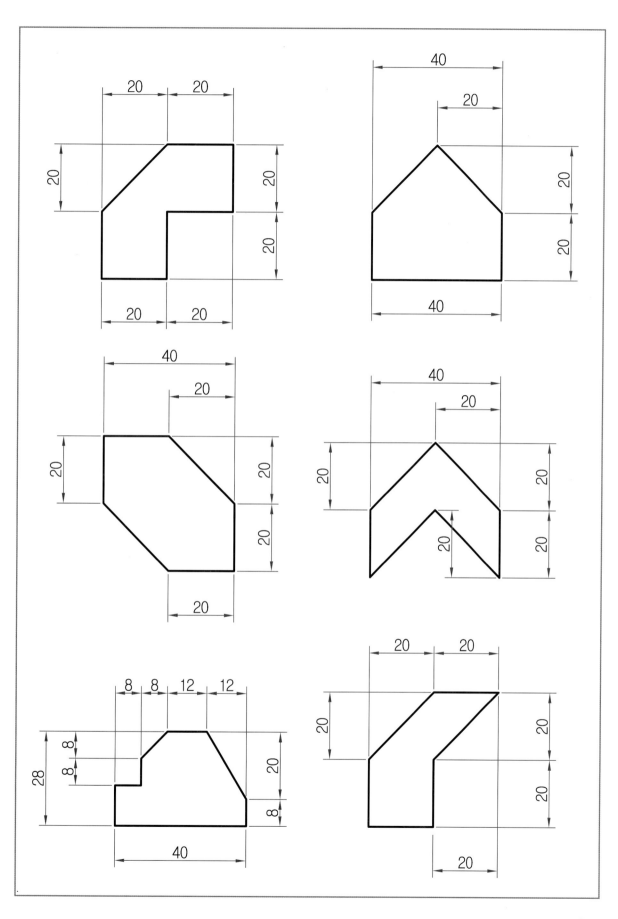

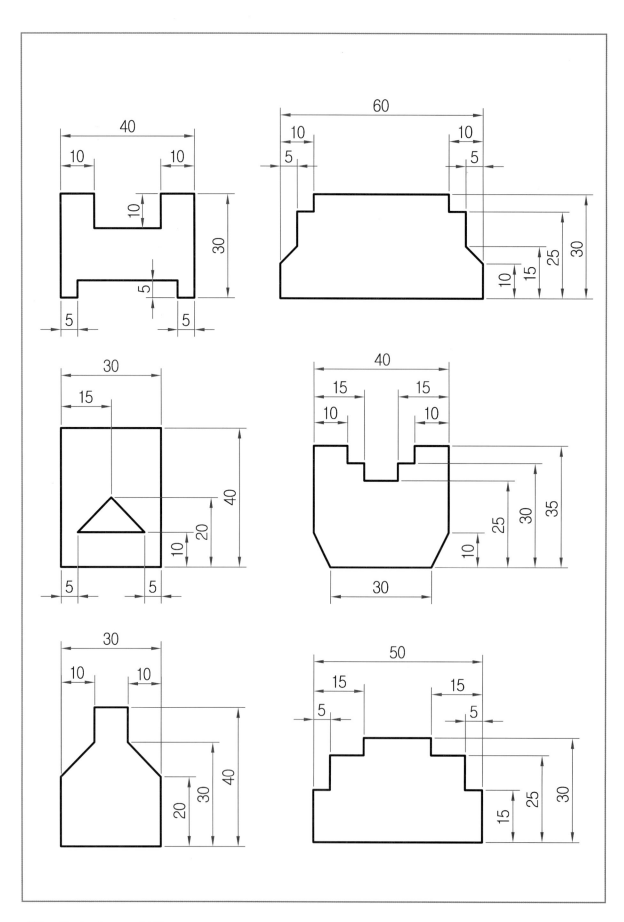

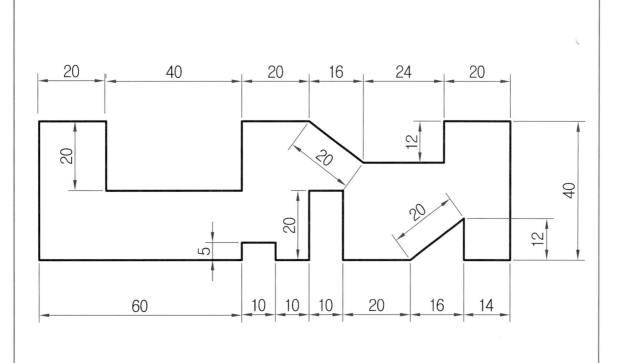

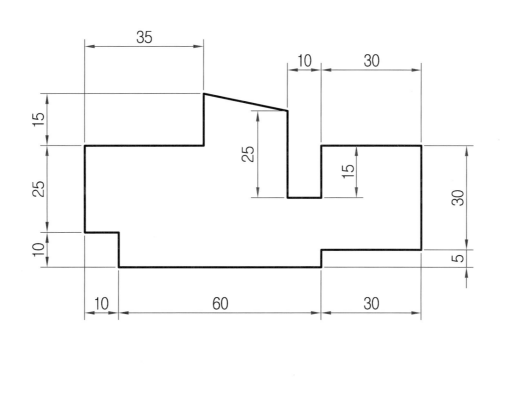

(3) 호 그리기

① 3점 호

시작점과 끝점 등 3점의 호를 작성한다.

메뉴 ⇨ 스케치 ⇨ 작성 ⇨ 호( )

시작점(P1) 클릭 ⇨ 끝점(P2) 클릭 ⇨ 중간점(P3) 클릭

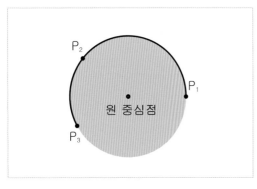

| 3점 호 | 중심점 호 |

② 중심점 호

중심점과 시작점, 끝점의 원호를 작성한다.

메뉴 ⇨ 스케치 ⇨ 작성 ⇨ 호( )

중심점 클릭 ⇨ 시작점(P1) 클릭 ⇨ 끝점(P2) 클릭

(4) 직사각형

가로와 세로 4개의 변으로 4각이 모두 90°인 사각형을 작성한다.

① 두 점 직사각형 그리기

시작점과 끝점의 두 점을 대각선으로 직사각형을 작도한다.

메뉴 ⇨ 스케치 ⇨ 작성 ⇨ 직사각형( )

시작점(P1) 클릭 ⇨ 끝점(P2) 클릭

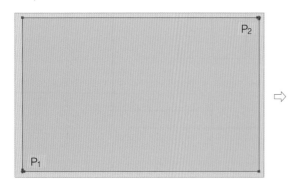 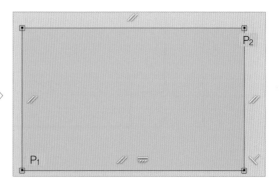

참고 직사각형은 첫 번째 점을 클릭한 다음, 커서를 대각선으로 이동하여 끝점을 클릭한다.

② 두 점 중심 직사각형 그리기

중심점과 끝점의 두 점을 대각선으로 직사각형을 작도한다.

메뉴 ⇨ 스케치 ⇨ 작성 ⇨ 직사각형(▣)

중심점(P_1) 클릭 ⇨ P_2 클릭 ⇨ P_3 클릭

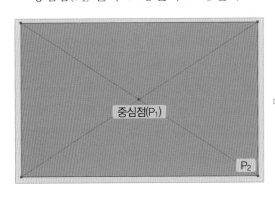 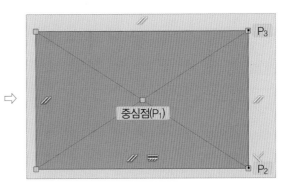

③ 슬롯 그리기

ⓐ 중심대 중심 슬롯 1

슬롯 호의 중심과 중심으로 슬롯을 작도한다.

메뉴 ⇨ 스케치 ⇨ 작성 ⇨ 슬롯(▭)

슬롯 호의 중심점(P_1) 클릭 ⇨ 슬롯 호의 중심점(P_2) 클릭 ⇨ P_3 클릭

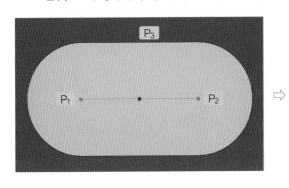 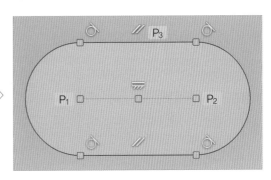

ⓑ 중심대 중심 슬롯 2

슬롯 호의 중심과 중심으로 슬롯을 작도한다.

메뉴 ⇨ 스케치 ⇨ 작성 ⇨ 슬롯(◉)

중심점(P1) 클릭 ⇨ 슬롯 호의 중심점(P_2) 클릭 ⇨ 슬롯 호의 중심점(P_3) 클릭 ⇨ P_4 클릭

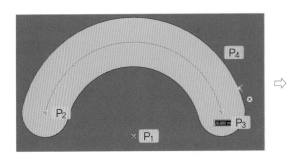 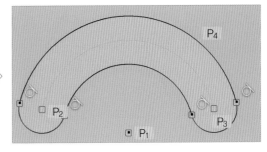

④ 두 점 중심 다각형 그리기

3각형에서 최대 120각형을 작도한다.

메뉴 ⇨ 스케치 ⇨ 작성 ⇨ 폴리곤(⬠)

내접 ⇨ 6 ⇨ 중심점(P₁) 클릭 ⇨ P₂ 클릭　　　　외접 ⇨ 6 ⇨ 중심점(P₁) 클릭 ⇨ P₂ 클릭

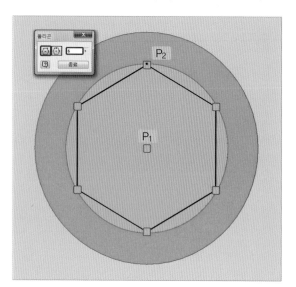
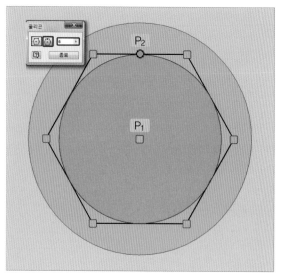

내접 폴리곤　　　　　　　　　　　　　　　　　　외접 폴리곤

3 스케치 구속조건

Inventor는 기하학적 구속조건을 제공한다. 기하학적 구속과 치수 구속을 적용하는 각 곡선에 대한 자유도는 제한되며, 스케치가 완전히 구속되면 스케치 내에서 객체는 구속된다. 이는 곧 각 요소의 스케치 자유도가 제거되는 것을 의미하며, 구속조건을 어떻게 사용하느냐에 따라 설계 변경이 편리해질 수도 어려워질 수도 있다. 스케치의 각 객체가 구속이 되면 객체의 색상은 변하게 된다.

(1) 일치 구속조건

일치 구속조건을 사용하여 객체의 서로 다른 점과 점 또는 점과 곡선을 구속한다.

메뉴 ⇨ 스케치 ⇨ 구속조건 ⇨ 일치 구속조건(L₁의 끝점과 L₂의 끝점 클릭)

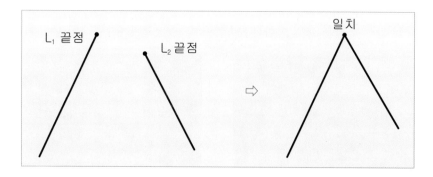

메뉴 ⇨ 스케치 ⇨ 구속조건 ⇨ 일치 구속조건(P₁점과 P₂점 클릭)

메뉴 ⇨ 스케치 ⇨ 구속조건 ⇨ 일치 구속조건(L₁과 P₁점 클릭 : 곡선상의 점)

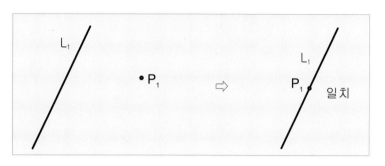

(2) 동일선상 구속조건

동일선상 구속조건은 선택된 선과 선 또는 선과 타원 축이 동일선상에 놓이도록 한다.

메뉴 ⇨ 스케치 ⇨ 구속조건 ⇨ 동일선상 구속조건(L₁과 L₂ 클릭)

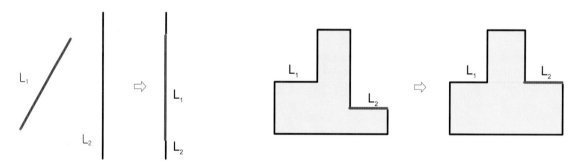

(3) 동심 구속조건

동심 구속조건은 두 개의 호, 원 또는 타원이 동일한 중심점을 갖게 한다.

메뉴 ⇨ 스케치 ⇨ 구속조건 ⇨ 동심 구속조건(C₁과 C₂ 클릭)

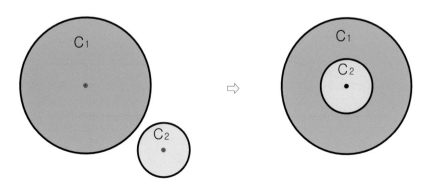

메뉴 ⇨ 스케치 ⇨ 구속조건 ⇨ 동심 구속조건(타원과 C_2 클릭)

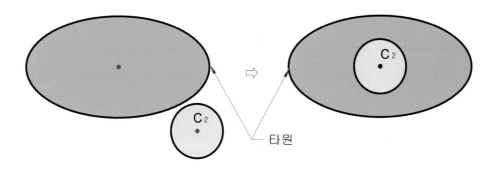

(4) 고정

고정은 스케치 좌표계의 상대적인 위치에 점과 곡선을 고정한다. 스케치 좌표계를 회전 또는 이동하면 고정된 점과 곡선도 함께 회전 또는 이동한다.

메뉴 ⇨ 스케치 ⇨ 구속조건 ⇨ 고정(원, 직선을 각각 클릭)

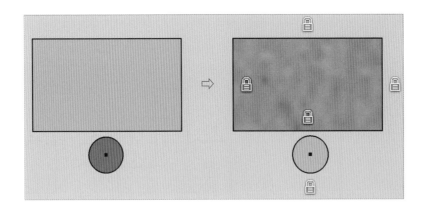

(5) 평행 구속조건

평행 구속조건은 선과 선 또는 선과 타원 축을 서로 평행하게 배치되도록 한다. 3D 스케치에서는 평행 구속조건이 형상에 수동으로 구속하지 않는 한 x, y, z 부품 축에 평행하다.

메뉴 ⇨ 스케치 ⇨ 구속조건 ⇨ 평행 구속조건(L_1과 L_2 클릭)

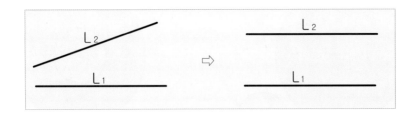

메뉴 ⇨ 스케치 ⇨ 구속조건 ⇨ 평행 구속조건(L₁과 타원 클릭 : 직선과 타원 축선이 서로 평행)

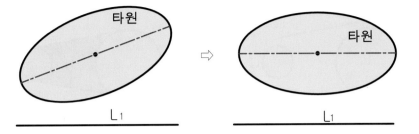

(6) 직각 구속조건

직각 구속조건은 선과 선 또는 선과 타원 축을 서로 90도가 되도록 배치한다.

메뉴 ⇨ 스케치 ⇨ 구속조건 ⇨ 평행 구속조건(L₁과 L₂ 클릭)

(7) 수평 구속조건

수평 구속조건은 선, 타원 축 또는 점(점과 점)을 좌표계의 X축에 평행하게 배치한다.

메뉴 ⇨ 스케치 ⇨ 구속조건 ⇨ 수평 구속조건(L 클릭)

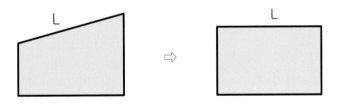

(8) 수직 구속조건

수직 구속조건은 선, 타원 축 또는 점(점과 점)을 좌표계의 Y축에 평행하게 배치한다.

메뉴 ⇨ 스케치 ⇨ 구속조건 ⇨ 수직 구속조건(L 클릭)

(9) 접선

곡선이 서로 접하게 되는 구속조건은 모든 곡선이 다른 곡선에 접하도록 한다. 물리적으로 점을 공유하지 않더라도 곡선은 다른 곡선에 접할 수 있다.

메뉴 ⇨ 스케치 ⇨ 구속조건 ⇨ 접선(L₁과 C₁ 클릭, L₁과 C₂ 클릭, L₂와 C₁ 클릭, L₂와 C₂ 클릭)

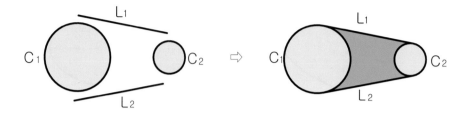

(10) 동일

동일 구속조건은 원과 호의 반지름이 같거나 선과 선의 길이가 같도록 한다.

메뉴 ⇨ 스케치 ⇨ 구속조건 ⇨ 동일(L₁과 L₂ 클릭)

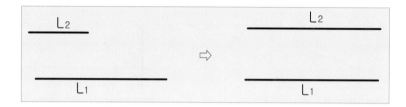

메뉴 ⇨ 스케치 ⇨ 구속조건 ⇨ 동일(C₁과 C₂ 클릭)

(11) 전체 구속조건 표시

어떤 구속조건을 적용했는지 아는 것은 스케치의 구속조건을 적용하는 데 매우 중요하다.

전체 구속조건 표시 ON(F8)   OFF(F9)

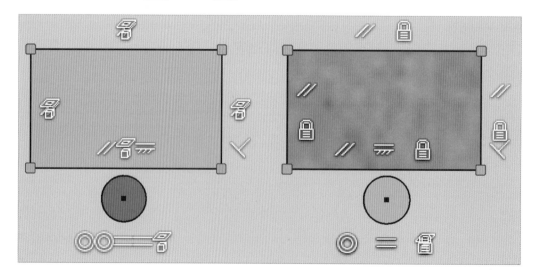

(12) 구속조건 삭제

표시된 구속조건 아이콘을 마우스 오른쪽 버튼으로 클릭하여 해당 구속조건을 삭제할 수 있다.

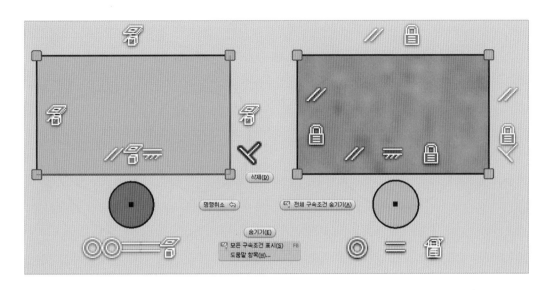

직각 구속조건 아이콘을 마우스 오른쪽 버튼으로 클릭하면 구속조건 아이콘을 삭제, 전체 구속조건 숨기기([F9]), 명령취소를 할 수 있다.

(13) 구성선

구성선은 참조선으로의 선은 스케치에서는 활성선과 같지만, 모델링에서는 선택되지 않는 선으로 스케치할 때 활용하는 선이다.

원 선택 ⇨ 스케치 ⇨ 형식 ⇨ 구성선

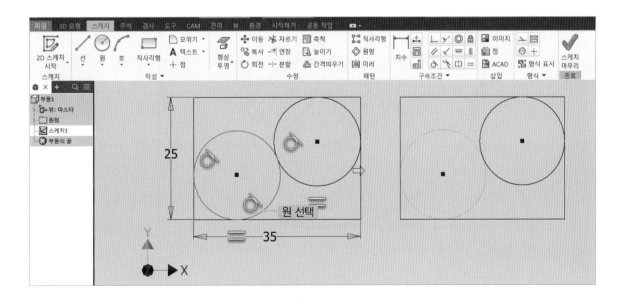

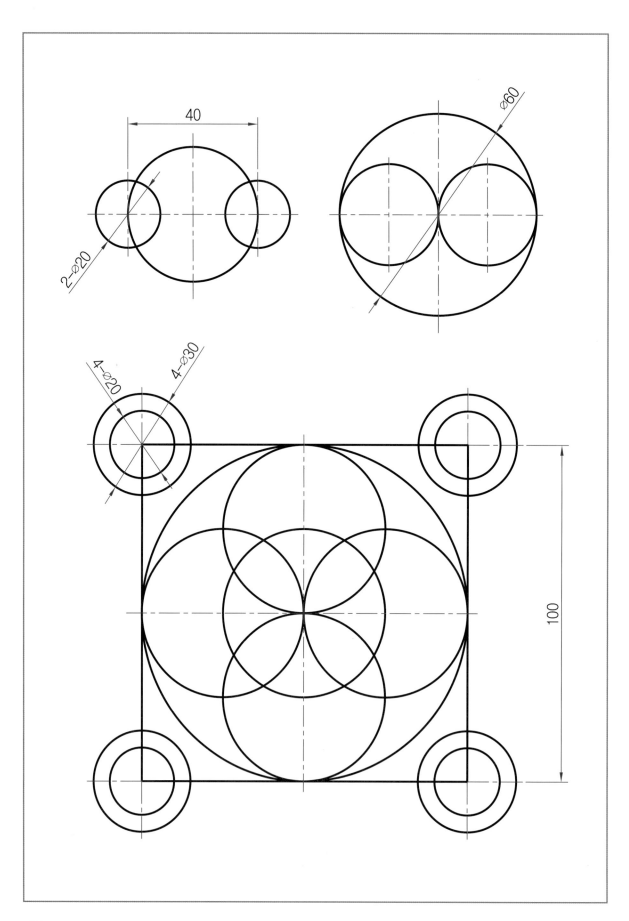

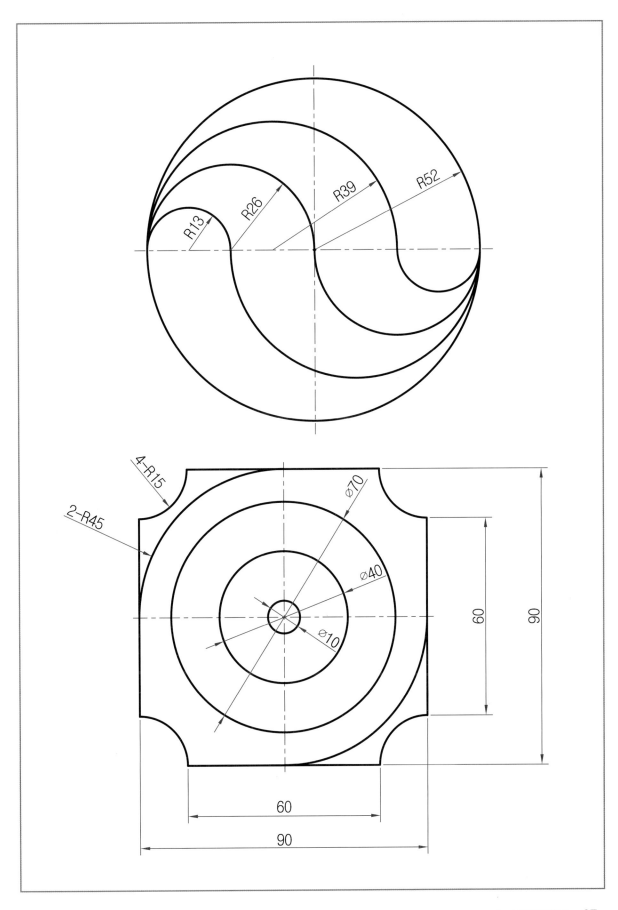

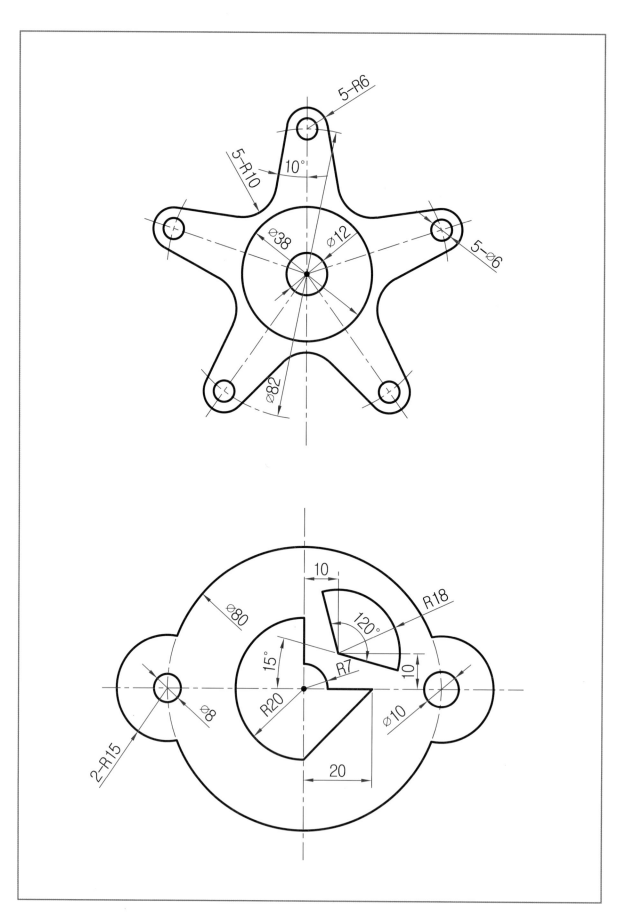

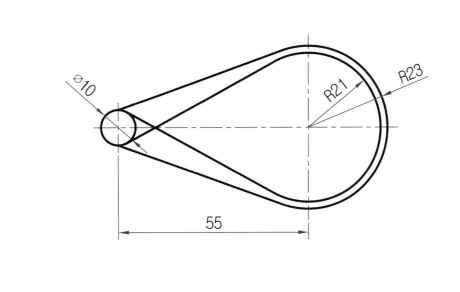

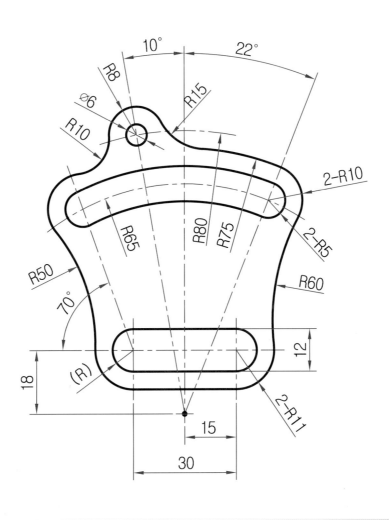

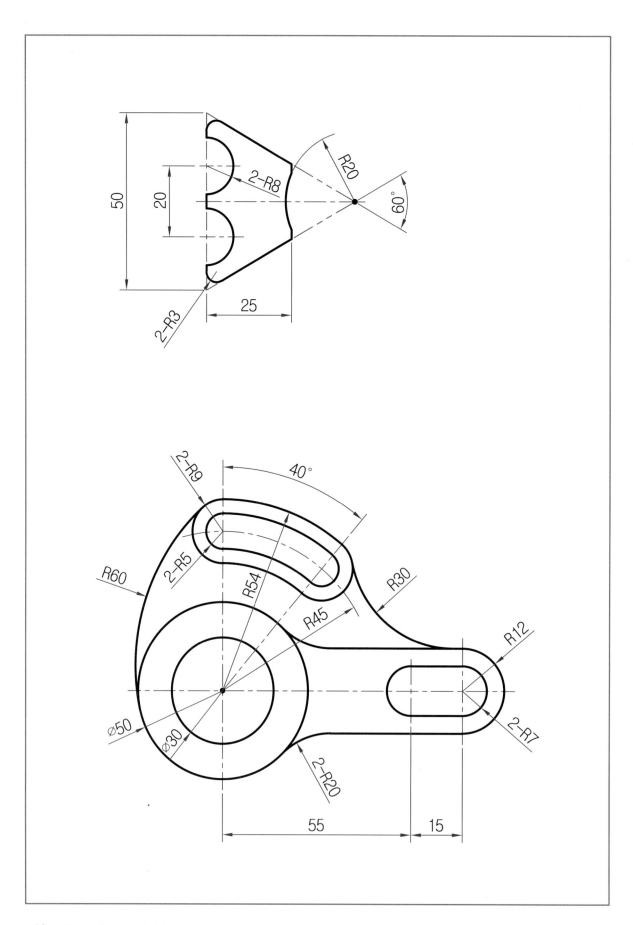

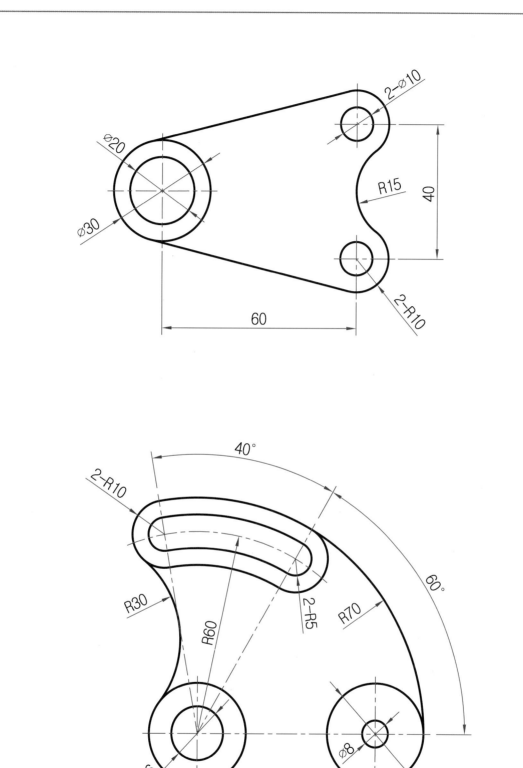

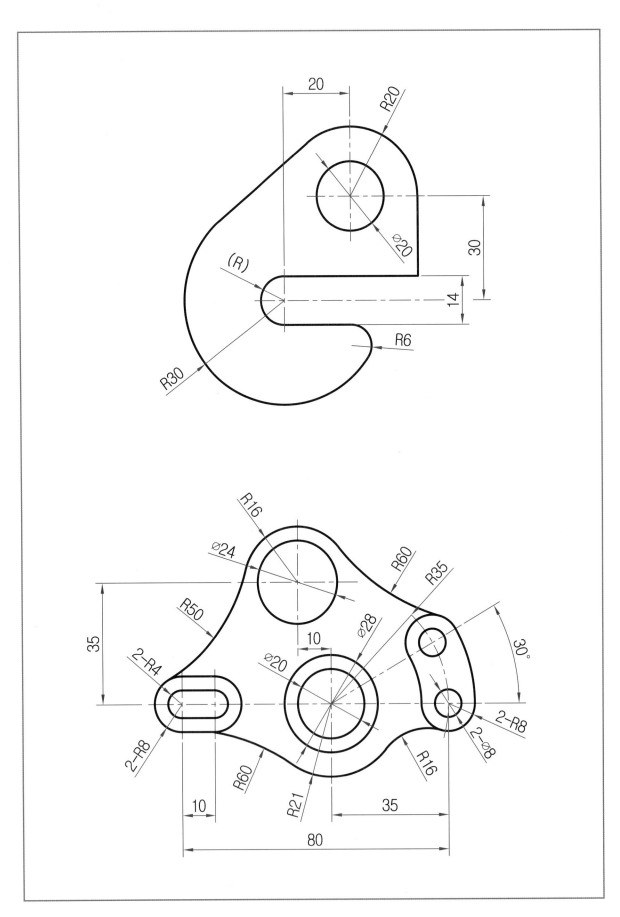

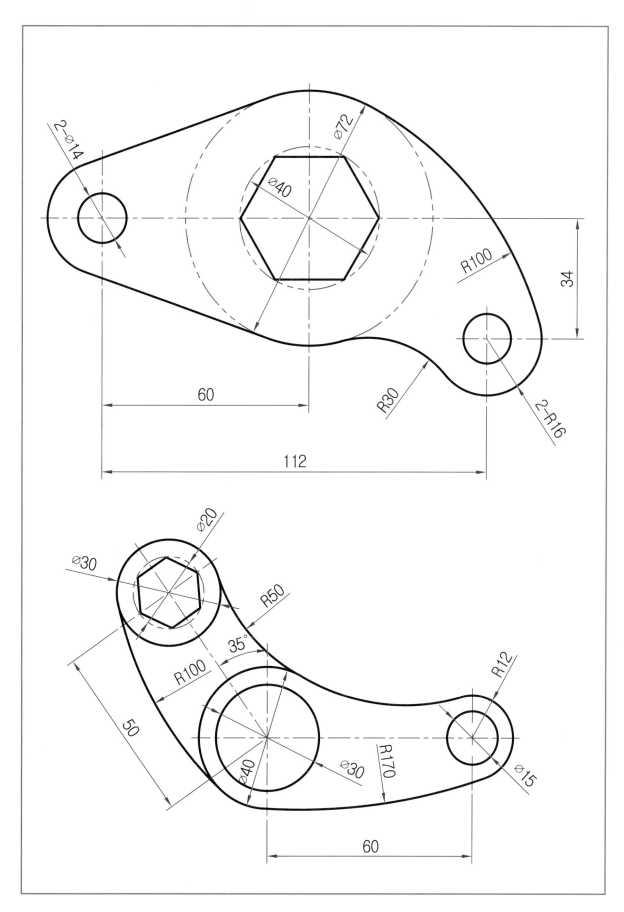

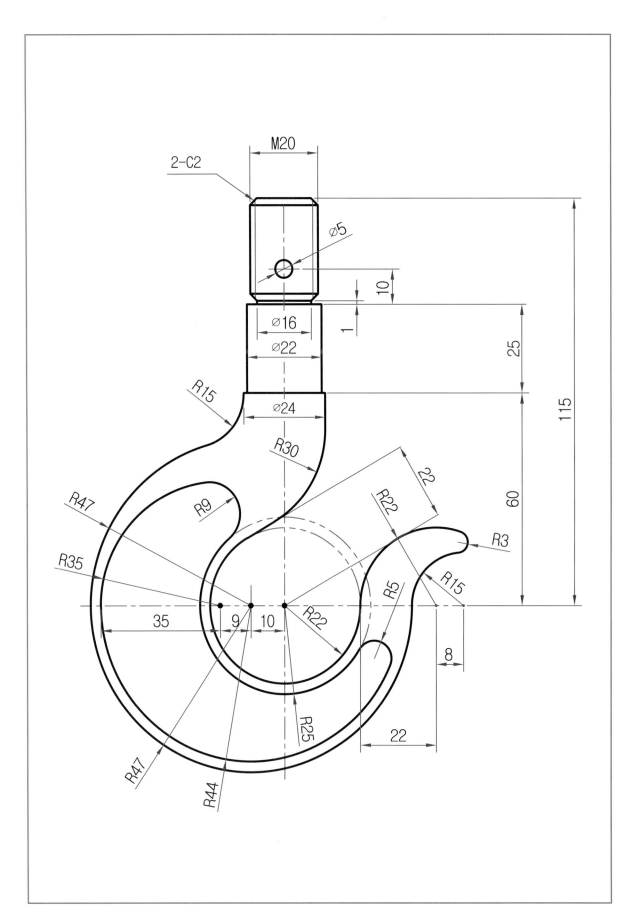

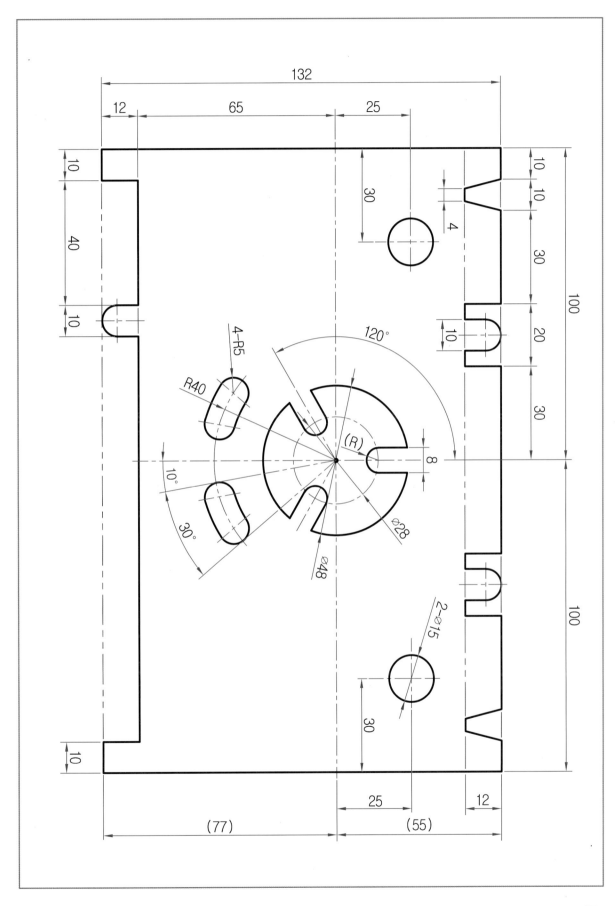

◢4◣ 스케치 패턴

(1) 직사각형 패턴

스케치 ⇨ 패턴 ⇨ 직사각형 패턴

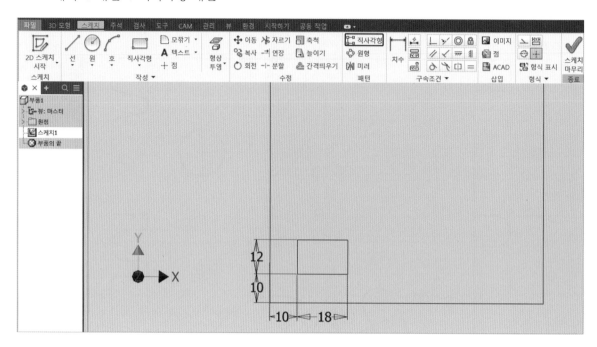

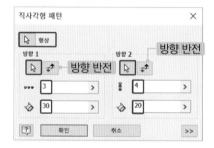

형상 ⇨ 방향 1 → 개수 3 → 거리 30 ⇨ 방향 2 → 개수 4 → 거리 20 ⇨ 확인

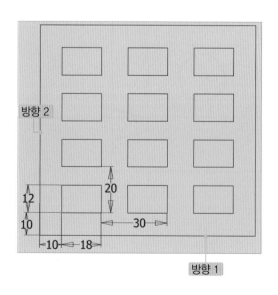

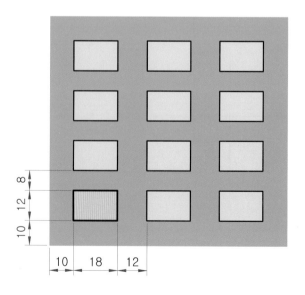

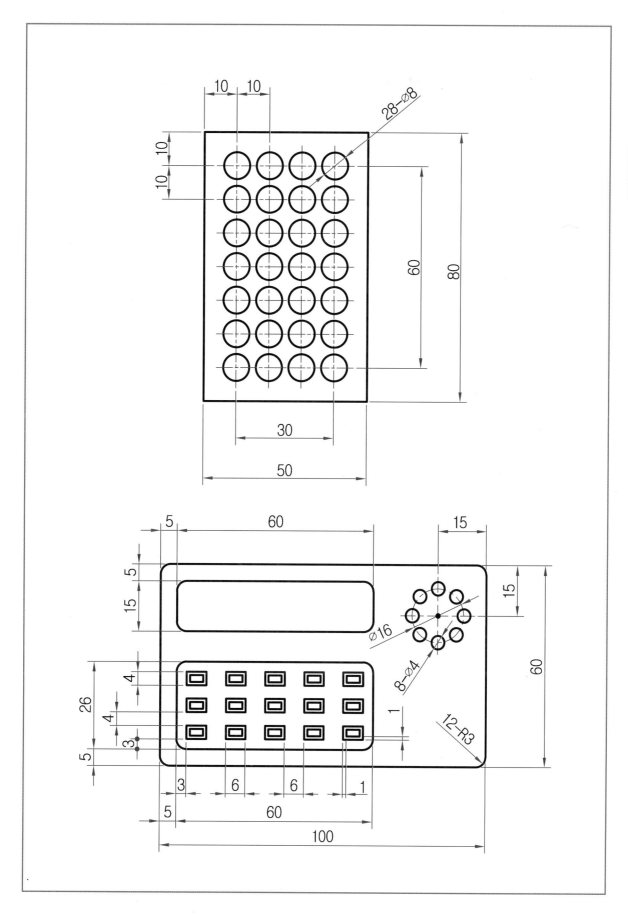

(2) 원형 패턴

스케치 ⇨ 패턴 ⇨ 원형 패턴

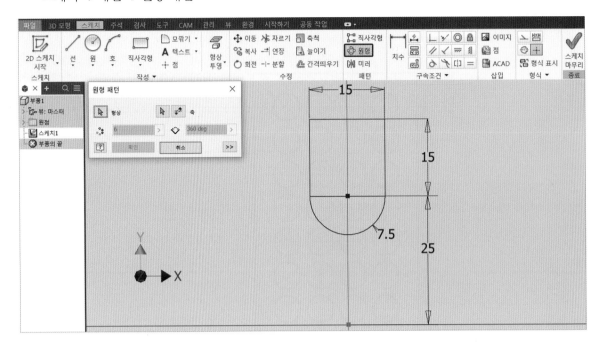

형상 ⇨ 축 ⇨ 개수 5 → 각도 360 ⇨ 확인

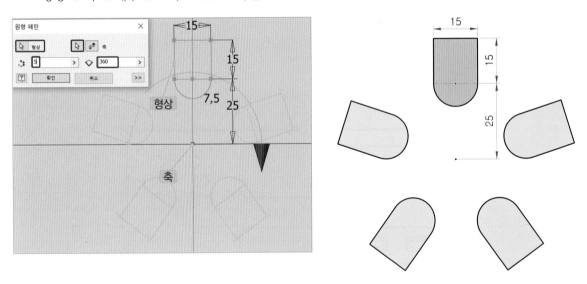

참고 축은 원점을 클릭하거나 미리 점 또는 선을 작도한 후 선택한다.

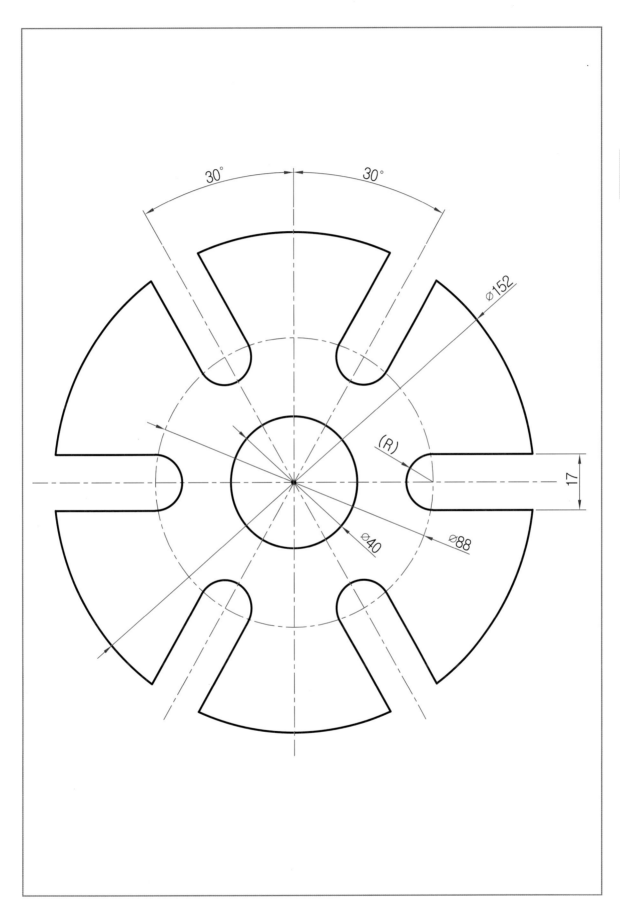

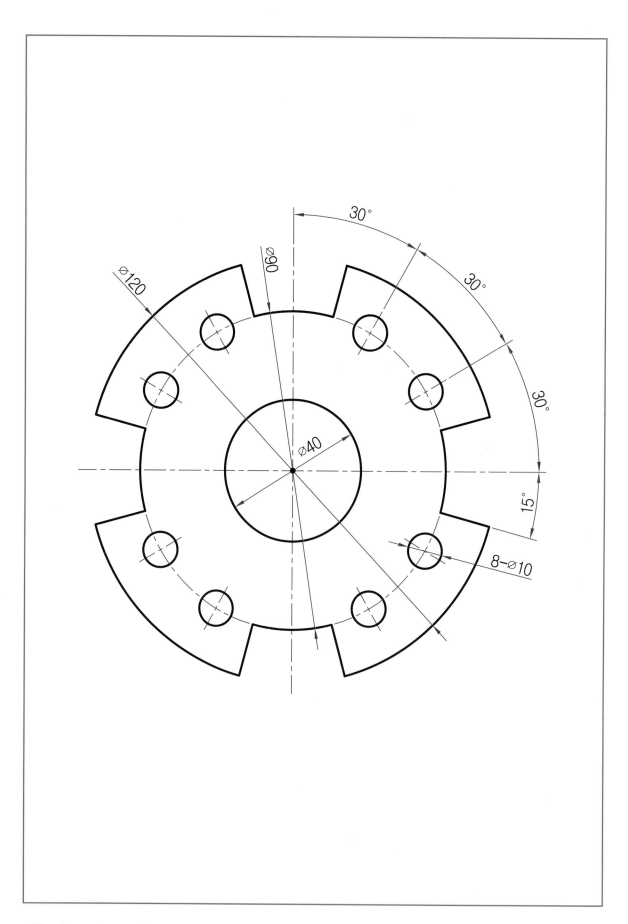

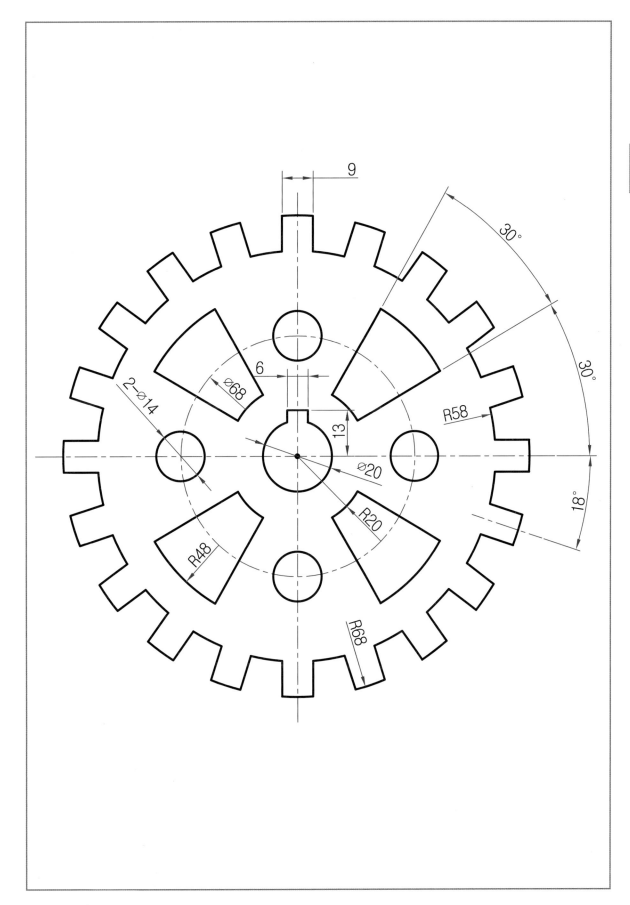

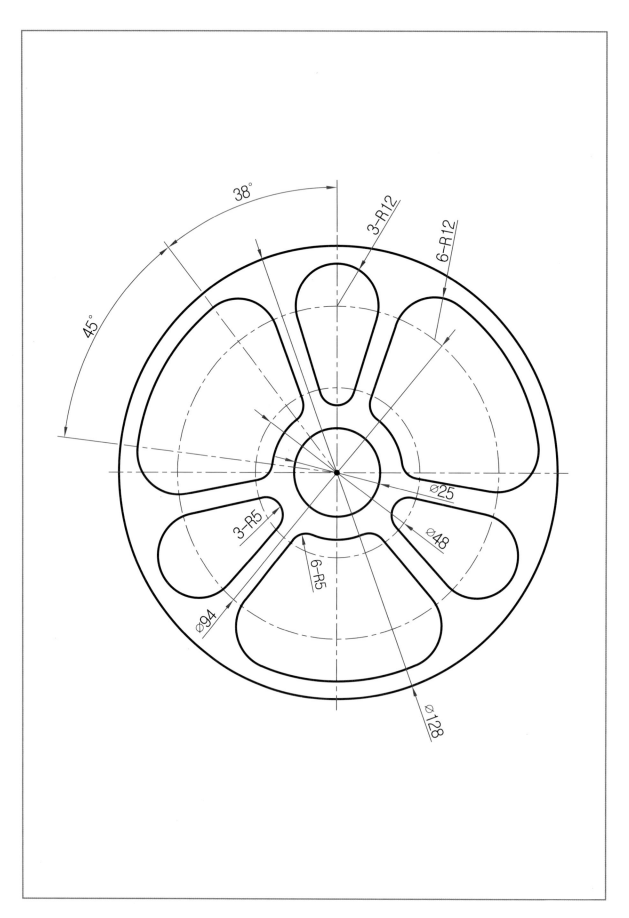

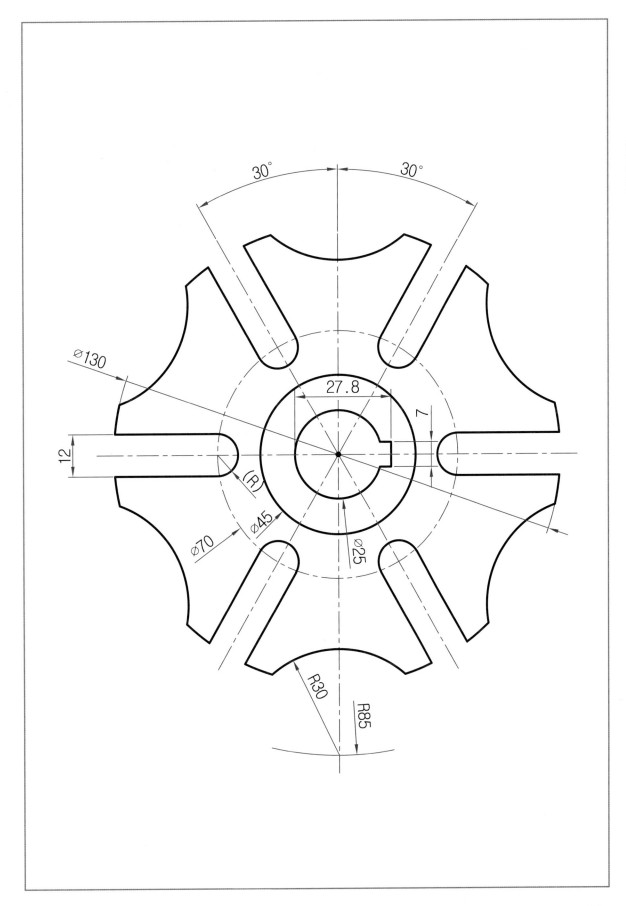

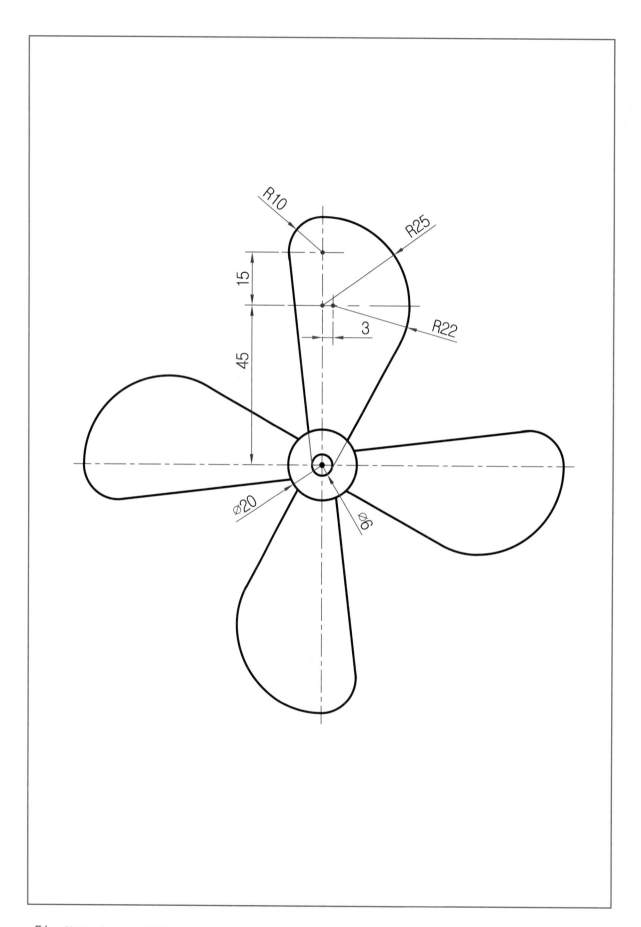

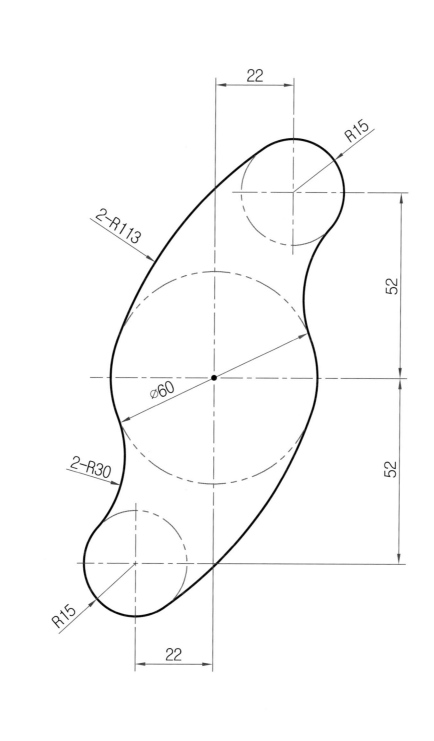

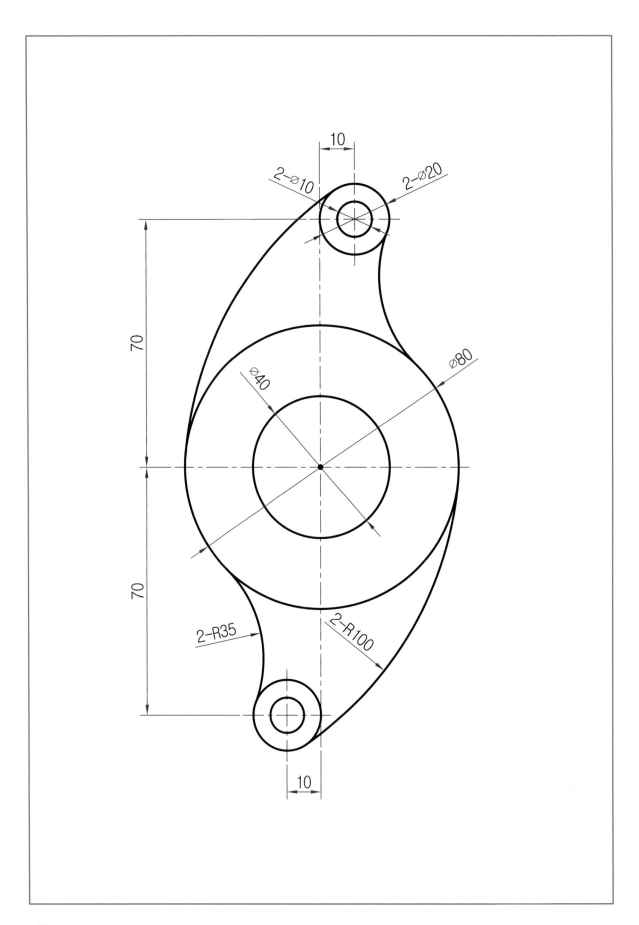

(3) 미러

스케치 ⇨ 패턴 ⇨ 미러

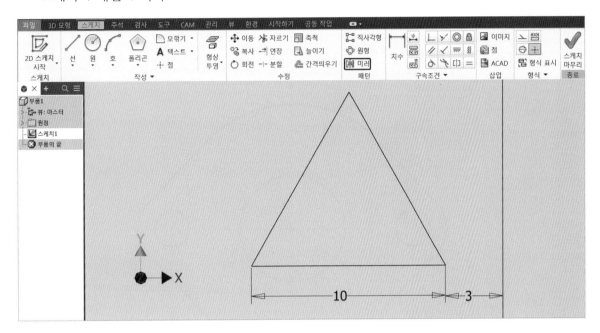

선택 ⇨ 미러선 ⇨ 확인

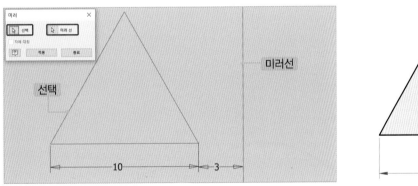

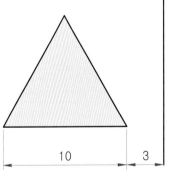

참고 미러(대칭)선은 미리 작도한 후 선택한다.

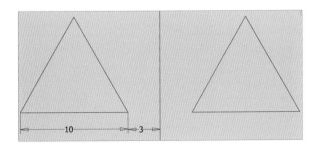

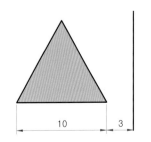

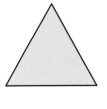

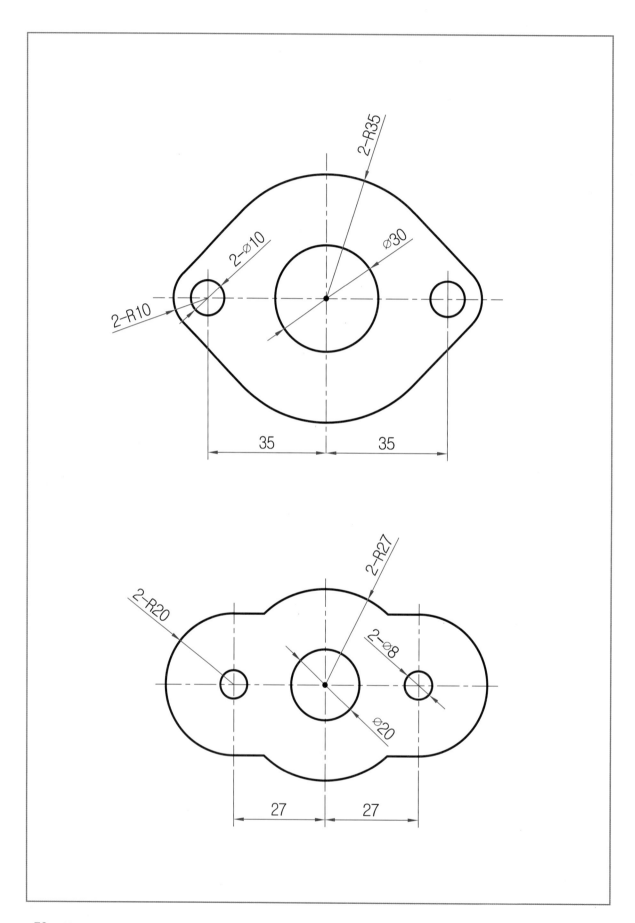

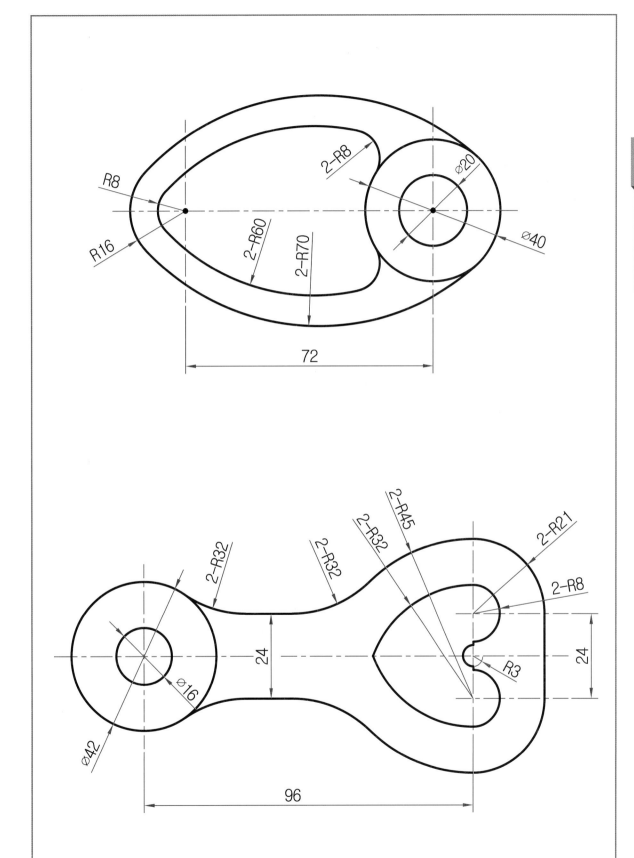

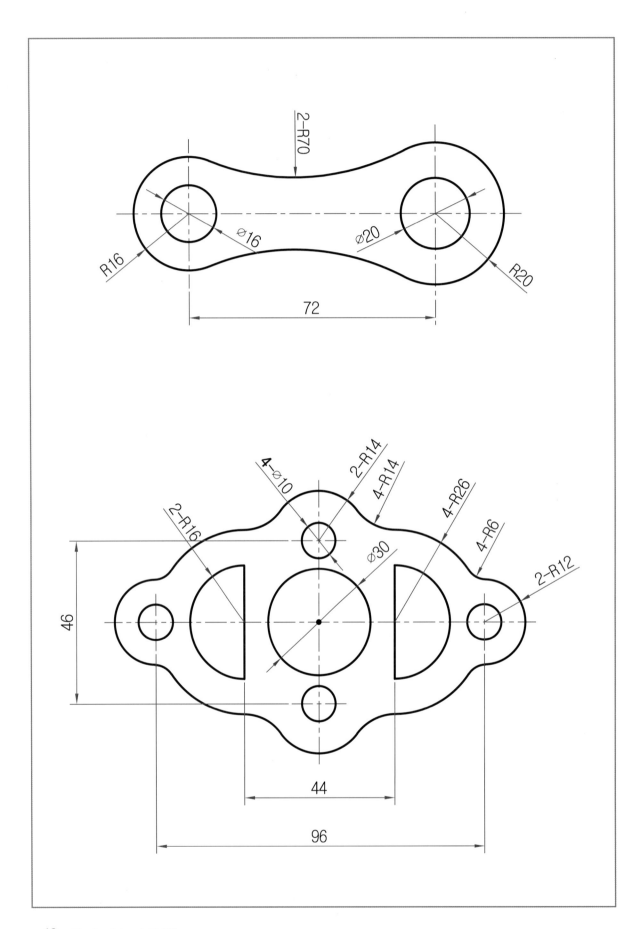

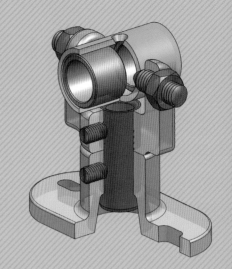

기본 모델링하기

1 돌출 모델링 기능

돌출은 스케치된 곡선을 영역에 깊이 및 테이퍼 각도를 주어 솔리드를 생성한다. 또한, 이미 존재하는 피쳐에 접합, 차집합, 교집합할지를 정하고, 범위를 정의하여 돌출한다.

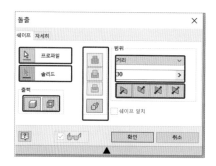

(1) 선택

- 프로파일 : 돌출할 영역 또는 프로파일을 선택한다.
- 솔리드 : 다중 본체 부품에 포함된 본체를 선택한다.

(2) 출력

- 솔리드 : 열리거나 닫힌 프로파일로부터 솔리드 피쳐를 생성한다. 기준 피쳐나 기본체에 대해서는 열린 프로파일을 사용할 수 없다.
- 곡면 : 열리거나 닫힌 프로파일로부터 곡면 피쳐를 생성한다.

(3) 작업

- 접합(결합) : 돌출 피쳐로 작성된 체적을 다른 피쳐 또는 본체에 결합한다.
- 차집합(빼기) : 돌출 피쳐로 작성된 체적을 다른 피쳐 또는 본체에서 제거(빼기)한다.
- 교집합 : 돌출 피쳐와 다른 피쳐의 공유 체적으로부터 피쳐를 생성한다.
- 새 솔리드 : 새 솔리드 본체를 생성한다.

(4) 범위

- 거리 : 스케치 평면에서 끝 평면 사이에 돌출의 거리를 설정한다. 기준 피쳐에 대해 돌출 프로파일의 음수 또는 양수 거리 또는 입력된 값을 표시한다.
- 지정면까지 : 부품 돌출에 대해 돌출을 종료할 끝점, 꼭지점, 면 또는 평면을 선택한다. 면 또는 평면의 경우 선택된 면 또는 종료 평면을 벗어나 연장된 면에서 부품 피쳐를 종료한다.

(5) 방향

방향 1, 방향 2, 대칭, 비대칭을 선택하여 돌출한다.

2 돌출 모델링하기

(1) 스케치하기

XY 평면에 스케치하고 치수와 구속조건을 입력한다.

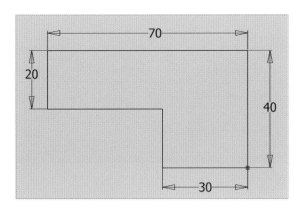

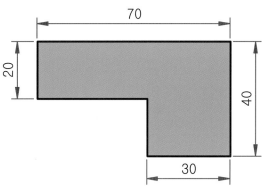

(2) 돌출 모델링하기

3D 모형 ⇨ 작성 ⇨ 돌출 ⇨ 쉐이프 ⇨ 프로파일 ⇨ 출력 ⇨ 솔리드 ⇨ 새 솔리드 ⇨ 범위 ⇨ 거리 30 ⇨ 방향 1 ⇨ 확인

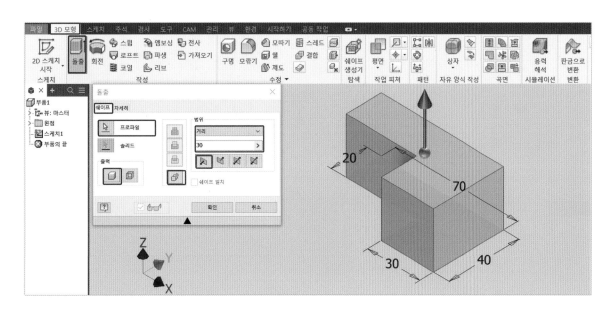

(3) 스케치하기

3D 모형 ⇨ 스케치 면 선택 ⇨ 스케치 ⇨ 2D 스케치 시작

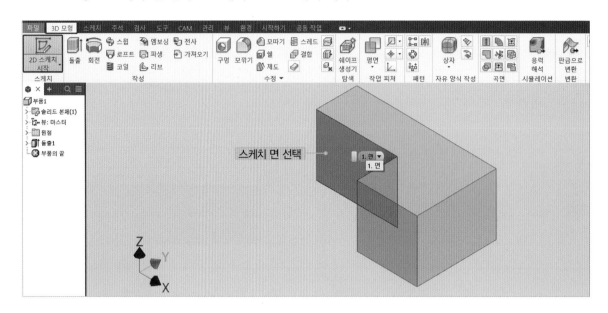

원을 스케치하고 치수를 입력한다.

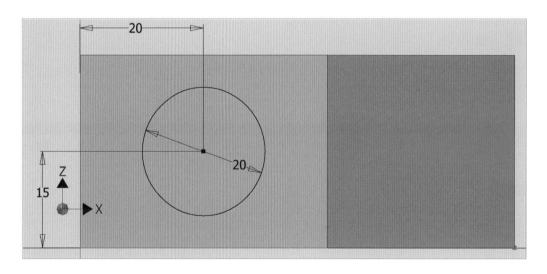

참고 1. 부품에서 첫 번째 생성된 피쳐는 기준 피쳐이다.
2. 스케치에 프로파일이 한 개면 자동으로 프로파일이 선택된다.
3. 다중 본체를 선택한 경우 열린 프로파일은 사용할 수 없다.
4. 조립품에서 돌출에 열린 프로파일은 사용할 수 없다.
5. 조립품에서 돌출을 사용하여 다른 부품, 피쳐를 관통하여 절단할 수 있다.

(4) 돌출 모델링하기

3D 모형 ⇨ 작성 ⇨ 돌출 ⇨ 쉐이프 ⇨ 프로파일 ⇨ 출력 ⇨ 솔리드 ⇨ 차집합 ⇨ 범위 ⇨ 거리 20 ⇨ 방향 2 ⇨ 확인

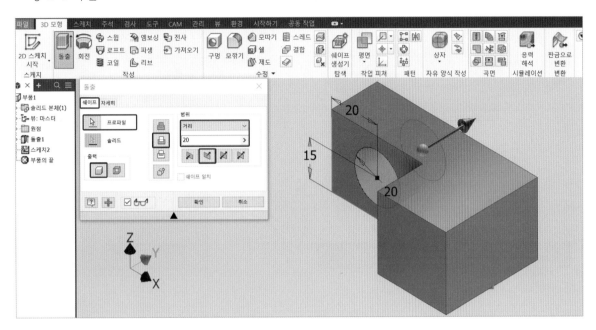

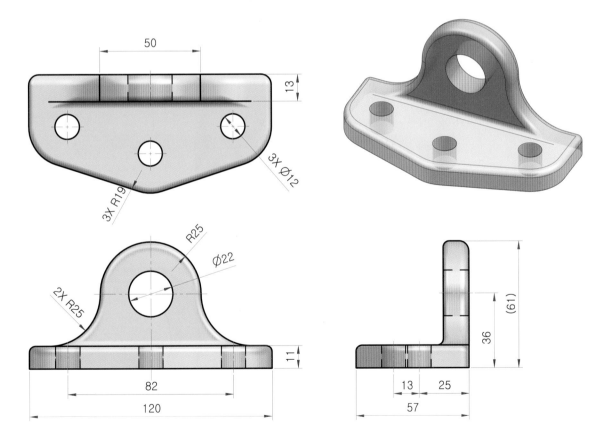

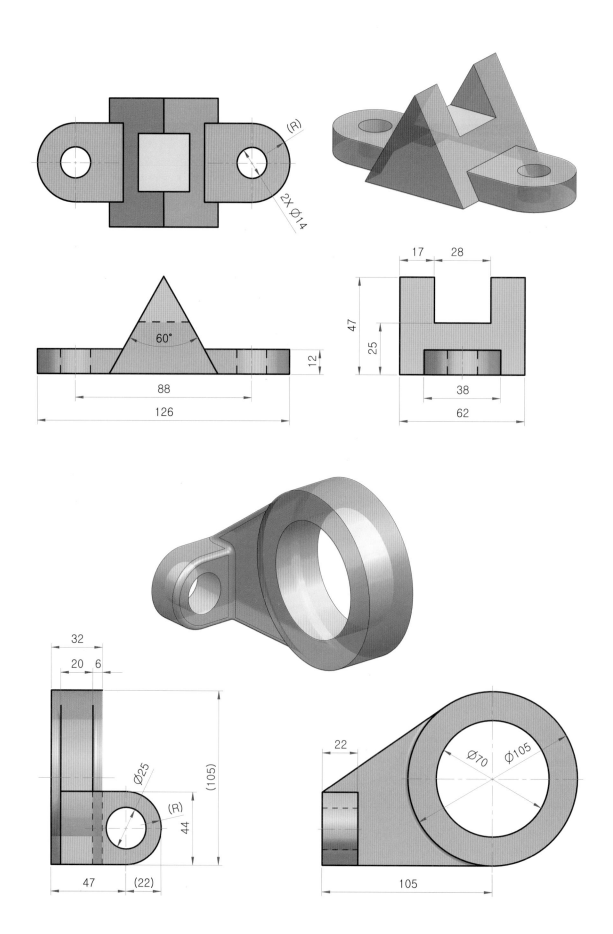

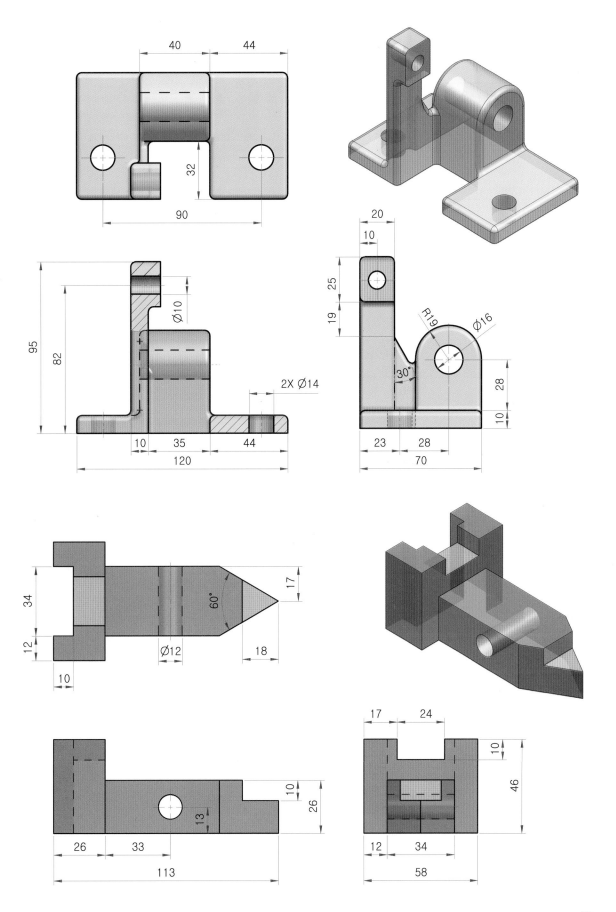

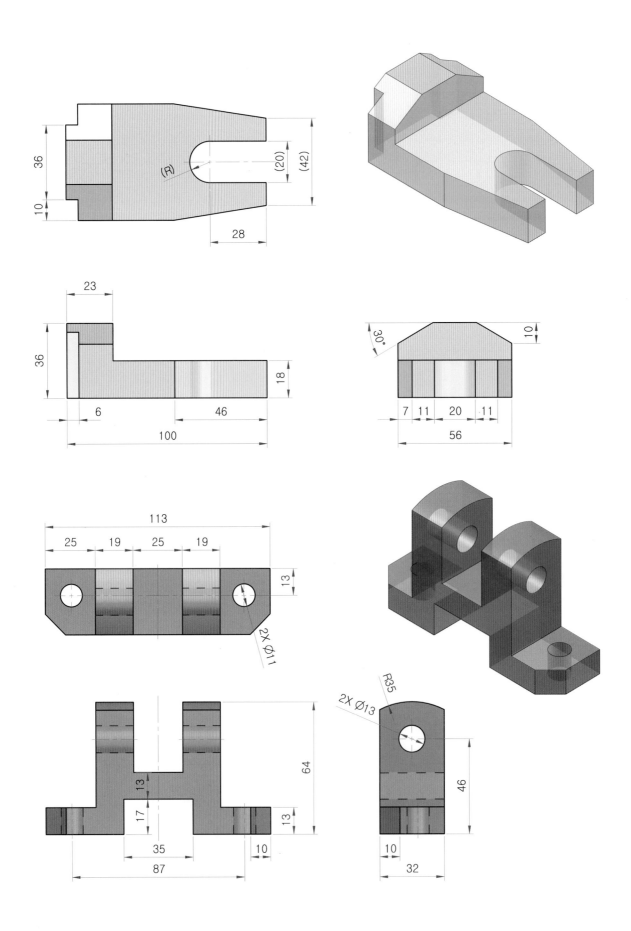

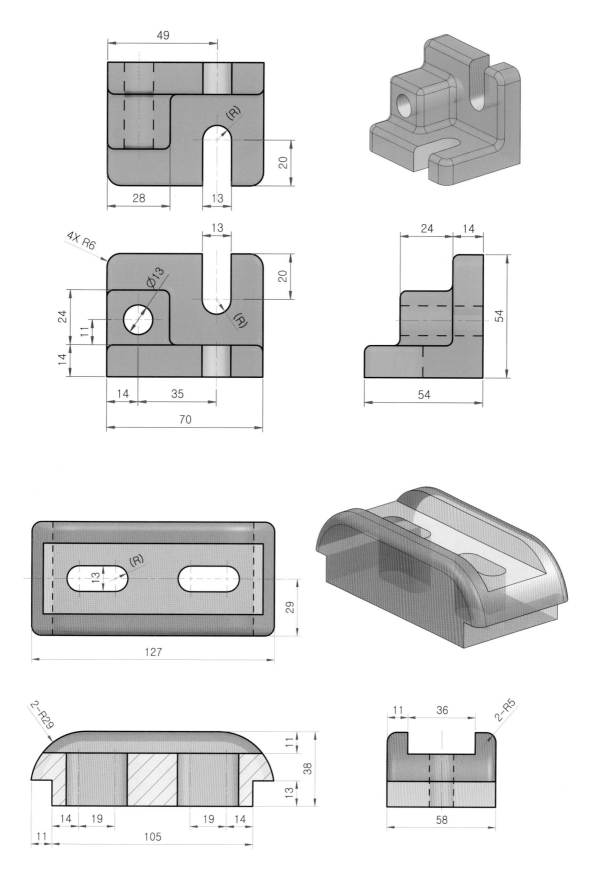

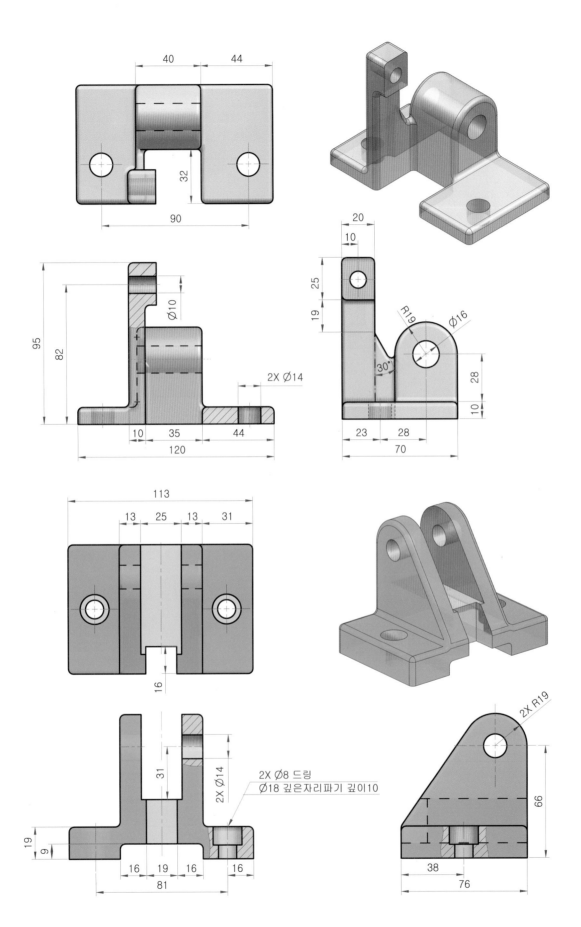

2　회전

회전은 단면을 스케치하여 축을 중심으로 회전시켜 회전 모델링을 한다. 또한, 이미 존재하는 피쳐에 접합, 차집합, 교집합할지를 정하고 범위를 정의하여 회전한다.

1 회전 모델링 기능

(1) 프로파일

회전할 프로파일을 선택한다.

(2) 축

회전축을 선택한다. 축은 작업축, 구성선 또는 선을 선택한다.

(3) 솔리드

다중 본체 부품에 포함된 솔리드 본체를 선택한다.

(4) 출력

- 솔리드 : 열리거나 닫힌 프로파일로부터 솔리드 피쳐를 생성한다. 기준 피쳐나 기본체에 대해서는 열린 프로파일을 사용할 수 없다.
- 곡면 : 열리거나 닫힌 프로파일로부터 곡면 피쳐를 생성한다.

(5) 작업

- 접합(결합) : 회전 피쳐로 작성된 체적을 다른 피쳐 또는 본체에 결합한다.
- 차집합(빼기) : 회전 피쳐로 작성된 체적을 다른 피쳐 또는 본체에서 제거(빼기)한다.
- 교집합 : 회전 피쳐와 다른 피쳐의 공유 체적으로부터 피쳐를 생성한다.
- 새 솔리드 : 새 솔리드 본체를 생성한다.

(6) 범위

- 각도 : 지정된 각도로 회전하며, 방향 화살표는 회전 방향을 지정한다.
- 각도-각도 : 각도는 두 방향으로 프로파일을 회전하도록 두 개의 서로 다른 각도 값을 입력한다. 비대칭을 클릭하여 활성화하고 두 번째 각도 변위 값을 입력한다.
- 다음 면까지 : 다음 면까지 지정된 방향에서 회전을 종료할 수 있는 다음 면이나 평면을 선택한다.
- 지정 면까지 : 선택된 면 또는 평면이나 종료 평면을 벗어나 연장된 면에서 회전 피쳐를 종료한다.
- 사이 : 회전을 종료할 시작면 및 끝면 또는 평면을 선택한다.
- 전체 : 프로파일을 360도 회전한다.

2 회전 모델링하기

(1) 스케치하기

XY 평면에 스케치하고 치수와 구속조건을 입력한다.

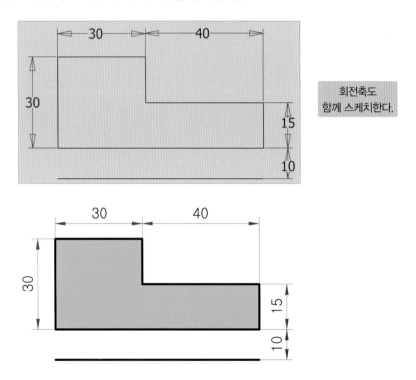

회전축도
함께 스케치한다.

(2) 회전 모델링하기

3D 모형 ➪ 작성 ➪ 회전 ➪ 쉐이프 ➪ 프로파일 ➪ 축

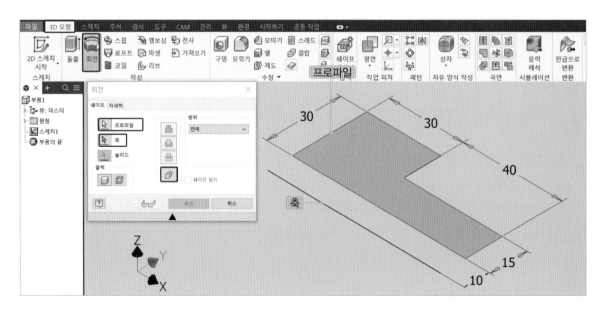

출력 ⇨ 솔리드 ⇨ 새 솔리드 ⇨ 범위 ⇨ 전체 ⇨ 확인

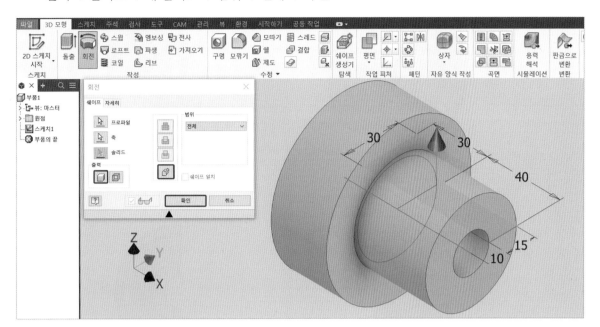

③ 완성된 회전 모델링

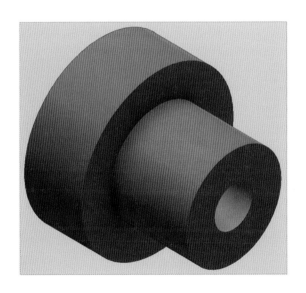

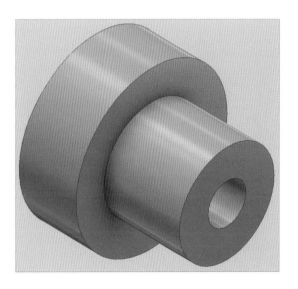

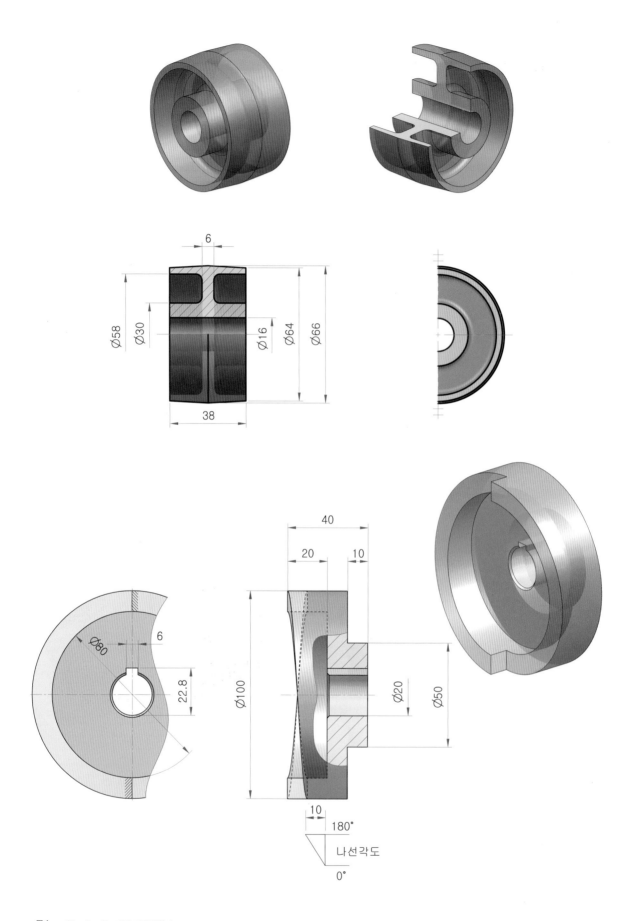

:: 3 로프트

Autodesk Inventor는 로프트 도구를 사용하여 두 개나 그 이상의 닫힌 루프의 단면을 연결하는 3D 형상을 모델링한다. 단면은 2D 스케치나 3D 스케치 또는 모형에서 선택된 모형 모서리나 모형 루프 선택이 가능하다.

❶ 로프트 기능

(1) 곡선 로프트

① **단면** : 로프트에 포함한 단면 프로파일을 선택한다. 단면은 스케치, 모서리 또는 점을 선택할 수 있으며, 선택한 각 단면에 행으로 추가한다.

② **출력**

솔리드 로프트 : 2D 또는 3D 스케치의 닫힌 곡선

곡면 로프트 : 2D 또는 3D 스케치의 열려 있거나 닫힌 곡선

ⓐ **레일** : 단면과 단면 사이의 로프트 모양을 모델링하며, 2D 곡선, 3D 곡선 또는 모형 모서리, 레일은 각 단면을 교차해야 하고, 레일은 단면에 연속적으로 접해야 한다.

ⓑ **중심선** : 로프트 단면이 수직을 유지하여 스윕과 같은 레일의 한 유형이며, 중심선은 단면을 교차하지 않아도 되고 하나만 선택할 수 있다는 점 외에는 레일과 동일한 조건이다.

ⓒ **면적 로프트** : 중심선 로프트를 따라 지정한 점에서 횡단면 영역을 제어한다. 이 옵션을 사용하려면 단일 레일을 중심선으로 선택해야 한다.

(2) 결과

① 솔리드가 열려 있거나 닫힌 단면에서 솔리드 피쳐를 작성한다.

② 곡면이 열려 있거나 닫힌 단면에서 곡면 피쳐를 작성한다. 다른 피쳐를 종료하는 구성 곡면 또는 분할 부품을 작성하는 분할 도구로 사용될 수 있다.

(3) 작업

접합(결합), 차집합(빼기), 교집합, 새 솔리드로 모델링 할 수 있다.

(4) 솔리드

다중 본체 부품의 작업에 포함시킬 솔리드 본체를 선택한다.

(5) 닫힌 루프

로프트의 처음과 끝 단면을 접합하여 닫힌 루프를 형성한다.

(6) 접하는 면 병합

로프트 면을 병합하여 피쳐의 접하는 면 사이에 모서리를 작성하지 않는다.

2 로프트 모델링하기

(1) 두 개의 단면으로 로프트 모델링하기

① 스케치하기

XY 평면에 스케치하고 치수와 구속조건을 입력한다.

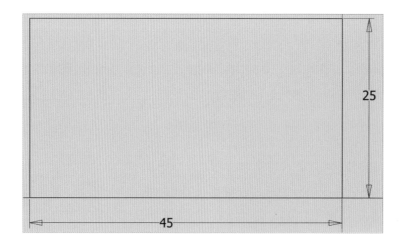

3D 모형 ⇨ 작업 피쳐 ⇨ 평면▼ ⇨ 평면에서 간격띄우기

XY 평면 ➡ 평면 선택 ➡ 거리 30 [Enter↵]

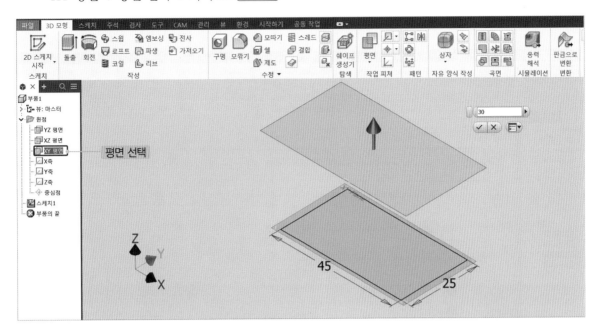

참고 평면은 모형 ➡ 원점 ➡ XY 평면을 선택하거나 작도된 XY 평면을 선택할 수 있으며, 모델링 평면도 선택할 수 있다.

XY 평면에서 거리 30인 평면에 스케치하고 치수와 구속조건을 입력한다.

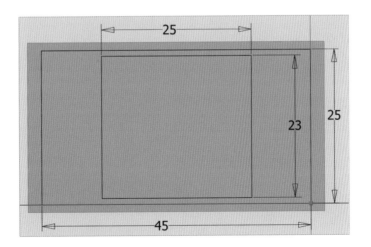

3D 모형 ⇨ 작성 ⇨ 로프트 ⇨ 곡선 ⇨ 스케치 1 ⇨ 스케치 2 ⇨ 출력 ⇨ 솔리드 ⇨ 새 솔리드 ⇨ 레일 ⇨ 확인

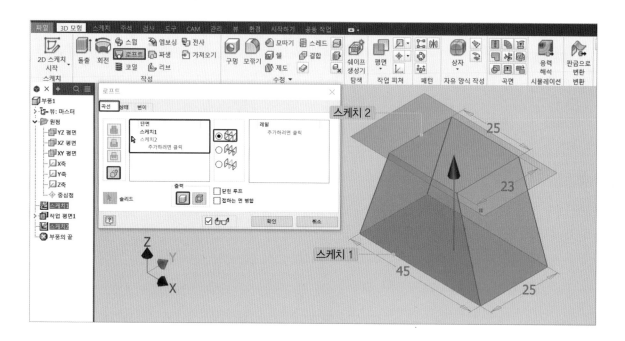

(2) 두 개의 단면과 1개의 레일로 모델링하기
레일로 사용할 곡선을 스케치한다.

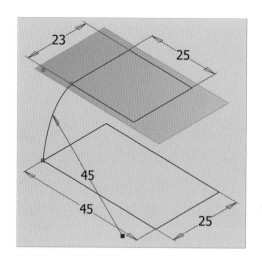

참고 | 레일 곡선은 3D 스케치로만 선택이 가능하며, 끝점을 정확히 클릭해야 한다.

3D 모형 ⇨ 작성 ⇨ 로프트 ⇨ 곡선 ⇨ 단면 스케치 1 ⇨ 단면 스케치 2 ⇨ 레일 ⇨ 레일 스케치 1 ⇨
출력 ⇨ 솔리드 ⇨ 새 솔리드 ⇨ 확인

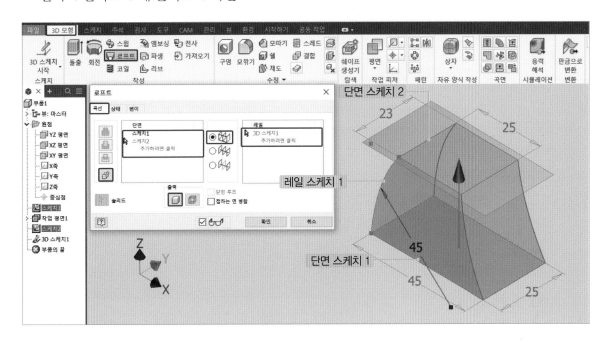

---

4   스윕

스윕 피처는 단면 곡선(프로파일)과 가이드 곡선으로 모델링한다. 단면 곡선은 경로를 따라 형상
을 생성한다.

1 스윕 기능

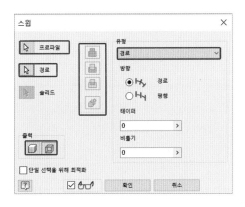

(1) 프로파일

단면 곡선으로 솔리드 또는 곡면을 선택하여 스윕 피처를 생성하며, 닫힌 프로파일은 솔리드가 생
성되고, 열린 곡선은 곡면 스윕 피처만 작성한다.

(2) 경로

경로(가이드)를 지정한다. 경로는 열린 루프 또는 닫힌 루프 모두 가능하지만 프로파일 평면을 관통해야 한다.

(3) 솔리드

다중 본체 부품 파일에서 포함된 솔리드 본체를 지정한다.

(4) 유형(Type)

선택한 스윕 유형에 따라 표시되는 옵션

① 경로(방향)

ⓐ 경로 : 스윕된 프로파일을 스윕 경로에 대해 일정하게 유지한다.

ⓑ 병렬 : 스윕된 프로파일을 원본 프로파일과 평행하도록 유지한다.

ⓒ 테이퍼 : 스케치 평면에 수직인 스윕에 대한 테이퍼 각도를 설정하며, 평행 스윕에는 사용할 수 없으며, 닫힌 경로에도 사용할 수 없다.

② 경로 및 안내 레일

ⓐ 안내 레일 : 스윕된 프로파일의 축척 및 비틀림을 제어하는 안내 곡선 또는 레일을 선택하며, 안내 레일은 프로파일 평면을 관통해야 한다.

ⓑ 프로파일 축척 : 스윕된 단면이 안내 레일과 일치하도록 축척되는 방법을 지정

ⓒ X&Y : 스윕이 진행될 때 프로파일 축척을 X 및 Y 방향으로 조정

ⓓ X : 스윕이 진행될 때 프로파일 축척을 X 방향으로 조정

ⓔ 없음 : 스윕이 진행될 때 프로파일을 일정한 쉐이프와 크기로 유지

③ 경로 및 안내 곡면

안내 곡면 : 법선이 경로를 중심으로 스윕된 프로파일의 비틀림을 제어하는 곡면을 지정

(5) 결과

① 솔리드

닫힌 프로파일로부터 솔리드 피쳐를 생성하며, 기준 피쳐에 대해서는 열린 프로파일을 사용할 수 없다.

② 곡면

열리거나 닫힌 프로파일로부터 곡면 피쳐를 생성한다.

(6) 작업

접합(결합), 차집합(빼기), 교집합, 새 솔리드로 모델링할 수 있다.

② 스윕 모델링하기

(1) 솔리드 스윕 모델링하기

XY 평면에 스케치하고 치수와 구속조건을 입력한다.

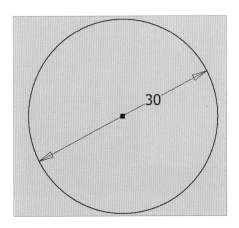

XZ 평면에 스케치하고 치수와 구속조건을 입력한다.

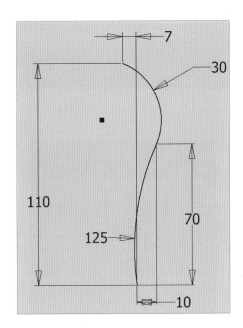

3D 모형 ⇨ 작성 ⇨ 스윕 ⇨ 프로파일(단면 곡선) ⇨ 경로(가이드) ⇨ 출력 ⇨ 솔리드 ⇨ 새 솔리드 ⇨
유형 ⇨ 경로 ⇨ 방향 ⇨ 경로 ⇨ 확인

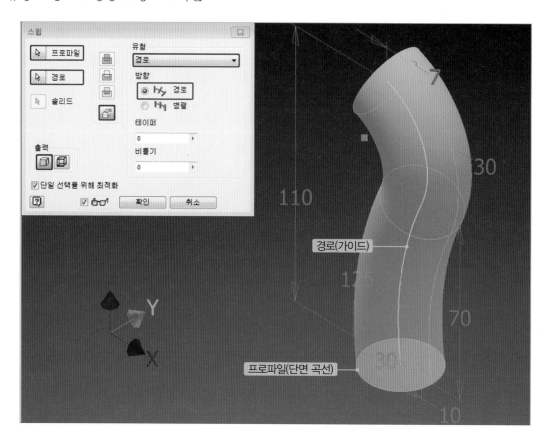

완성된 스윕 솔리드

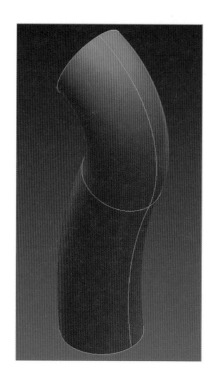

(2) 곡면 스윕 모델링하기

XZ 평면에 스케치하고 치수와 구속조건을 입력한다.

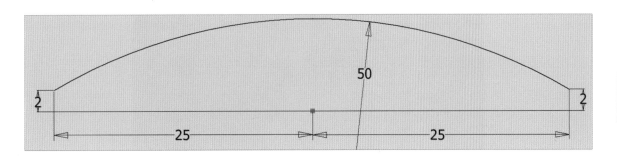

YZ 평면에 스케치하고 치수와 구속조건을 입력한다.

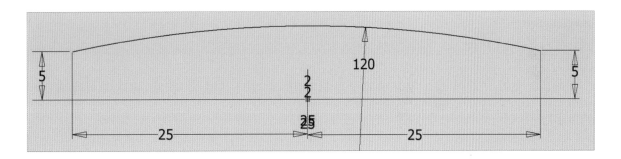

3D 모형 ⇨ 작성 ⇨ 스윕 ⇨ 프로파일(단면 곡선) ⇨ 경로(가이드) ⇨ 출력 ⇨ 곡면 ⇨ 유형 ⇨ 경로 ⇨ 방향 ⇨ 경로 ⇨ 확인

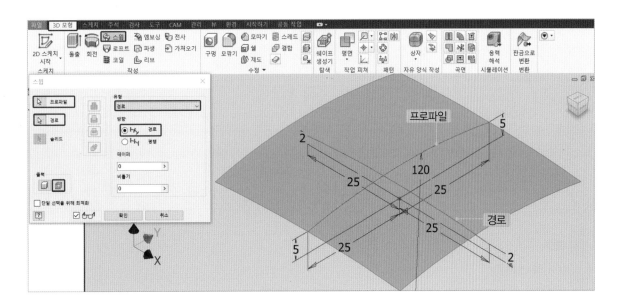

완성된 스윕 곡면

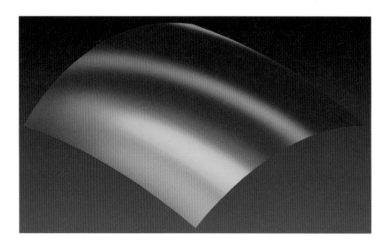

:: 5 구멍

카운터 보어, 카운터 싱크 및 드릴 구멍을 모델링할 수 있다. 단순 구멍, 탭 구멍, 테이퍼 탭 구멍 스레드 유형을 변경 추가할 수 있다.

1 구멍 기능

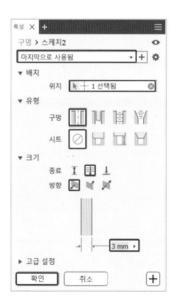

(1) 배치

① 시작 스케치

스케치에서 선의 끝점, 원의 중심점 스케치점에 구멍을 모델링한다.

② 선형

두 개의 선형 모서리를 기준으로 면에 구멍을 작성한다. 면 구멍을 배치할 평면 면을 선택한다.

③ 동심

원형 모서리 또는 원통형 면과 동심인 구멍을 모델링한다. 구멍을 배치할 평면 또는 작업 평면을 선택하며, 배치를 위해 참조하는 원형 모서리 또는 원통 면을 선택한다.

④ 점 위

작업점과 일치하며 축, 모서리 또는 작업 평면을 기준으로 배치되는 구멍을 작성한다.
점 구멍 중심으로 설정할 작업점을 선택한다.
방향 구멍 축의 방향을 지정하고, 그 중 하나를 선택한다.
반전 구멍의 방향을 반전시킨다.

(2) 구멍(드릴, 카운터 보어, 접촉 공간, 카운터 싱크) 유형 선택

① **드릴** : 구멍 모델링

② **카운터 보어** : 카운터 보어 모델링

③ **접촉 공간** : 자리파기 모델링으로 구멍과 스레드 깊이는 접촉 공간의 맨 아래 곡면에서부터 측정한다.

④ **카운터 싱크** : 카운터 싱크 모델링

(3) 드릴 점

드릴 끝에 대한 플랫 또는 각도를 설정한다.

(4) 종료

① **거리** : 구멍 깊이에 대해 값을 사용한다.

② **전체 관통** : 관통한 구멍

③ **지정 면까지** : 구멍을 지정된 평면까지 모델링

④ **반전** : 구멍의 방향을 반전시킨다.

(5) 구멍 유형

① **단순 구멍** : 스레드가 없는 단순 구멍

② **틈새 구멍** : 조임쇠 유형을 선택

③ **탭 구멍**

- 스레드 유형을 선택
- 스레드 유형에 따라 공칭 크기 리스트가 표시된다.
- ☑전체 깊이에서 □해제하면 스레드 깊이를 지정할 수 있다.
- 방향 스레드가 감기는 방향(왼나사, 오른나사)

④ **테이퍼 탭 구멍**

테이퍼 스레드가 있는 구멍을 생성

② 구멍 모델링하기

XY 평면에 스케치하고 치수와 구속조건을 입력한다(형상 투영 또는 스케치).

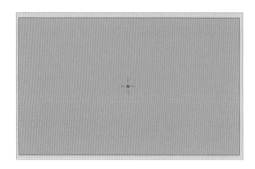

3D 모형 ⇨ 수정 ⇨ 구멍 ⇨ 배치 ⇨ 위치 ⇨ 유형 : 탭 구멍 ⇨ 시트 : 없음 ⇨ 스레드 ⇨ 유형 : ISO Metric Profile ⇨ 크기 : 12 ⇨ 지정 : M12×1.75 ⇨ 클래스 : 6H ⇨ 방향 : R ⇨ 크기 ⇨ 관통 ⇨ 깊이 : 24 ⇨ 확인

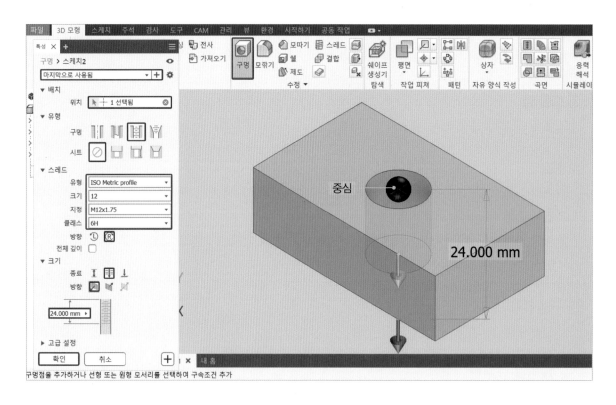

참고   스케치를 선택하거나 위치를 클릭하고 치수를 입력한다.

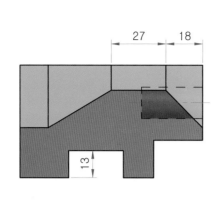

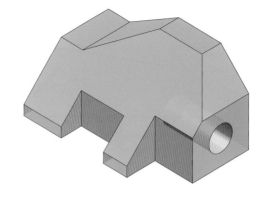

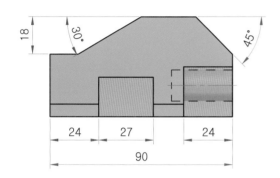

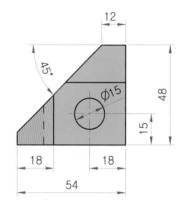

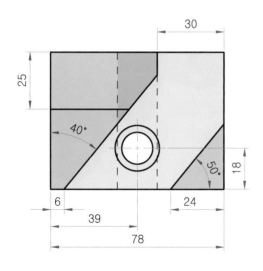

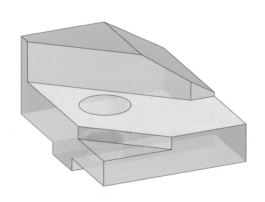

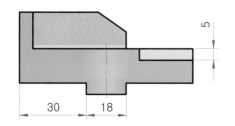

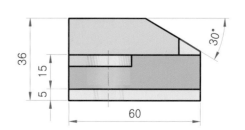

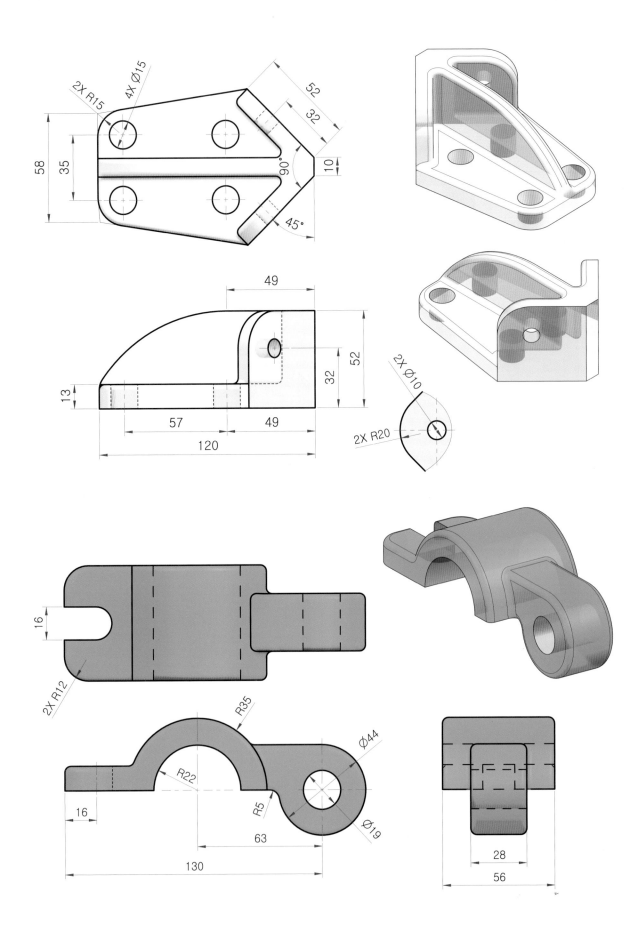

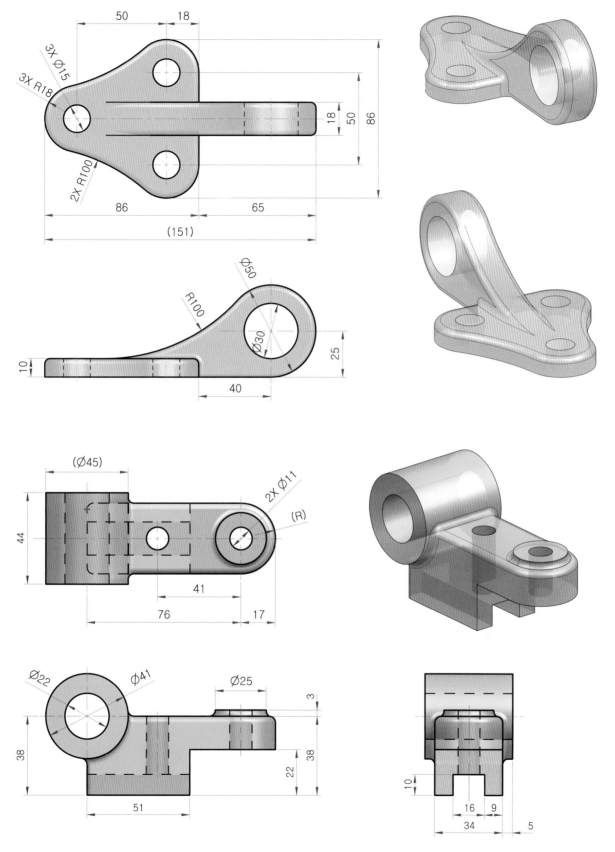

:: 6 작업 피쳐

1 작업 평면

3D 모형 탭 ⇨ 작업 피쳐 ⇨ 평면

Autodesk Inventor에는 기본적으로 YZ, XZ, XY 평면, X, Y, Z축과 중심점을 가지고 있다. 이렇게 기본적으로 가지고 있는 평면 위에 스케치를 하여 스케치를 프로파일로 사용하여 3D 모델링을 할수 있다.

(1) 평면

작업 평면을 정의할 적합한 꼭지점, 모서리 또는 면 등을 선택하여 작업 평면을 생성한다.

(2) 평면에서 간격띄우기

평면을 클릭하고 지정된 간격띄우기 거리를 지정하여 선택된 면에 평행인 작업 평면을 생성한다.

3D 모형 탭 ⇨ 작업 피쳐 ⇨ 평면▼ ⇨ 평면에서 간격띄우기 ⇨ **평면 선택** ⇨ 거리 10 [Enter↵]

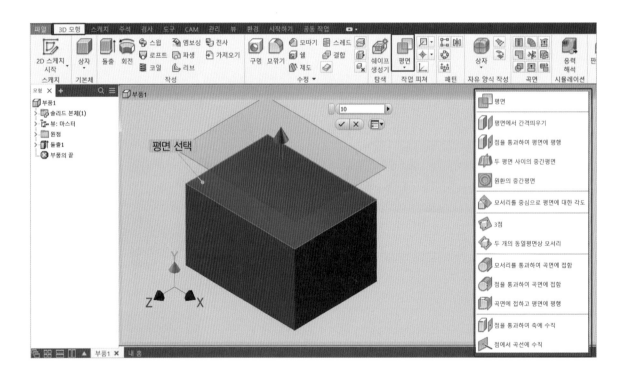

(3) 점을 통과하여 평면에 평행

평면 또는 작업 평면 및 임의의 점에 작업 평면 좌표계는 선택된 평면에서 파생된다.

(4) 두 평행 평면 간의 중간 평면

선택 : 두 평면 또는 작업 평면 사이에 새 작업 평면을 생성한다.

3D 모형 탭 ⇨ 작업 피쳐 ⇨ 평면▼ ⇨ 두 평행 평면 간의 중간 평면 ⇨ **평면 선택** ⇨ **평면 선택**

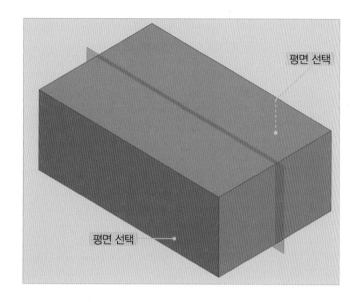

(5) 원환의 중간 평면

원환의 중심 또는 중간 평면을 통과하는 작업 평면이 생성된다.

(6) 모서리를 중심으로 평면에 대한 각도

면 또는 평면으로부터 입력 각도인 작업 평면을 생성한다.

3D 모형 탭 ⇨ 작업 피쳐 ⇨ 평면▼ ⇨ 두 평행 평면 간의 중간 평면 ⇨ **모서리 선택** ⇨ **평면 선택**

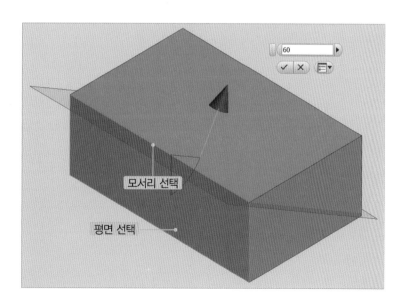

(7) 3점

임의의 세 점(끝점, 교차점, 중간점, 작업점 등)에 작업 평면을 생성한다.

3D 모형 탭 ⇨ 작업 피처 ⇨ 평면▼ ⇨ 두 평행 평면 간의 중간 평면 ⇨ **점 선택** ⇨ **점 선택** ⇨ **점 선택**

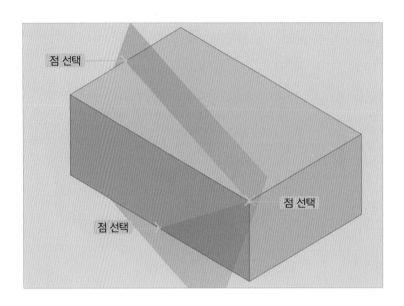

(8) 두 개의 동일 평면상 모서리

선택 : 두 개의 동일 평면상 작업축, 모서리 또는 선에 작업 평면을 생성한다.

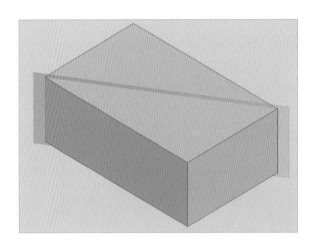

(9) 모서리를 통과하여 곡면에 접합

(10) 점을 통과하여 곡면에 접합

(11) 곡면에 접하고 평면에 평행

(12) 점을 통과하여 축에 수직

(13) 점에서 곡선에 수직

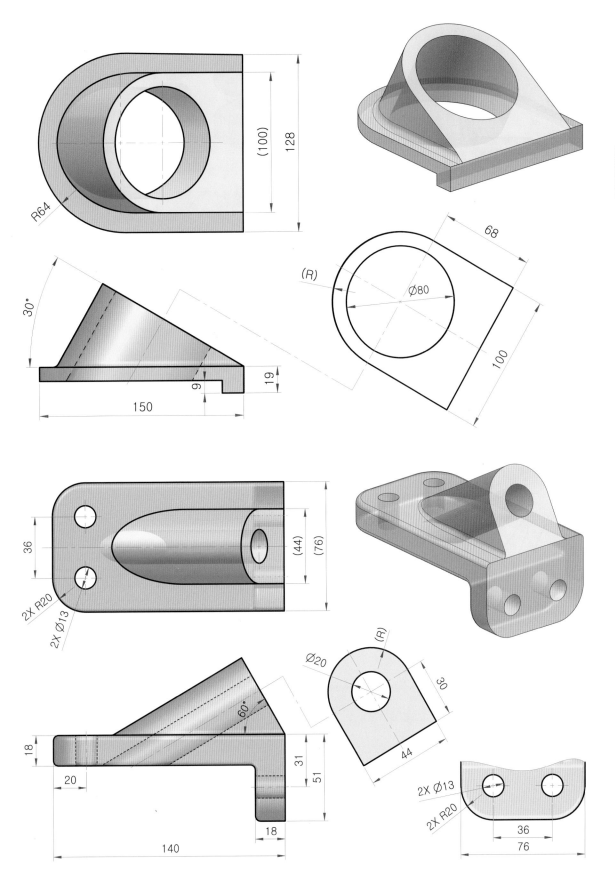

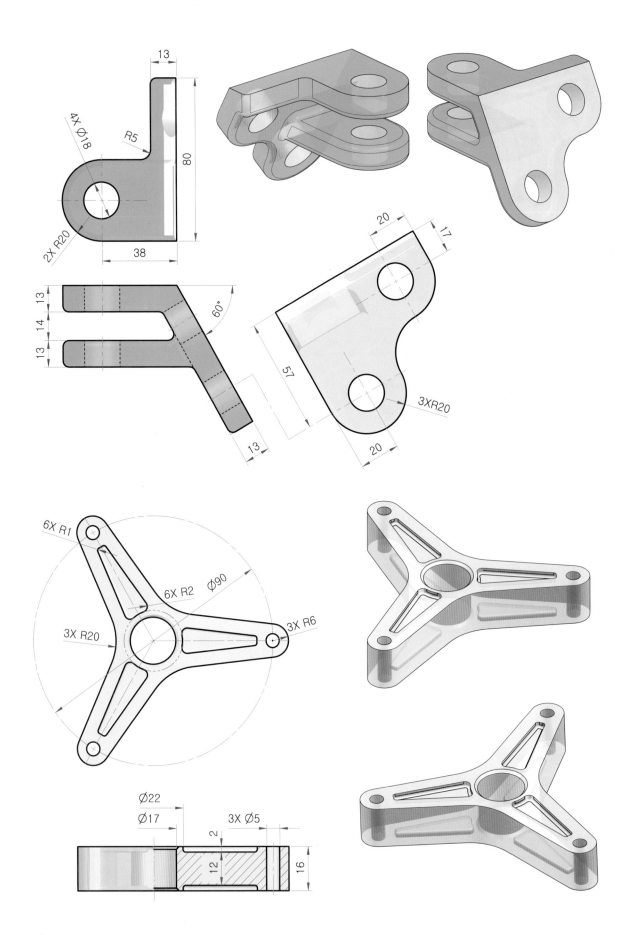

2 작업축

3D 모형 탭 ⇨ 작업 피쳐 ⇨ 축

작업축은 다른 작업 피쳐 명령을 사용하는 동안 직렬형으로 작성할 수 있다. 작업축 명령은 작업점이 작성되자마자 종료된다.

(1) 축

작업축을 정의할 적합한 모서리, 선, 평면 또는 점을 선택한 객체를 통과하는 작업축을 생성한다.

3D 모형 탭 ⇨ 작업 피쳐 ⇨ 축▼ ⇨ 축 ⇨ 모서리 선택

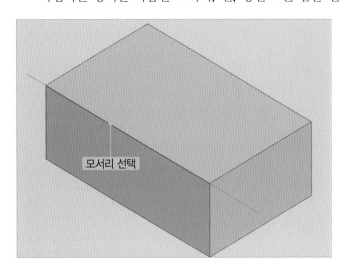

(2) 선 또는 모서리에 있음

모서리, 2D 및 3D 스케치 직선을 선택하여 작업축을 생성한다.

(3) 점을 통과하여 선에 평행

선택 : 끝점, 중간점, 스케치점 또는 작업점, 그런 다음 선형 모서리 또는 스케치선을 선택하면 작업축이 생성된다.

(4) 두 점 통과

끝점, 교차점, 중간점, 스케치점 또는 작업점 등 두 개의 점을 선택하면 작업축이 생성된다.

(5) 두 평면의 교차선

선택 : 평행하지 않은 두 개의 작업 평면을 선택하면 작업축이 생성된다.

(6) 점을 통과하여 평면에 수직

점을 통과하여 선택된 평면에 수직으로 작업축이 생성된다.

(7) 원형 또는 타원형 모서리의 중심 통과

선택 : 원형 또는 타원형 모서리, 모깎기 모서리를 선택하면 중심선에 작업축이 생성된다.

(8) 회전된 면 또는 피쳐 통과

선택 : 원통면 또는 원통 단면을 선택하면 중심선에 작업축이 생성된다.

7 리브

Autodesk Inventor는 옵션을 선택하여 리브를 생성한다.

1 다음 면까지

3D 모형 탭 ⇨ 작성 ⇨ 리브

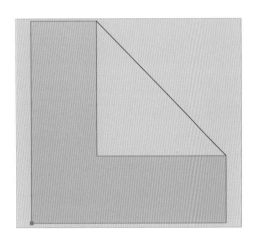

스케치하기-XZ 평면에 스케치하고 구속한다.

3D 모형 탭 ⇨ 작성 ⇨ 리브 ⇨ 스케치 평면에 평행 ⇨ 프로파일 ⇨ 방향 2 ⇨ 두께 6 ⇨ 대칭 ⇨ 다음 면까지 ⇨ 확인

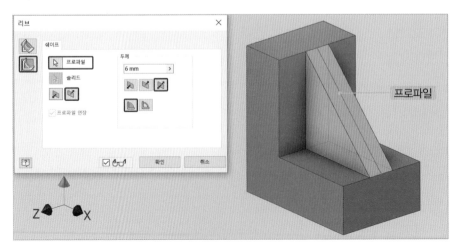

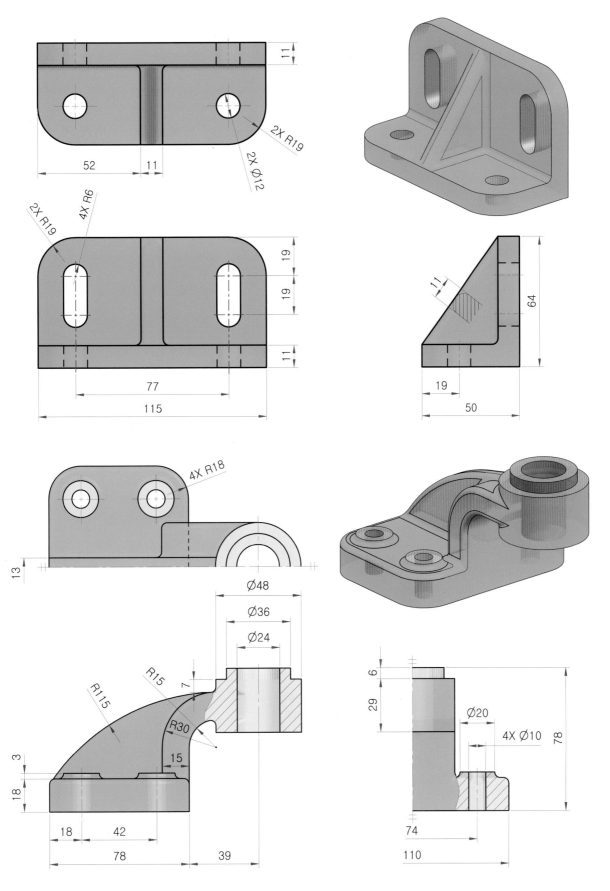

② 유한 리브

XZ 평면에 스케치하고 구속한다.

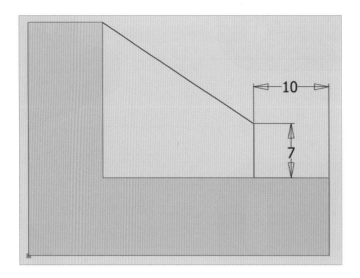

3D 모형 탭 ⇨ 작성 ⇨ 리브 ⇨ 스케치 평면에 평행 ⇨ 프로파일 ⇨ **방향 2** ⇨ 두께 6 ⇨ 대칭 ⇨ 유한 5 ⇨ 확인

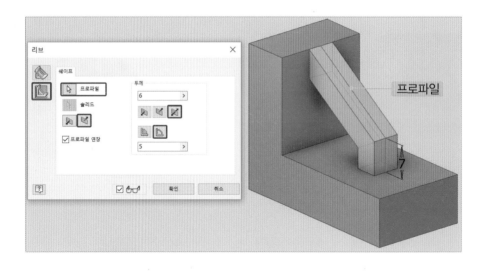

> **참고** 리브 및 웹은 주물과 주조에 흔히 사용되며 플라스틱 부품에서는 일반적으로 강성을 만들고 뒤틀림을 방지하는 데 사용된다.

8 코일

3D 모형 탭 ⇨ 작성 ⇨ 코일

Autodesk Inventor는 다양한 방법으로 코일을 생성할 수 있다.

1 코일 스프링 모델링하기

XZ 평면에 스케치하고 치수와 구속조건을 입력한다.

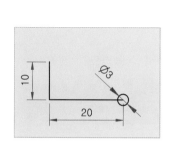 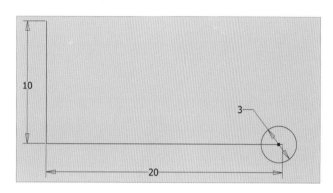

3D 모형 탭 ⇨ 작성 ⇨ 코일 ⇨ 코일 쉐이프 ⇨ 프로파일 ⇨ 축 ⇨ 출력 ⇨ 솔리드

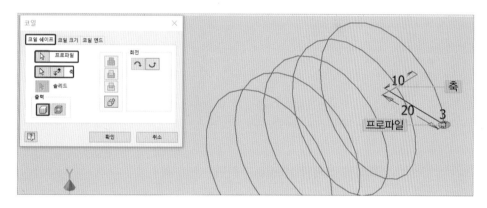

코일 크기 ⇨ 유형 ⇨ **피치 및 회전수** ⇨ 피치 10mm ⇨ 회전수 5 ⇨ 확인

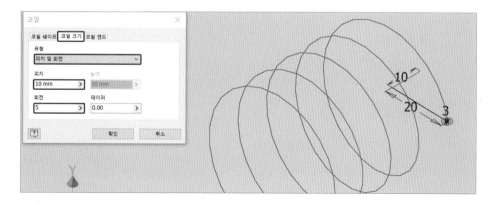

② 스파이럴 모델링하기

XZ 평면에 스케치하고 치수와 구속조건을 입력한다.

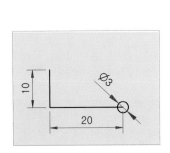
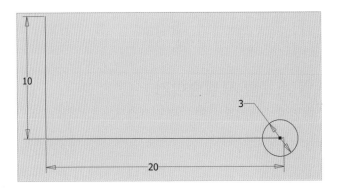

3D 모형 탭 ⇨ 작성 ⇨ 코일 ⇨ 코일 쉐이프 ⇨ 프로파일 ⇨ 축 ⇨ 출력 ⇨ 솔리드

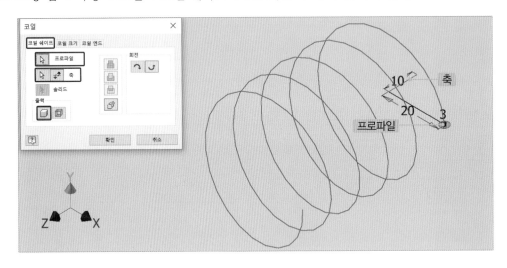

코일 크기 ⇨ 유형 ⇨ **스파이럴** ⇨ 피치 10mm ⇨ 회전수 5 ⇨ 확인

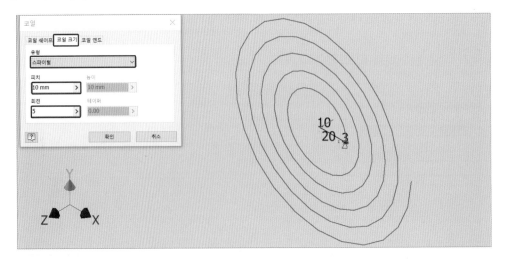

완성된 스파이럴

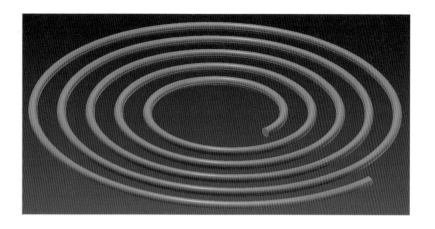

⠿ 9 엠보싱

모델링 평면 또는 곡면 위에 음각 또는 양각으로 글씨를 쓰거나 스케치를 하여 모델링을 생성한다.
3D 모형 탭 ⇨ 작성 ⇨ 엠보싱

(1) 평면 생성

3D 모형 탭 ⇨ 작업 피쳐 ⇨ 평면▼ ⇨ 평면에서 간격띄우기 ⇨ **평면 선택(XY 평면)** ⇨ 거리 20 ⟮Enter↵⟯

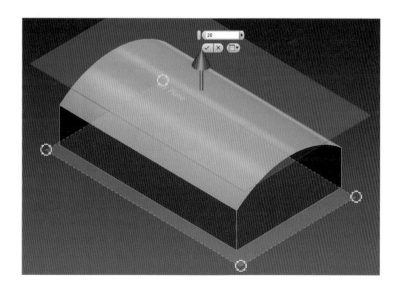

생성된 평면에 2D-스케치 ⇨ 스케치 ⇨ 텍스트 ⇨ 아래 그림처럼 엠보싱할 영역 선택

3D-CAD 입력 ⇨ 글씨체와 크기 선택 ⇨ 확인

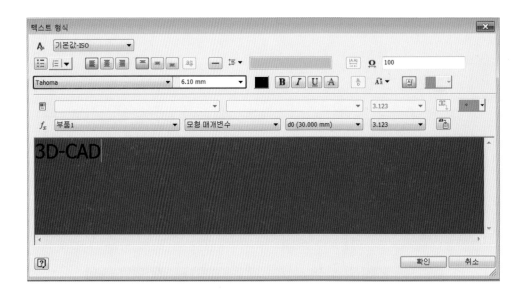

3D 모형 탭 ⇨ 작성 ⇨ 엠보싱 ⇨ 프로파일 ⇨ 거리 1 ⇨ **면으로부터 엠보싱(볼록)** ⇨ 벡터 방향 2 ⇨ 확인

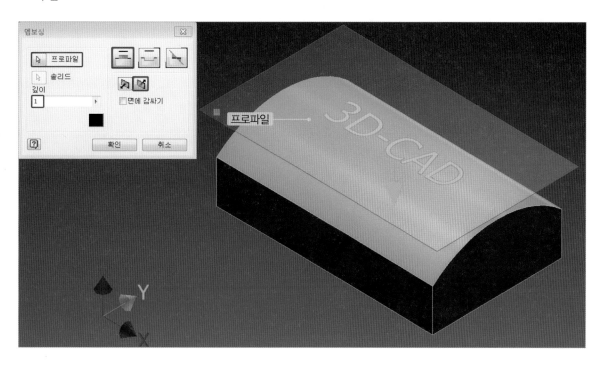

3D 모형 탭 ⇨ 작성 ⇨ 엠보싱 ⇨ 프로파일 ⇨ 거리 3 ⇨ **면으로부터 오목** ⇨ 벡터 방향 2 ⇨ 확인

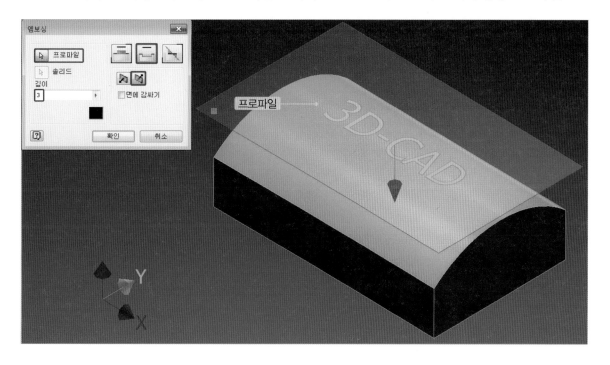

10 쉘

3D 모형 ⇨ 수정 ⇨ 쉘 ⇨ 내부 ⇨ 면 제거 ⇨ 두께 1 ⇨ 확인

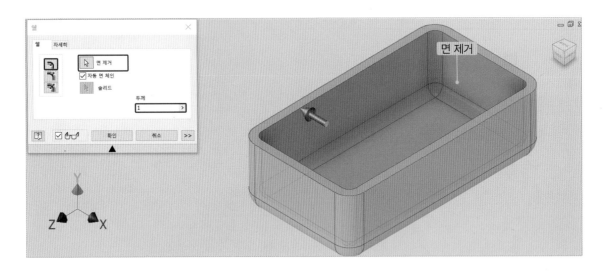

11 면 기울기

3D 모형 ⇨ 수정 ⇨ 제도 ⇨ 고정된 평면 ⇨ 면(기울면) ⇨ 기울기 각도 25 ⇨ 확인

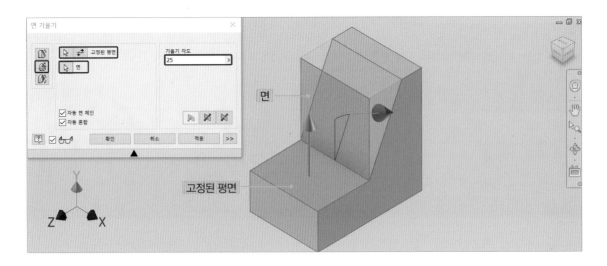

:: 12 직사각형 패턴

3D 모형 ⇨ 패턴 ⇨ 직사각형 패턴 ⇨ 솔리드 패턴화 ⇨ 피쳐 ⇨ 방향 1 → 개수 3 → 거리 50 ⇨ 방향 2 → 개수 2 → 거리 50 ⇨ 확인

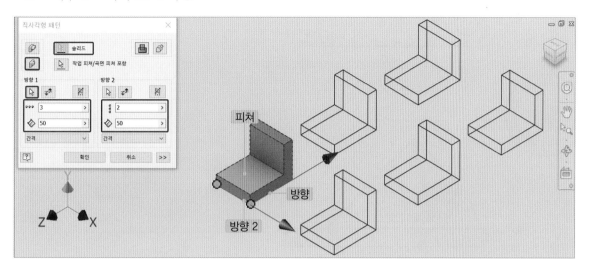

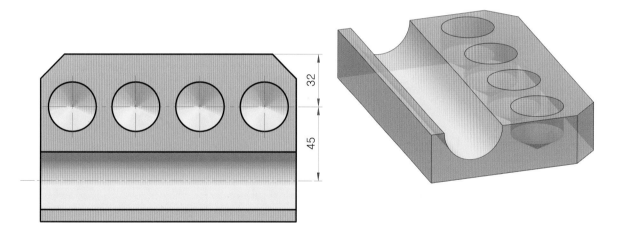

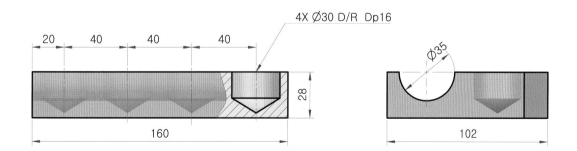

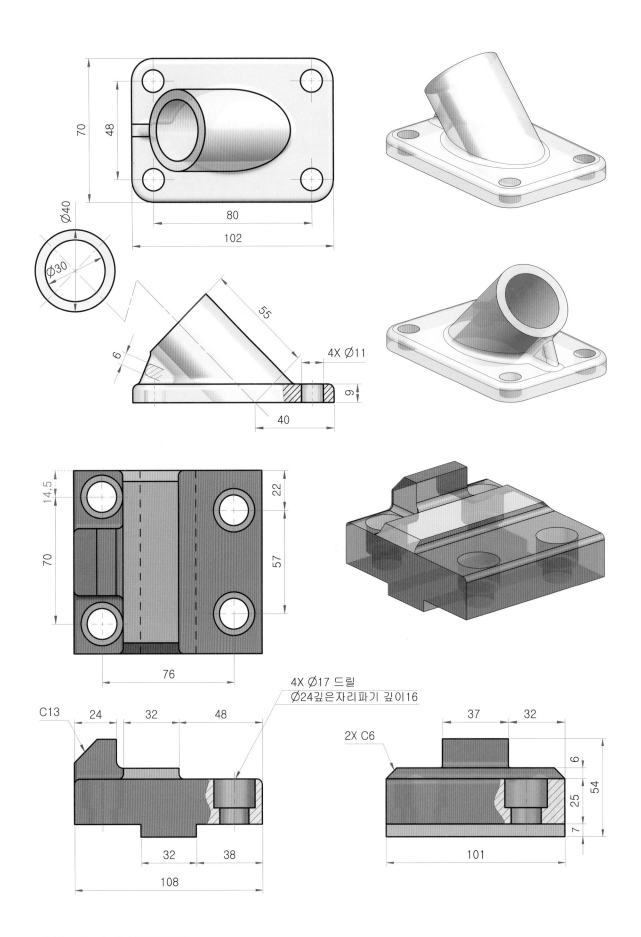

70
48
80
102

Ø40
Ø30

55
6
4X Ø11
9
40

14,5
22
70
57
76

4X Ø17 드릴
Ø24깊은자리파기 깊이16

C13
24
32
48
32
38
108

2X C6
37
32
6
54
25
7
101

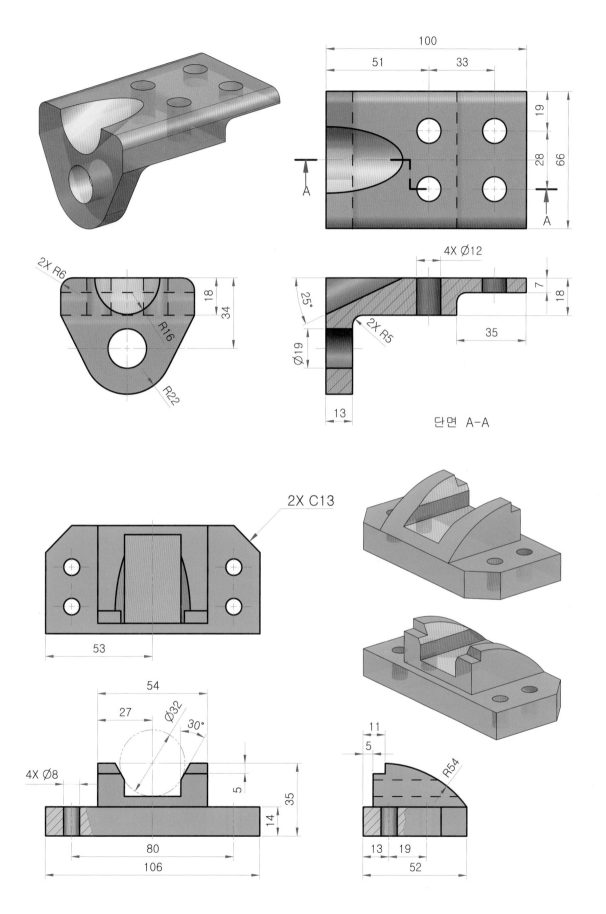

100

51

33

19

28

66

A

A

2X R6

18

34

R16

R22

4X Ø12

25°

2X R5

Ø16

7

18

35

13

단면 A-A

2X C13

53

54

27

Ø32

30°

4X Ø8

5

35

14

80

106

11

5

R54

13

19

52

3D 모형 ⇨ 패턴 ⇨ 원형 패턴 ⇨ 솔리드 패턴화 ⇨ 솔리드 ⇨ 회전축 ⇨ 배치 → 개수 6 → 각도 360deg ⇨ 확인

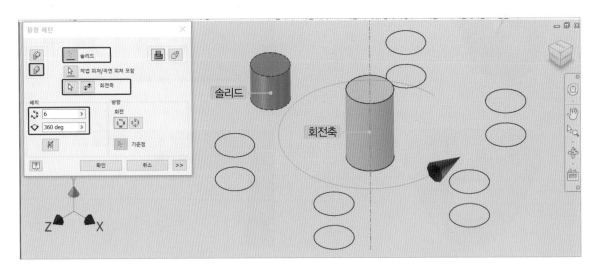

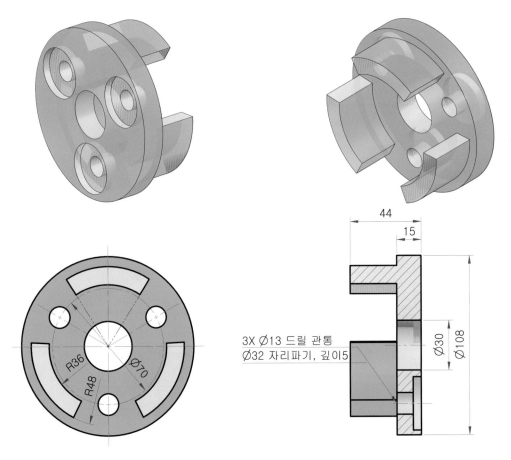

3X Ø13 드릴 관통
Ø32 자리파기, 깊이5

R36
R48
Ø70

44
15

Ø30
Ø108

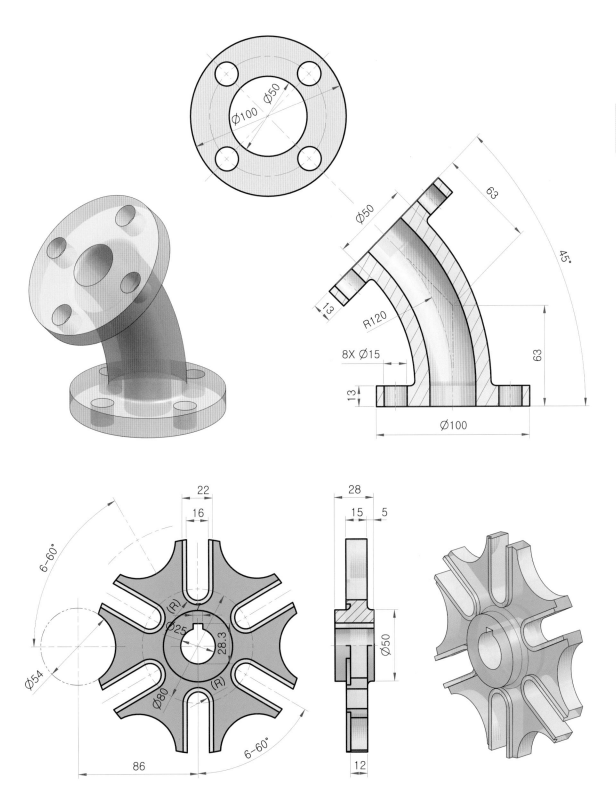

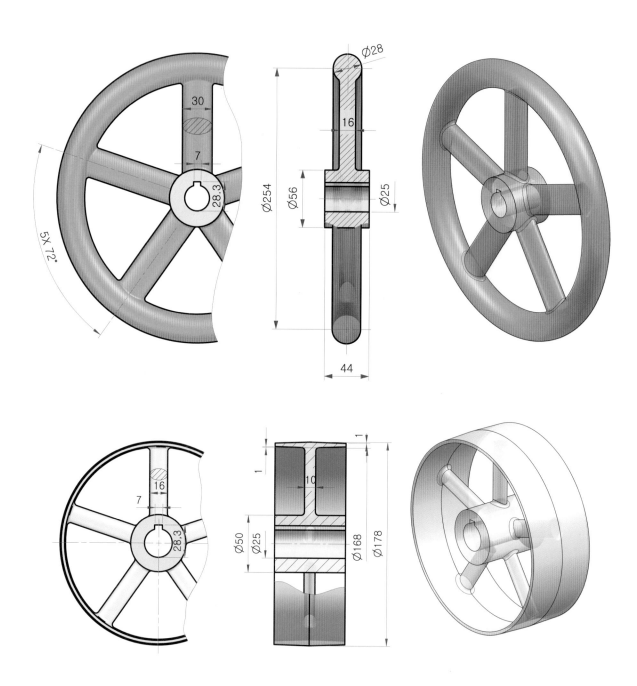

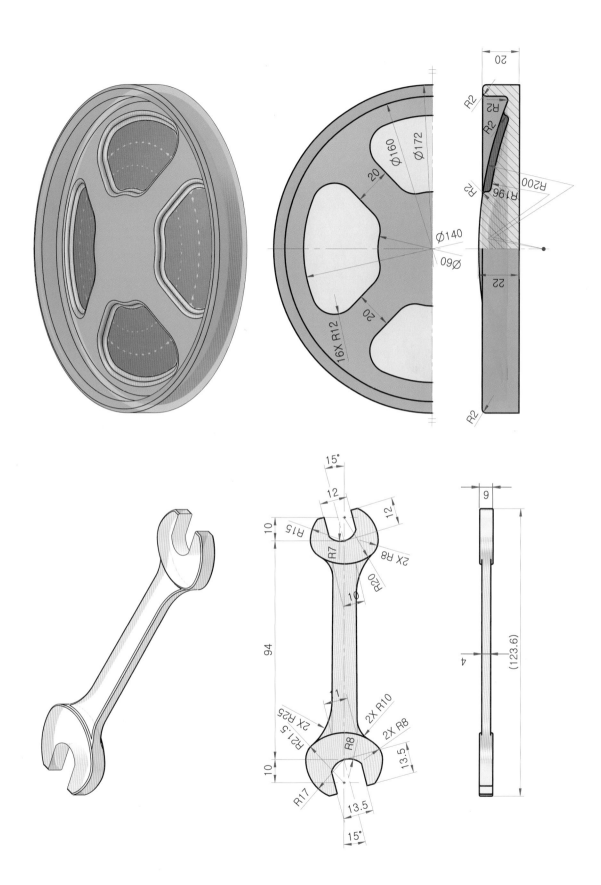

Inventor

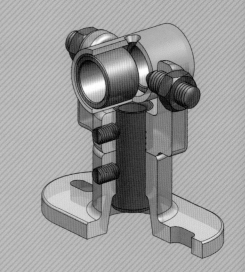

Chapter

3

단품 모델링하기

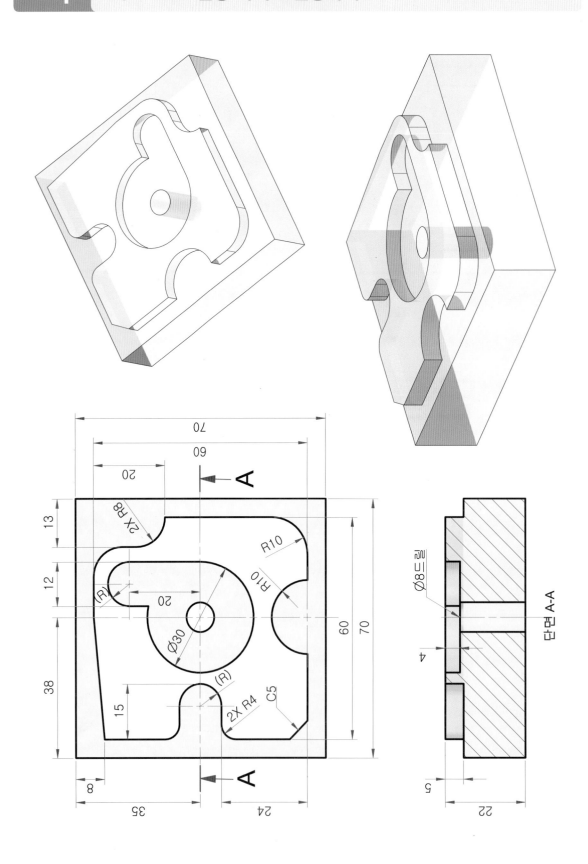

1 베이스 모델링하기

(1) 스케치하기

XY 평면에 스케치하고 치수와 구속조건을 입력한다.

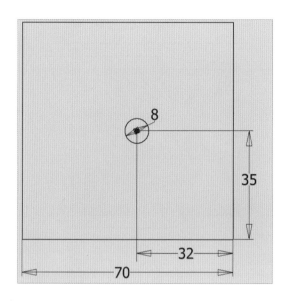

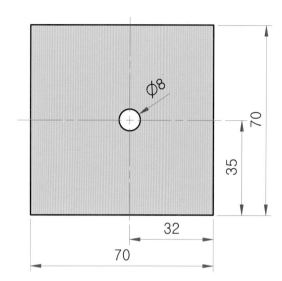

(2) 돌출하기

3D 모형 ⇨ 작성 ⇨ 돌출 ⇨ 쉐이프 ⇨ 프로파일 ⇨ 출력 ⇨ 솔리드 ⇨ 새 솔리드 ⇨ 범위 ⇨ 거리 17 ⇨ **방향 2** ⇨ 확인

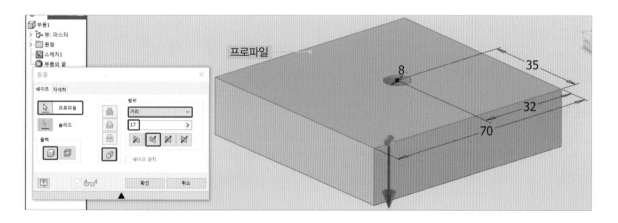

❷ 윤곽 돌출 모델링하기

(1) 스케치하기

XY 평면에 스케치하고 치수와 구속조건을 입력한다.

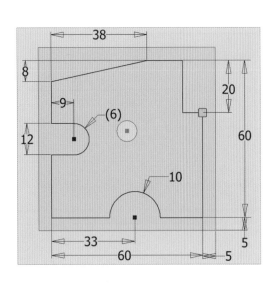 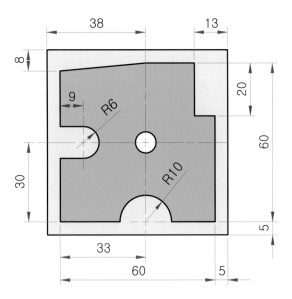

(2) 돌출하기

3D 모형 ⇨ 작성 ⇨ 돌출 ⇨ 쉐이프 ⇨ 프로파일 ⇨ 출력 ⇨ 솔리드 ⇨ 접합 ⇨ 범위 ⇨ 거리 5 ⇨ 방향 1 ⇨ 확인

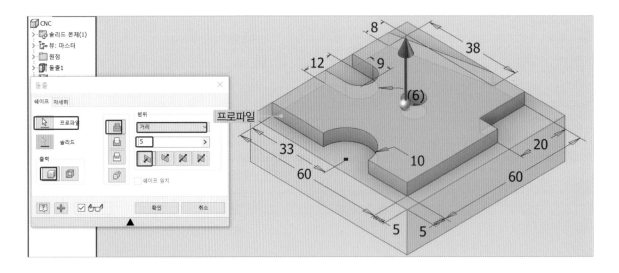

3 포켓 모델링하기

(1) 스케치하기

위 평면에 스케치하고 치수와 구속조건을 입력한다.

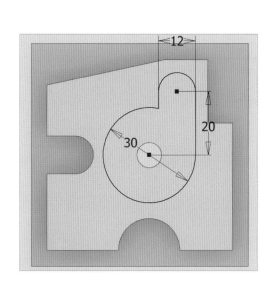
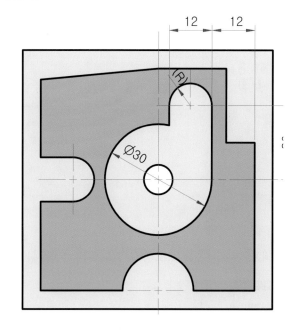

(2) 돌출하기

3D 모형 ⇨ 작성 ⇨ 돌출 ⇨ 쉐이프 ⇨ 프로파일 ⇨ 출력 ⇨ 솔리드 ⇨ 차집합 ⇨ 범위 ⇨ 거리 4 ⇨ **방향 2** ⇨ 확인

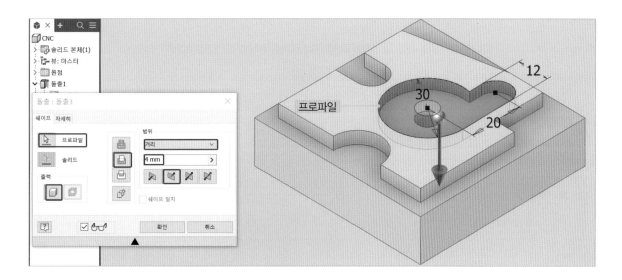

4 모깎기하기

3D 모형 ⇨ 수정 ⇨ 모깎기 ⇨ 모서리 ⇨ 반지름 8 ⇨ 적용

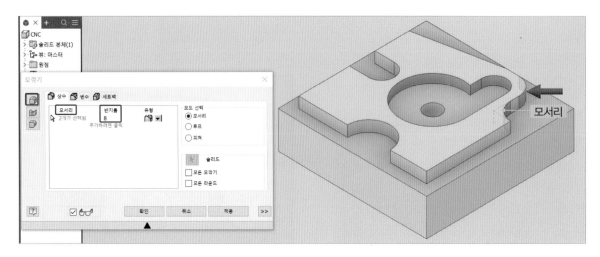

3D 모형 ⇨ 수정 ⇨ 모깎기 ⇨ 모서리 ⇨ 반지름 4 ⇨ 적용

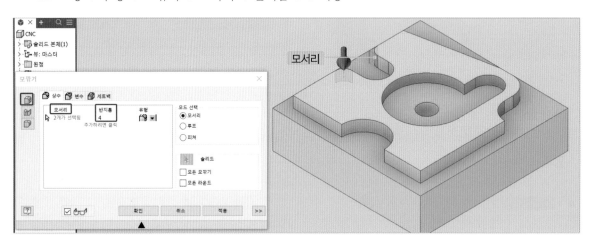

3D 모형 ⇨ 수정 ⇨ 모깎기 ⇨ 모서리 ⇨ 반지름 10 ⇨ 적용

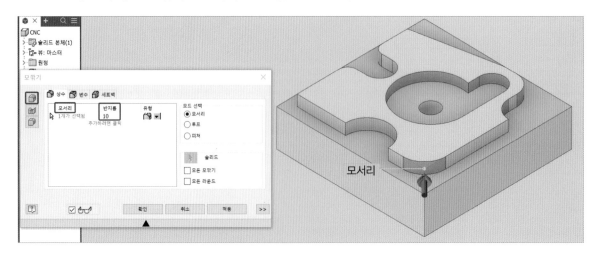

5 모따기하기

3D 모형 ⇨ 수정 ⇨ 모따기 ⇨ 거리 ⇨ 모서리 ⇨ 거리 5 ⇨ 확인

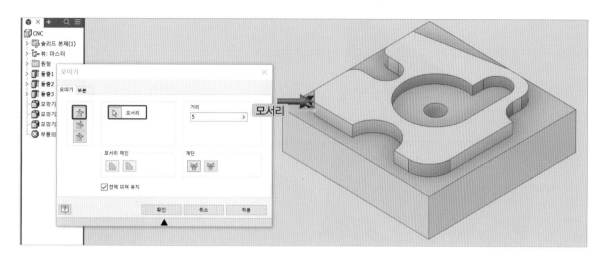

6 완성된 모델링

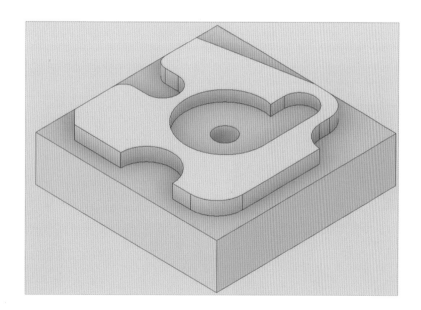

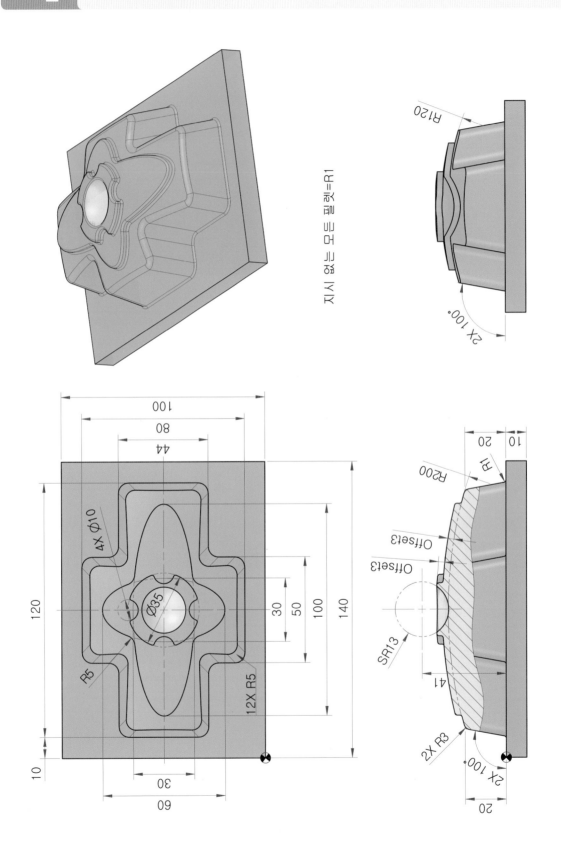

지시 없는 모든 필렛=R1

R120

2X 100°

100
80
44
120
10
30
60

4X Ø10
Ø35
R5
12X R5
30
50
100
140

20
10
R200
R1
Offset3
Offset3
SR13
41
2X R3
2X 100°
20

① 베이스 모델링하기

(1) 스케치하기

XY 평면에 스케치하고 치수와 구속조건을 입력한다.

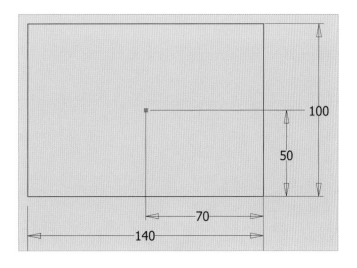

(2) 돌출하기

3D 모형 ⇨ 작성 ⇨ 돌출 ⇨ 쉐이프 ⇨ 프로파일 ⇨ 출력 ⇨ 솔리드 ⇨ 새 솔리드 ⇨ 범위 ⇨ 거리 10 ⇨ 방향 2 ⇨ 확인

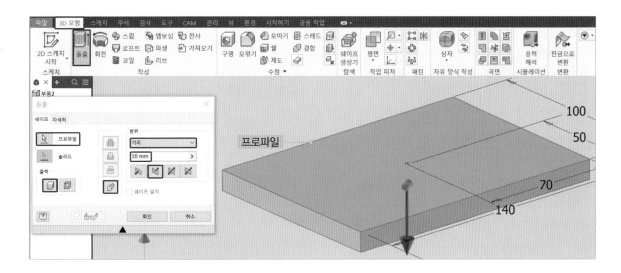

❷ 단순 구배 모델링하기

(1) 스케치하기

XY 평면에 스케치하고 치수와 구속조건을 입력한다.

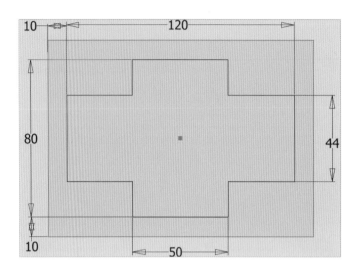

(2) 구배 돌출하기

3D 모형 ⇨ 작성 ⇨ 돌출 ⇨ 쉐이프 ⇨ 프로파일 ⇨ 출력 ⇨ 솔리드 ⇨ 접합 ⇨ 범위 ⇨ 거리 30 ⇨ 방향 1

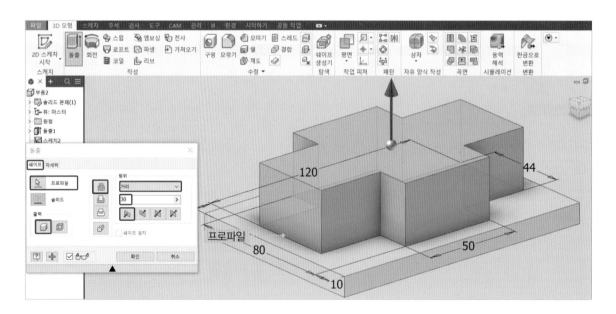

자세히 ⇨ 테이퍼 −10 ⇨ 확인

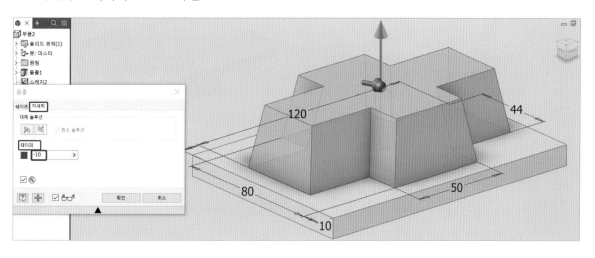

> **참고** 단일 구배는 돌출에서 가능하지만, 복수 구배는 구배 기능에서 모델링한다.

3 스윕 모델링하기

(1) 작업 피쳐 평면 만들어 스케치하기

두 평행 평면 간의 중간 평면 : 두 평면 사이에 새 작업 평면을 생성하여 스케치하고 치수와 구속조건을 입력한다. F7 을 한 번 누르면 단면 표시되며, 다시 누르면 해제된다.

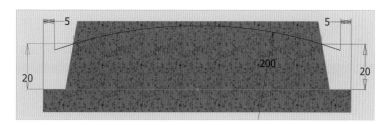

(2) 작업 피쳐 평면 만들어 스케치하기

3D 모형 ⇨ 작업 피쳐 ⇨ 평면 ⇨ **곡선 선택** ⇨ **곡선 끝점 클릭**

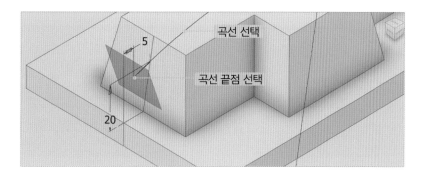

> **참고** 화면이 복잡하므로 작업 평면의 ☑가시성 체크를 먼저 해제한다.

위에서 만든 평면에 스케치하고 치수와 구속조건을 입력한다.

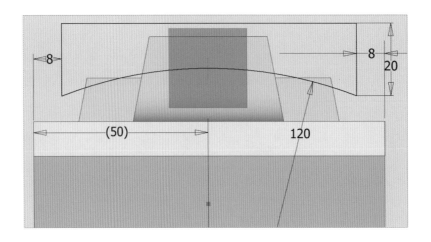

> **참고**   • 가이드 원호 끝점에 형상 투영으로 점을 생성한다.
> • 원호는 가이드 원호 끝점에 일치 구속한다.
> • 원호의 중심점 거리는 측면으로부터 50이다.

(3) 스윕하기

3D 모형 ⇨ 작성 ⇨ 스윕 ⇨ 프로파일(단면 곡선) ⇨ 경로(가이드) ⇨ 출력 ⇨ **솔리드** ⇨ 차집합 ⇨ 유형 ⇨ 경로 ⇨ 방향 ⇨ 경로 ⇨ 확인

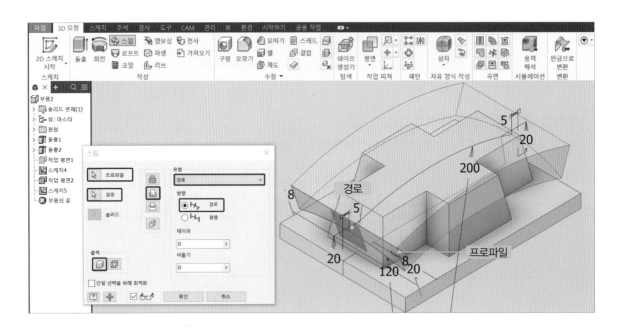

4 타원 엠보싱하기

(1) 작업 피쳐 평면 만들어 스케치하기

3D 모형 탭 ⇨ 작업 피쳐 ⇨ 평면▼ ⇨ 평면에서 간격띄우기 ⇨ **평면 선택**(XY 평면) ⇨ 거리 30 [Enter↵]

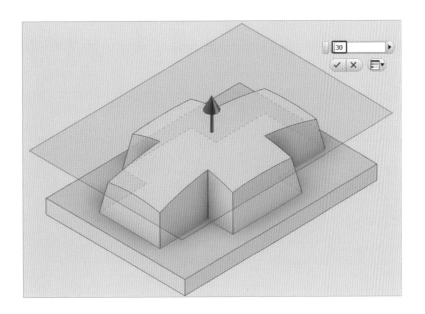

(2) 스케치하기

위에서 만든 평면에 스케치하고 치수와 구속조건을 입력한다.

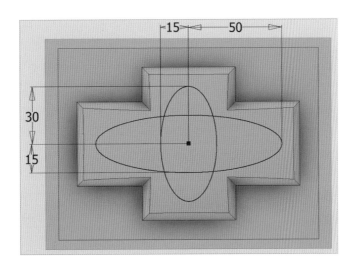

(3) 엠보싱

3D 모형 탭 ⇨ 작성 ⇨ 엠보싱 ⇨ 3 ⇨ **면으로부터 엠보싱(볼록)** ⇨ 벡터 방향 2 ⇨ 확인

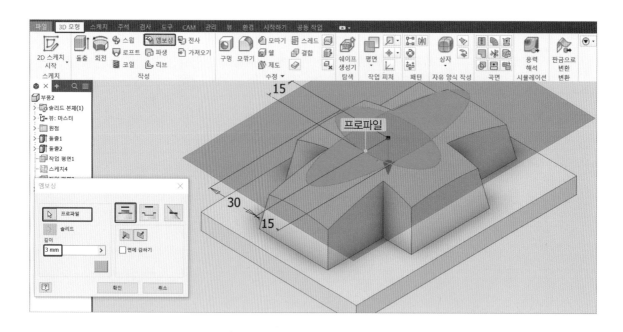

5 엠보싱 모델링하기

(1) 스케치하기

위 4 (1)에서 만든 평면에 스케치하고 치수와 구속조건을 입력한다.

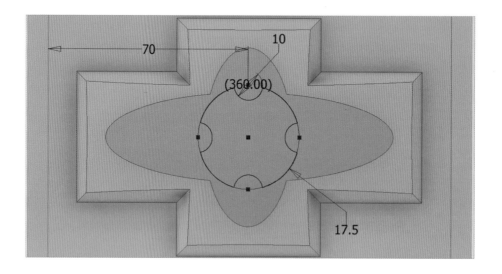

(2) 엠보싱

3D 모형 탭 ⇨ 작성 ⇨ 엠보싱 ⇨ 3 ⇨ **면으로부터 엠보싱(볼록)** ⇨ 벡터 방향 2 ⇨ 확인

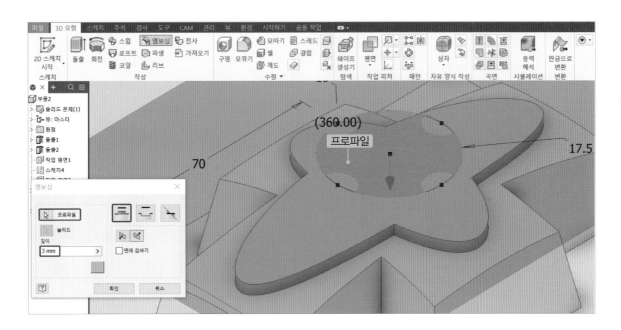

참고 화면이 복잡하므로 작업 평면의 ☑가시성 체크를 해제한다.

6 차집합 구 회전 모델링하기

(1) 스케치하기

위 3(1)에서 만든 평면(가시성 ☑체크)에 스케치하고 치수와 구속조건을 입력한다.

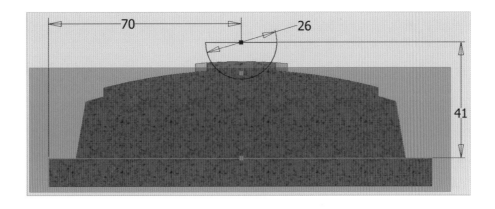

(2) 회전하기

3D 모형 ⇨ 작성 ⇨ 회전 ⇨ 쉐이프 ⇨ 프로파일 ⇨ 축 ⇨ 출력 ⇨ 솔리드 ⇨ 새 솔리드 ⇨ 범위 ⇨ 전체 ⇨ 확인

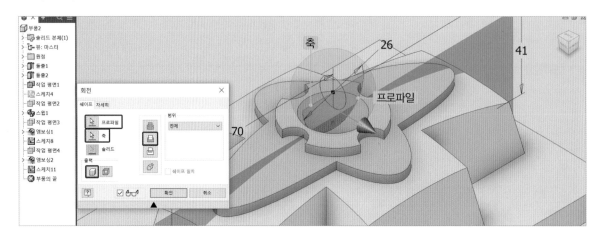

7 모깎기하기

3D 모형 ⇨ 수정 ⇨ 모깎기 ⇨ 모서리 ⇨ 반지름 5 ⇨ 적용

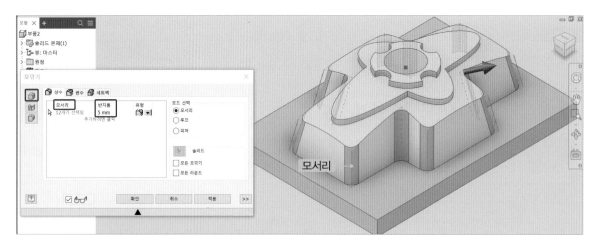

모깎기 ⇨ 모서리 ⇨ 반지름 3 ⇨ 적용

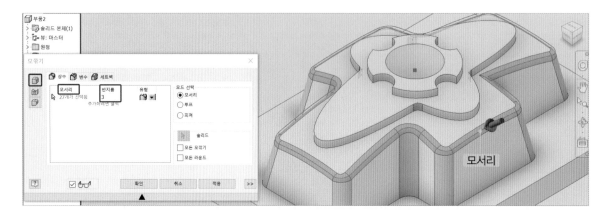

모깎기 ⇨ 모서리 ⇨ 반지름 1 ⇨ 적용

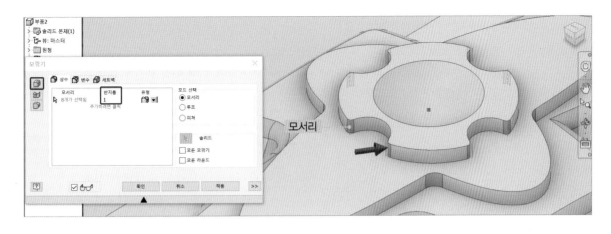

모깎기 ⇨ 모서리 ⇨ 반지름 1 ⇨ 확인

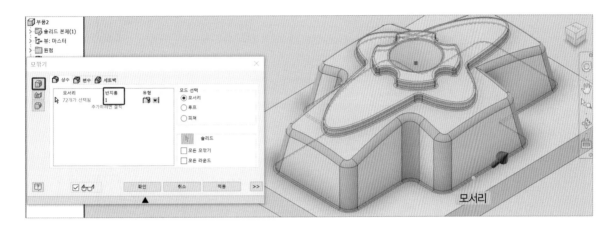

8 완성된 모델링

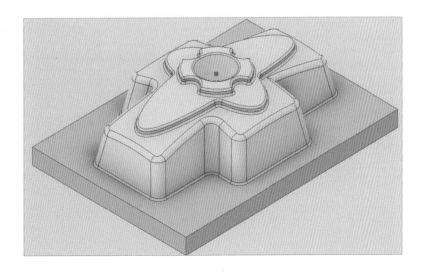

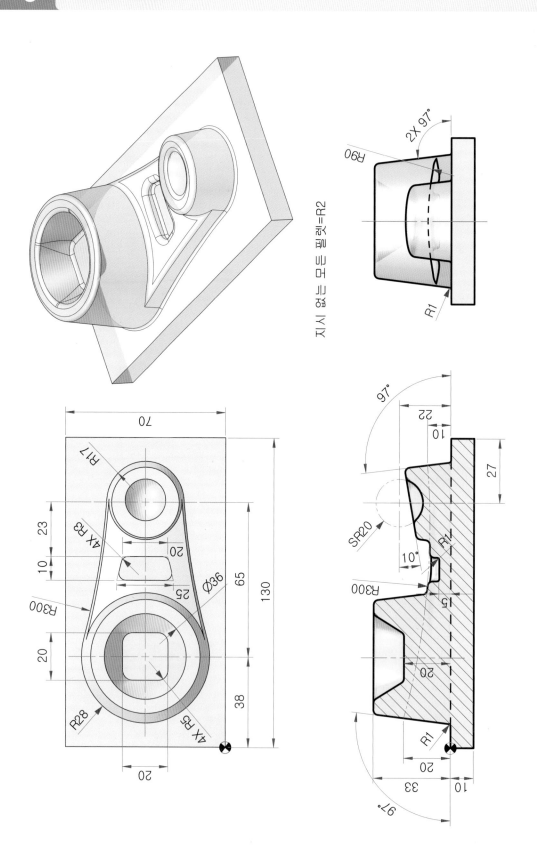

🔳 베이스 모델링하기

(1) 스케치하기

XY 평면에 스케치하고 치수와 구속조건을 입력한다.

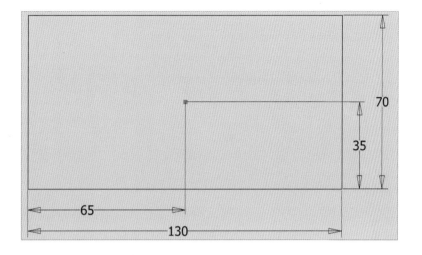

(2) 돌출하기

3D 모형 ⇨ 작성 ⇨ 돌출 ⇨ 쉐이프 ⇨ 프로파일 ⇨ 출력 ⇨ 솔리드 ⇨ 새 솔리드 ⇨ 범위 ⇨ 거리 10 ⇨ 방향 2 ⇨ 확인

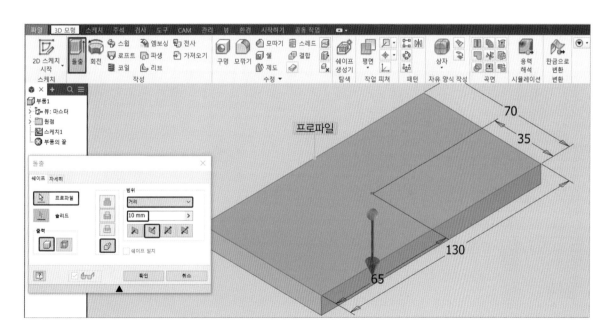

❷ 단순 구배 모델링하기

(1) 스케치하기

XY 평면에 스케치하고 치수와 구속조건을 입력한다.

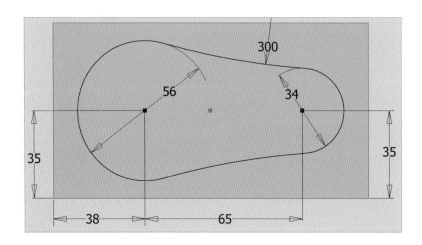

참고 원호를 자르기 해야 단순 구배 7도로 모델링할 수 있으며, 자르기 하지 않으면 솔리드가 3개의 덩어리로 돌출 구배된다.

(2) 돌출하기

3D 모형 ⇨ 작성 ⇨ 돌출 ⇨ 쉐이프 ⇨ 프로파일 ⇨ 출력 ⇨ 솔리드 ⇨ 접합 ⇨ 범위 ⇨ 거리 25 ⇨ 방향 1

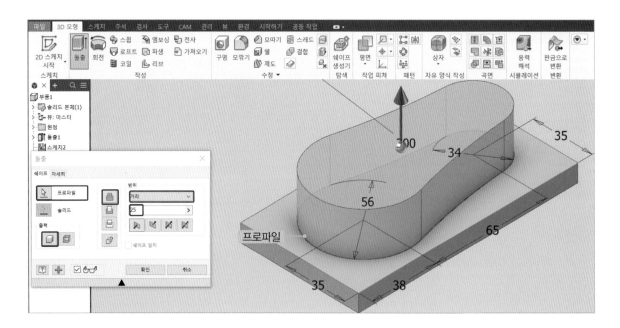

⇨ **자세히** ⇨ 테이퍼 −7 ⇨ 확인

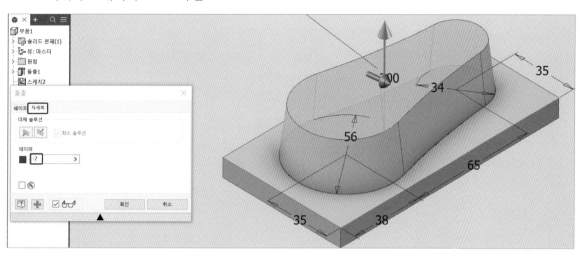

🔖 **참고** 단순 구배는 돌출에서 정의하면 쉽다.

3 스윕 모델링하기

(1) 작업 피쳐 평면 만들어 스케치하기

두 평행 평면 간의 중간 평면 : 두 평면 사이에 새 작업 평면을 생성하여 스케치하고 치수와 구속조건을 입력한다.

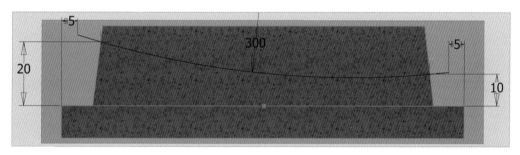

(2) 작업 피쳐 평면 만들어 스케치하기

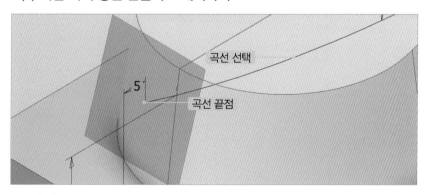

3D 모형 탭 ⇨ 작업 피쳐 ⇨ 평면 ⇨ **곡선 선택** ⇨ 곡선 끝점 클릭

🔖 **참고** 화면이 복잡하므로 작업 평면의 가시성에 ☑체크를 먼저 해제한다.

위에서 만든 평면에 스케치하고 치수와 구속조건을 입력한다.

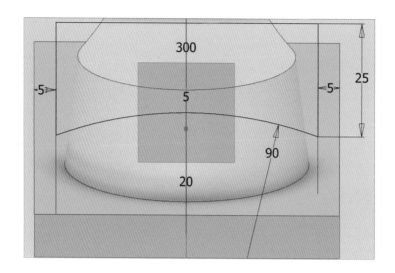

(3) 스윕 모델링하기

3D 모형 ⇨ 작성 ⇨ 스윕 ⇨ 프로파일(단면 곡선) ⇨ 경로(가이드) ⇨ 출력 ⇨ **솔리드** ⇨ 차집합 ⇨ 유형 ⇨ 경로 ⇨ 방향 ⇨ 경로 ⇨ 확인

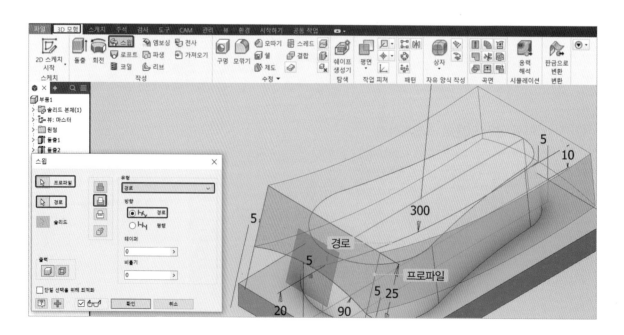

4 단순 구배 모델링하기

(1) 스케치하기

XY 평면에 스케치하고 구속조건 **동심, 같은 길이**로 구속조건을 입력한다.

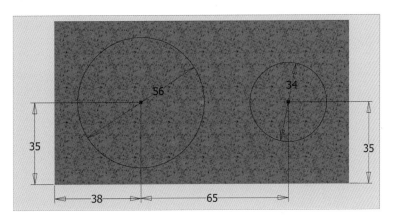

(2) 돌출하기

3D 모형 ⇨ 작성 ⇨ 돌출 ⇨ 쉐이프 ⇨ 프로파일 ⇨ 출력 ⇨ 솔리드 ⇨ 접합 ⇨ 범위 ⇨ 거리 33 ⇨ 방향 1

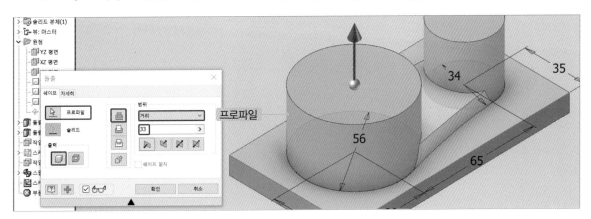

⇨ **자세히** ⇨ 테이퍼 −7 ⇨ 확인

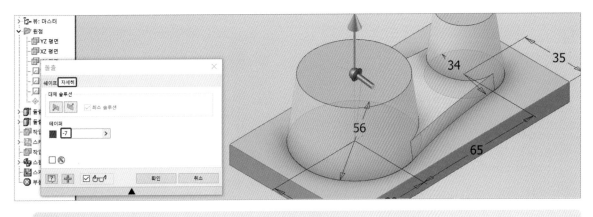

> **참고** 단순 구배는 돌출에서 모델링하면 쉽다.

⑤ 로프트 모델링하기

(1) 스케치하기

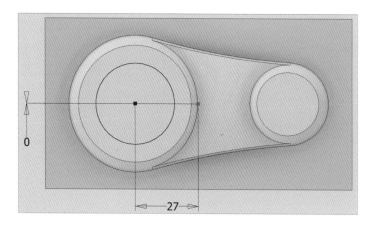

원주 단면에 스케치하고 치수와 동심 구속조건을 입력한다.

(2) 작업 피쳐 평면 만들어 스케치하기

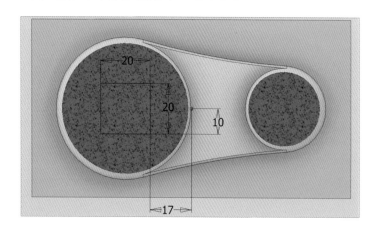

평면에서 간격띄우기 : XY 평면에서 거리 20인 새 작업 평면을 생성하여 스케치하고 치수를 입력한다.

(3) 로프트

3D 모형 ⇨ 작성 ⇨ 로프트 ⇨ 곡선 ⇨ 스케치 1 ⇨ 스케치 2 ⇨ 출력 ⇨ 솔리드 ⇨ 차집합 ⇨ 레일 ⇨ 확인 화면이 복잡하므로 작업 평면의 가시성에 ☑체크를 먼저 해제한다.

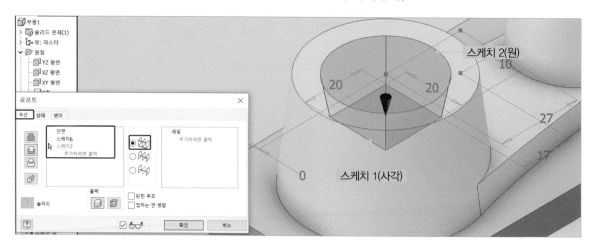

6 차집합 돌출 모델링하기

(1) 스케치하기

위 3(1)번의 작업 평면 가시성에 ☑ 체크하여 스케치하고 치수와 구속조건을 입력한다.

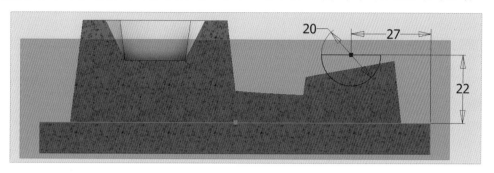

(2) 돌출하기

3D 모형 ⇨ 작성 ⇨ 돌출 ⇨ 쉐이프 ⇨ 프로파일 ⇨ 출력 ⇨ 솔리드 ⇨ 차집합 ⇨ 범위 ⇨ 거리 30 ⇨ 대칭 ⇨ 확인

화면이 복잡하므로 작업 평면의 가시성에 ☑체크를 먼저 해제한다.

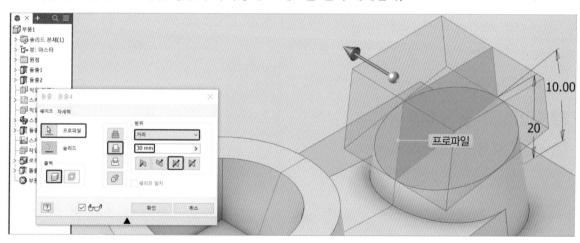

7 차집합 구 모델링하기

(1) 스케치하기

위 3(1) 작업 면의 가시성에 ☑ 체크하고 평면에 스케치하여 치수를 입력한다.

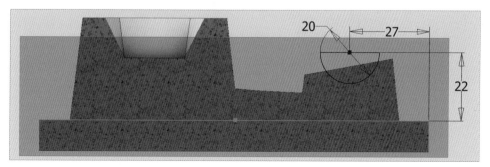

(2) 회전하기

3D 모형 ⇨ 작성 ⇨ 회전 ⇨ 쉐이프 ⇨ 프로파일 ⇨ 축

화면이 복잡하므로 작업 평면의 가시성에 ☑체크를 먼저 해제한다.

출력 ⇨ 솔리드 ⇨ 차집합 ⇨ 범위 ⇨ 전체 ⇨ 확인

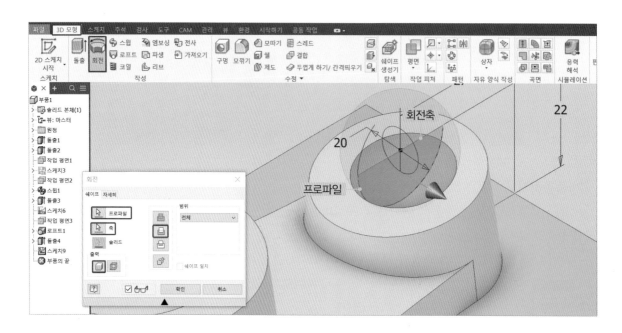

8 차집합 돌출 모델링하기

(1) 작업 피쳐 평면 만들어 스케치하기

평면에서 간격띄우기 : XY 평면에서 거리 5인 새 작업 평면을 생성하여 스케치하고 치수를 입력한다.

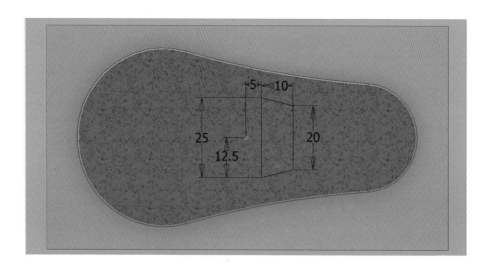

(2) 돌출하기

3D 모형 ⇨ 작성 ⇨ 돌출 ⇨ 쉐이프 ⇨ 프로파일 ⇨ 출력 ⇨ 솔리드 ⇨ 차집합 ⇨ 범위 ⇨ 거리 10 ⇨ 대칭 ⇨ 확인

화면이 복잡하므로 작업 평면의 가시성에 ☑체크를 해제한다.

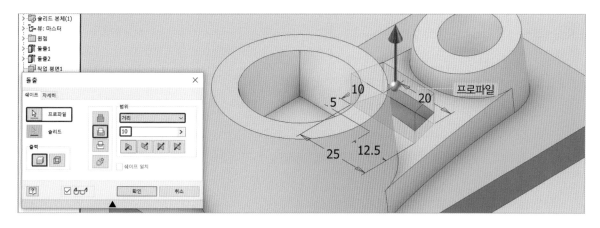

⑨ 모깎기하기

3D 모형 ⇨ 수정 ⇨ 모깎기 ⇨ 모서리 ⇨ 반지름 5 ⇨ 적용

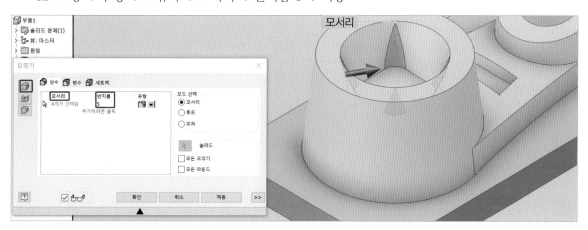

3D 모형 ⇨ 수정 ⇨ 모깎기 ⇨ 모서리 ⇨ 반지름 3 ⇨ 적용

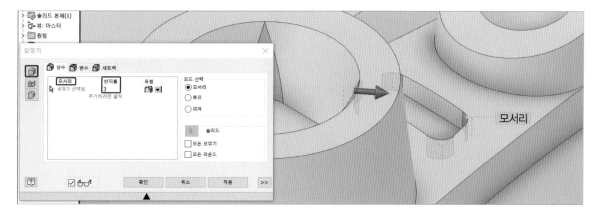

3D 모형 ⇨ 수정 ⇨ 모깎기 ⇨ 모서리 ⇨ 반지름 1 ⇨ 적용

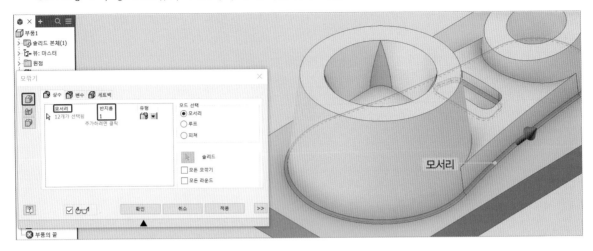

3D 모형 ⇨ 수정 ⇨ 모깎기 ⇨ 모서리 ⇨ 반지름 2 ⇨ 확인

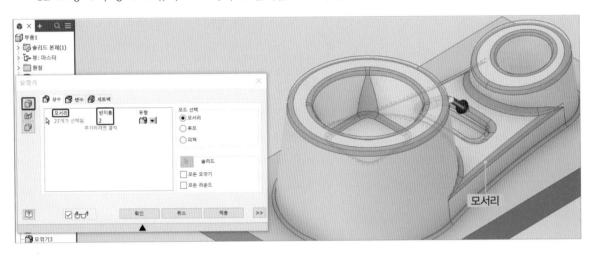

🔟 완성된 모델링

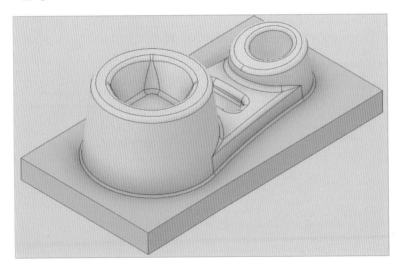

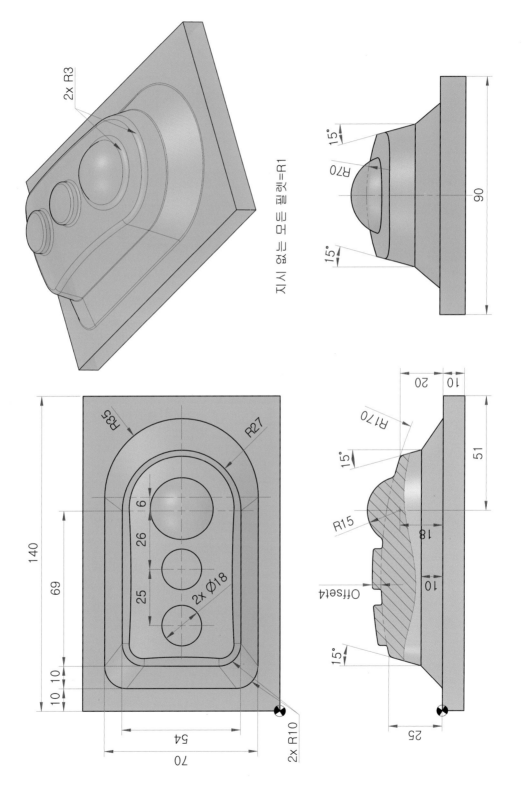

지시 없는 모든 필렛=R1

1 베이스 모델링하기

(1) 스케치하기

XY 평면에 스케치하고 치수와 구속조건을 입력한다.

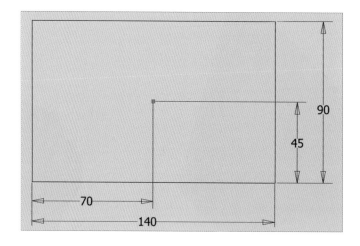

(2) 돌출하기

3D 모형 ⇨ 작성 ⇨ 돌출 ⇨ 쉐이프 ⇨ 프로파일 ⇨ 출력 ⇨ 솔리드 ⇨ 새 솔리드 ⇨ 범위 ⇨ 거리 10 ⇨ 방향 2 ⇨ 확인

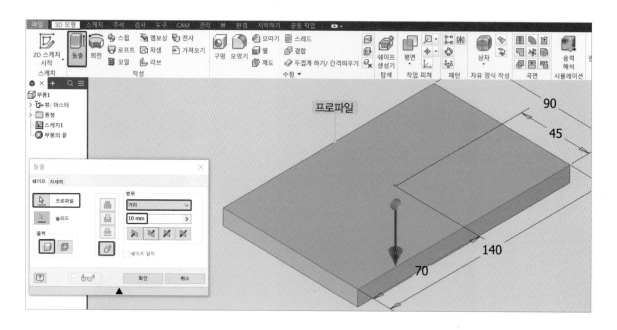

2 로프트 모델링하기

(1) 스케치하기

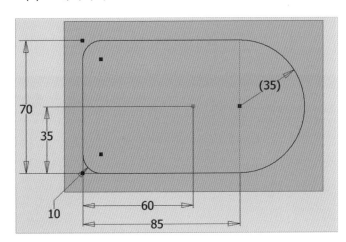

XY 평면에 스케치하고 치수와 구속조건을 입력한다.

(2) 작업 피쳐 평면 만들어 스케치하기

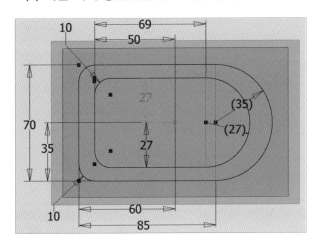

평면에서 간격띄우기 : XY 평면에서 거리 10인 새 작업 평면을 생성하여 스케치하고 치수와 구속조건을 입력한다.

(3) 로프트

3D 모형 ⇨ 작성 ⇨ 로프트 ⇨ 곡선 ⇨ 스케치 1 ⇨ 스케치 2 ⇨ 출력 ⇨ 솔리드 ⇨ 접합 ⇨ 레일 ⇨ 확인

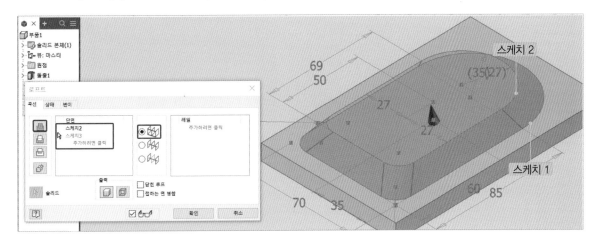

❸ 단순 구배 돌출하기

(1) 스케치 공유

모형 ⇨ 로프트 1 ⇨ 스케치 2 ⇨ 스케치 공유 클릭

스케치 공유를 클릭하면 스케치가 활성화되며, 가시성에 □ 해제하면 스케치가 숨겨진다.

(2) 돌출 모델링하기

3D 모형 ⇨ 작성 ⇨ 돌출 ⇨ 쉐이프 ⇨ 프로파일 ⇨ 출력 ⇨ 솔리드 ⇨ 접합 ⇨ 범위 ⇨ 거리 20 ⇨ 방향 1

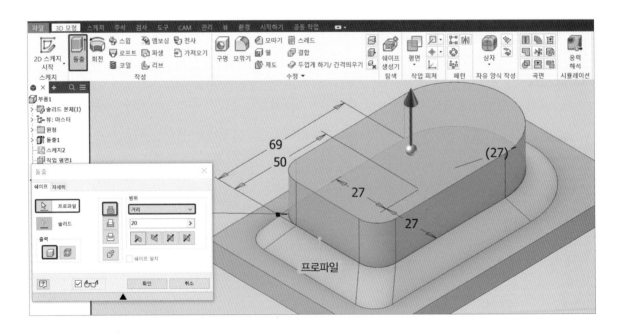

⇨ **자세히** ⇨ 테이퍼 −15 ⇨ 확인

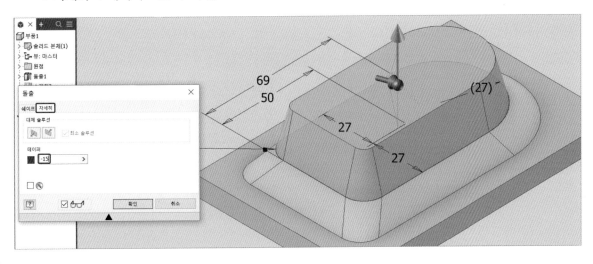

참고 단순 구배는 돌출에서 모델링하면 쉽다.

4 스윕 모델링하기

(1) 작업 피쳐 평면 만들어 스케치하기 1

두 평면 사이에 새 작업 평면을 생성하여 스케치하고 치수와 구속조건을 입력한다.

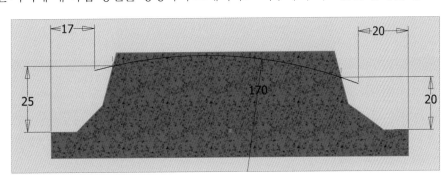

(2) 작업 피쳐 평면 만들어 스케치하기 2

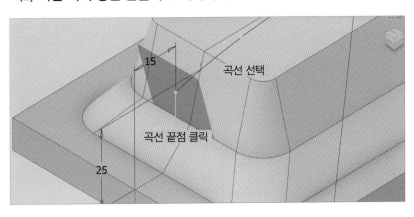

3D 모형 탭 ⇨ 작업 피쳐 ⇨ **평면** ⇨ **곡선 선택** ⇨ **곡선 끝 점 클릭**

화면이 복잡하므로 작업 평면의 가시성에 ☑체크를 먼저 해제한다.

위에서 만든 평면에 스케치하고 치수와 구속조건을 입력한다.

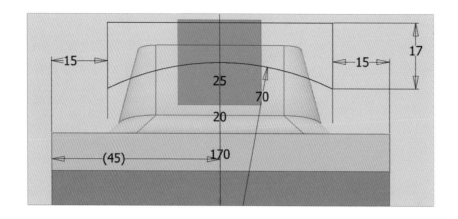

참고
- 가이드 원호 끝점에 형상 투영으로 점을 생성한다.
- 원호는 가이드 원호 끝점에 일치 구속한다.
- 원호의 중심점 거리는 측면으로부터 45이다.

(3) 스윕하기

3D 모형 ⇨ 작성 ⇨ 스윕 ⇨ 프로파일(단면 곡선) ⇨ 경로(가이드) ⇨ 출력 ⇨ **솔리드** ⇨ 차집합 ⇨ 유형 ⇨ 경로 ⇨ 방향 ⇨ 경로 ⇨ 확인

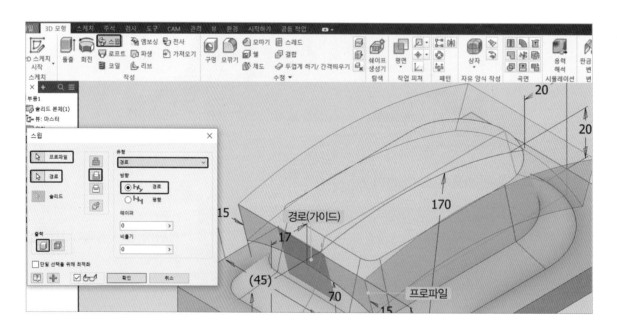

5 엠보싱 모델링하기

(1) 작업 피쳐 평면 만들어 스케치하기

평면에서 간격띄우기 : XY 평면에서 거리 30인 새 작업 평면을 생성하여 스케치하고 치수와 구속조건을 입력한다.

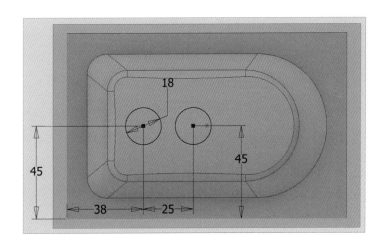

(2) 엠보싱하기

3D 모형 탭 ⇨ 작성 ⇨ 엠보싱 ⇨ 3 ⇨ **면으로부터 엠보싱(볼록)** ⇨ 벡터 방향 2 ⇨ 확인

화면이 복잡하므로 작업 평면의 가시성에 ☑체크를 먼저 해제한다.

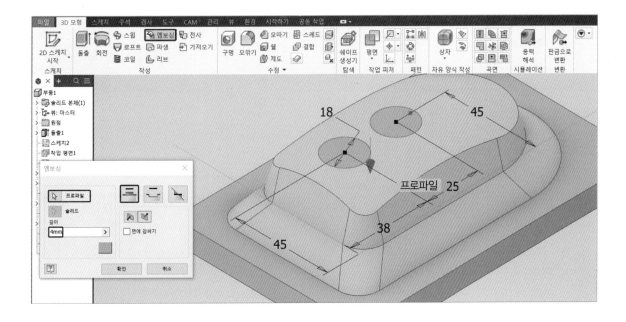

⑥ 구 모델링하기

(1) 스케치하기

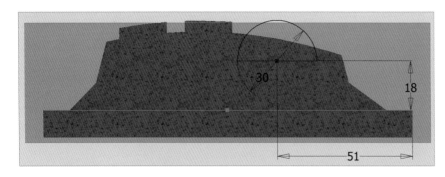

위 ④(1)에서 생성한 작업 평면의 가시성에 ☑체크하고 평면에 스케치하고 치수를 입력한다.

(2) 회전하기

3D 모형 ⇨ 작성 ⇨ 회전 ⇨ 쉐이프 ⇨ 프로파일 ⇨ 축

화면이 복잡하므로 작업 평면의 가시성에 ☑체크를 먼저 해제한다.

출력 ⇨ 솔리드 ⇨ 접합 ⇨ 범위 ⇨ 전체 ⇨ 확인

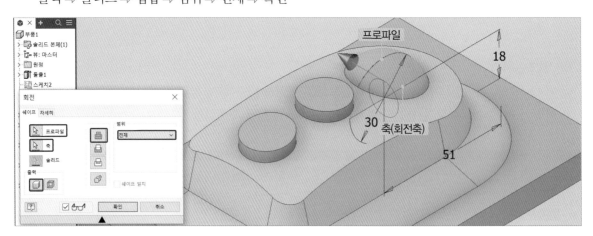

⑦ 모깎기하기

3D 모형 ⇨ 수정 ⇨ 모깎기 ⇨ 모서리 ⇨ 반지름 3 ⇨ 적용

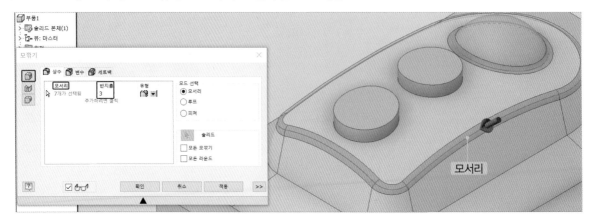

3D 모형 ⇨ 수정 ⇨ 모깎기 ⇨ 모서리 ⇨ 반지름 1 ⇨ 적용

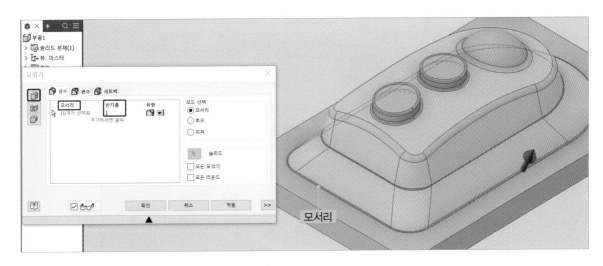

8 완성된 모델링

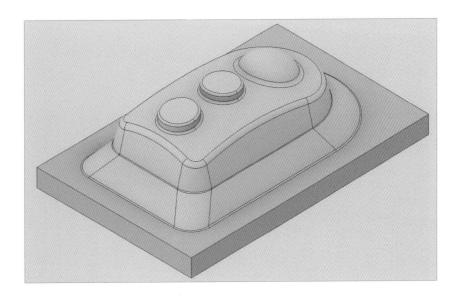

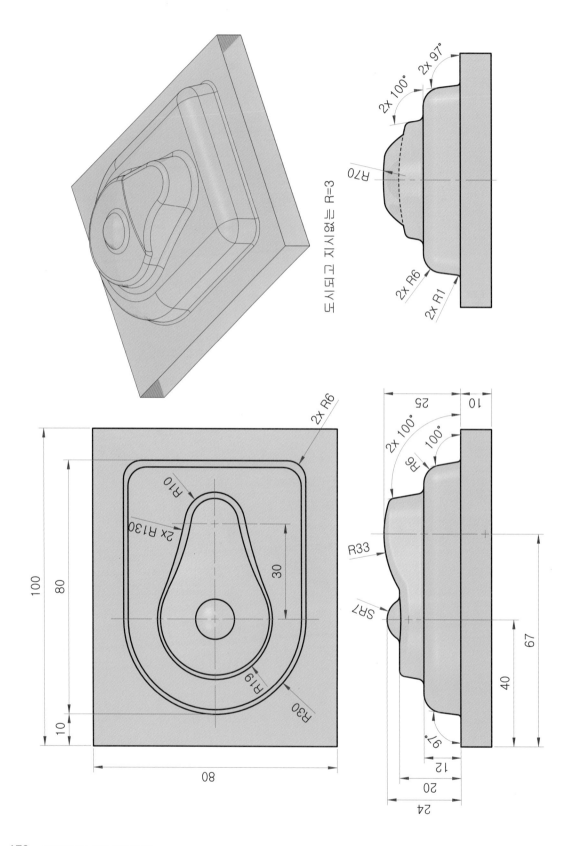

도시되고 지시없는 R=3

⬛1 베이스 모델링하기

(1) 스케치하기

XY 평면에 스케치하고 치수와 구속조건을 입력한다.

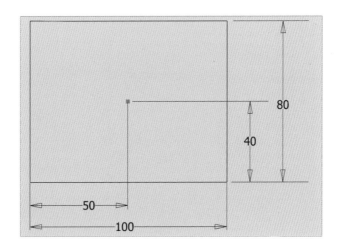

(2) 돌출하기

3D 모형 ⇨ 작성 ⇨ 돌출 ⇨ 쉐이프 ⇨ 프로파일 ⇨ 출력 ⇨ 솔리드 ⇨ 새 솔리드 ⇨ 범위 ⇨ 거리 10 ⇨
방향 2 ⇨ 확인

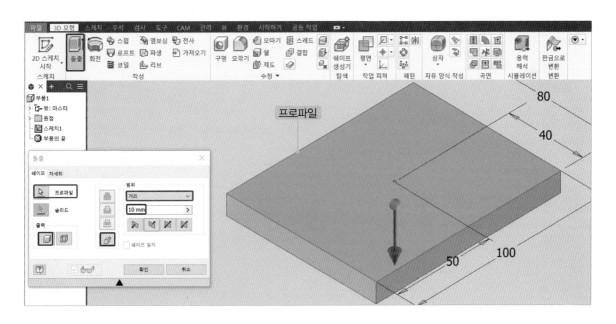

② 돌출 모델링하기

(1) 스케치하기

XY 평면에 스케치하고 치수와 구속조건을 입력한다.

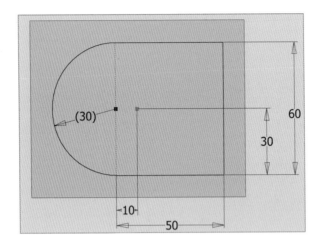

(2) 돌출하기

3D 모형 ⇨ 작성 ⇨ 돌출 ⇨ 쉐이프 ⇨ 프로파일 ⇨ 출력 ⇨ 솔리드 ⇨ 접합 ⇨ 범위 ⇨ 거리 12 ⇨ 방향 1
⇨ 확인

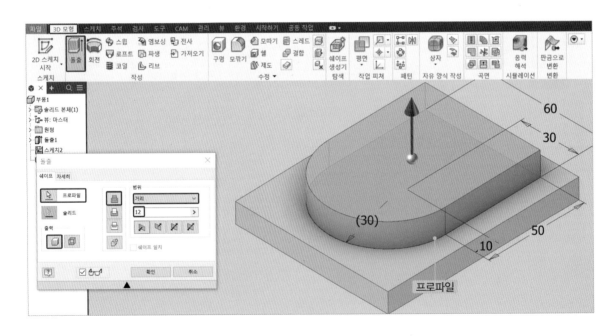

> **참고** 인벤터 돌출에서는 복수 구배 기능이 없으므로 돌출 모델링 후 구배 기능으로 별도로 작업한다.

(3) 면 기울기

① 3D 모형 ⇨ 수정 ⇨ 제도 ⇨ 고정된 평면 ⇨ 면(기울면) ⇨ 기울기 각도 10 ⇨ 확인

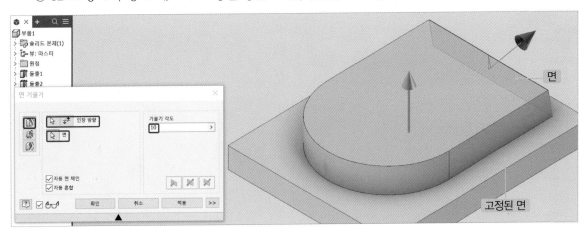

② 3D 모형 ⇨ 수정 ⇨ 제도 ⇨ 고정된 평면 ⇨ 면(기울면) ⇨ 기울기 각도 7 ⇨ 확인

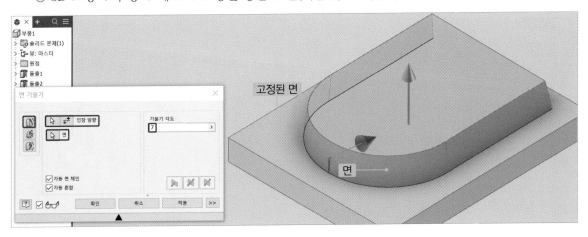

❸ 단순 구배 모델링하기

(1) 스케치하기

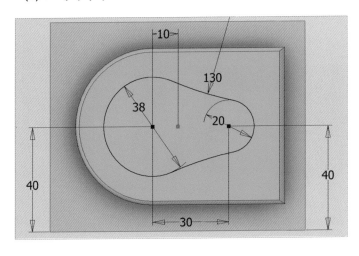

위 평면에 스케치하고 치수와 동심 구속조건을 입력한다.

(2) 돌출하기

3D 모형 ⇨ 작성 ⇨ 돌출 ⇨ 쉐이프 ⇨ 프로파일 ⇨ 출력 ⇨ 솔리드 ⇨ 접합 ⇨ 범위 ⇨ 거리 14 ⇨ 방향 1

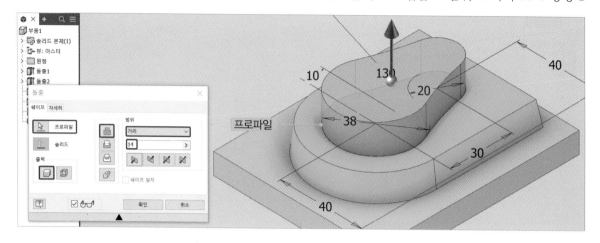

⇨ **자세히** ⇨ 테이퍼 −10 ⇨ 확인

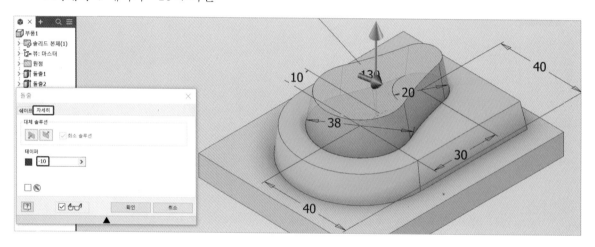

4 스윕 모델링하기

(1) 작업 피쳐 평면 만들어 스케치하기 1

두 평면 사이에 새 작업 평면을 생성하여 스케치하고 치수와 구속조건을 입력한다.

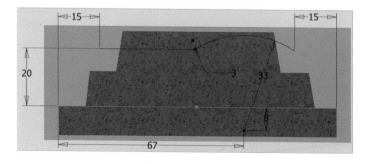

> **참고** 먼저 직선과 곡선이 만나는 점에 R2를 스케치에서 작업해야 스윕이 가능하다.

(2) 작업 피쳐 평면 만들어 스케치하기 2

3D 모형 탭 ➪ 작업 피쳐 ➪ 평면 ➪ 곡선 선택 ➪ 곡선 끝점 클릭

화면이 복잡하므로 작업 평면의 가시성에 ☑체크를 먼저 해제한다.

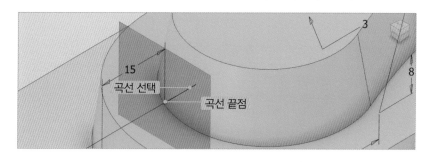

위에서 만든 평면에 스케치하고 치수와 구속조건은 가이드 원호 끝점에 형상 투영으로 점을 생성하여 원호를 점에 곡상의 점으로 구속한다.

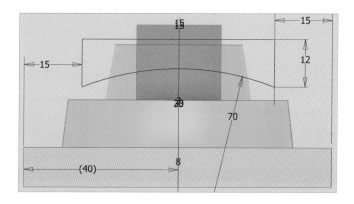

(3) 스윕 모델링하기

3D 모형 ➪ 작성 ➪ 스윕 ➪ 프로파일(단면 곡선) ➪ 경로(가이드) ➪ 출력 ➪ 솔리드 ➪ 차집합 ➪ 유형 ➪ 경로 ➪ 방향 ➪ 경로 ➪ 확인

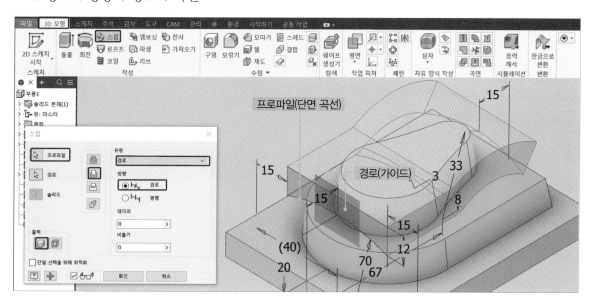

5 구 모델링하기

(1) 스케치하기

위 4 (1)에서 생성한 작업 평면의 가시성에 ☑체크하고 평면에 스케치하고 치수를 입력한다.

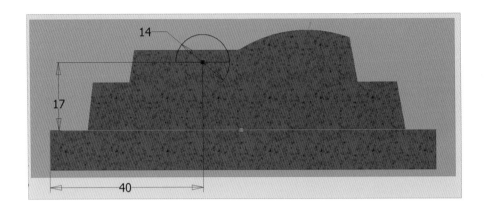

(2) 회전하기

3D 모형 ⇨ 작성 ⇨ 회전 ⇨ 쉐이프 ⇨ 프로파일 ⇨ 축

화면이 복잡하므로 작업 평면의 가시성에 ☑체크를 먼저 해제한다.

출력 ⇨ 솔리드 ⇨ 접합 ⇨ 범위 ⇨ 전체 ⇨ 확인

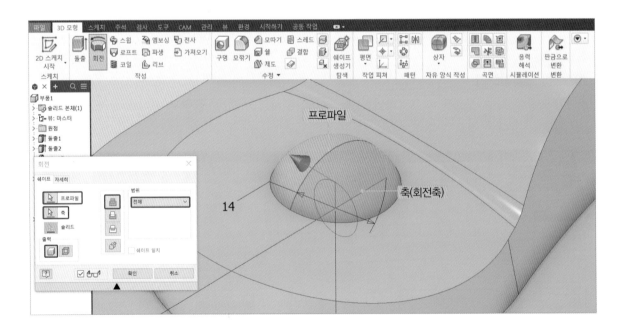

6 모깎기하기

3D 모형 ⇨ 수정 ⇨ 모깎기 ⇨ 모서리 ⇨ 반지름 6 ⇨ 적용

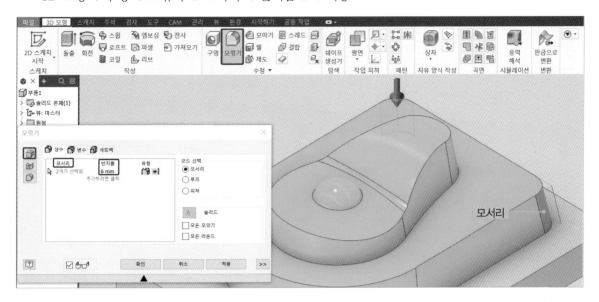

3D 모형 ⇨ 수정 ⇨ 모깎기 ⇨ 모서리 ⇨ 반지름 6 ⇨ 적용

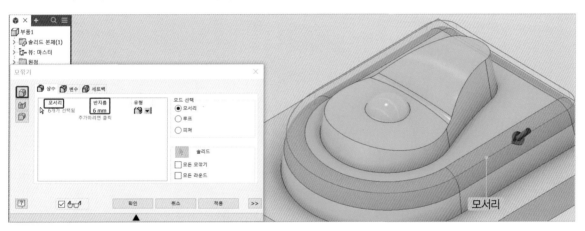

3D 모형 ⇨ 수정 ⇨ 모깎기 ⇨ 모서리 ⇨ 반지름 2 ⇨ 적용

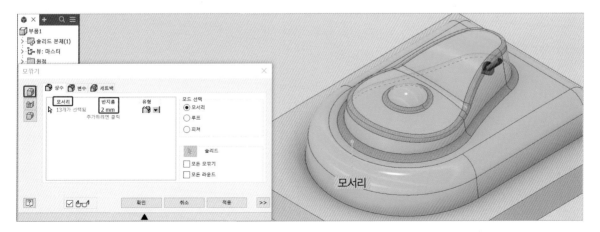

3D 모형 ⇨ 수정 ⇨ 모깎기 ⇨ 모서리 ⇨ 반지름 1 ⇨ 적용

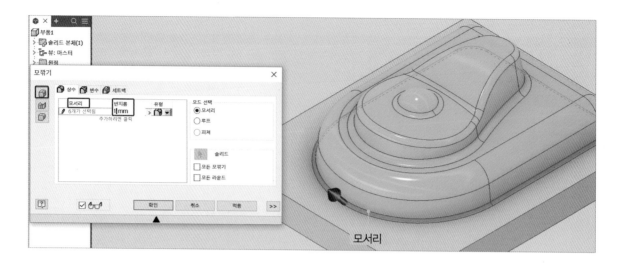

모서리

❼ 완성된 모델링

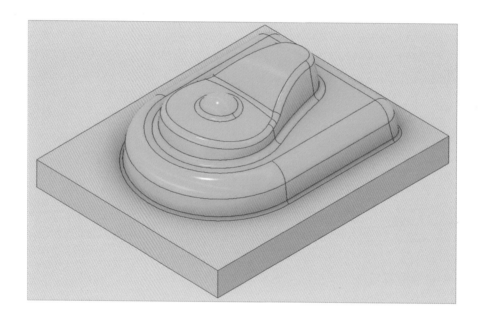

스퍼기어 요목표		표준
기어치형		표준
공구	치형	보통이
	모듈	2
	압력각	20도
잇수		28
피치원 지름		P.C.D 56
전체 이 높이		4.5
다듬질 방법		홉브 절삭
정밀도		KS B 1405, 5급

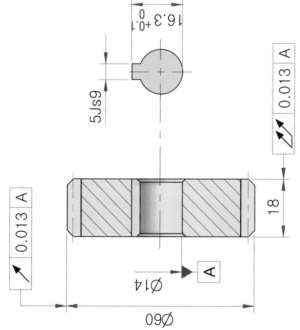

1 원통 모델링하기

(1) 스케치하기

XZ 평면에 스케치하고 치수와 구속조건을 입력한다.

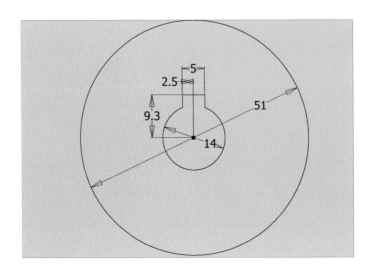

(2) 돌출하기

3D 모형 ⇨ 작성 ⇨ 돌출 ⇨ 쉐이프 ⇨ 프로파일 ⇨ 출력 ⇨ 솔리드 ⇨ 새 솔리드 ⇨ 범위 ⇨ 거리 18 ⇨ 방향 2 ⇨ 확인

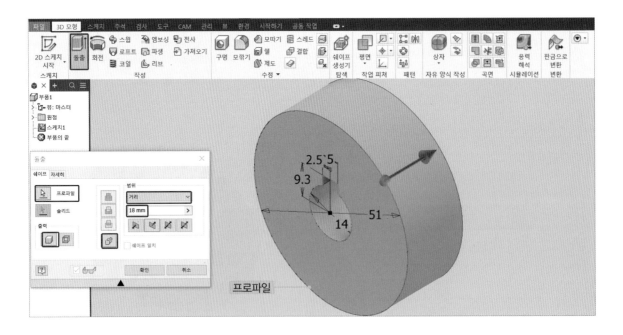

② 치형 모델링하기

(1) 스케치하기

XZ 평면에 스케치하고 치수와 구속조건을 입력한다.

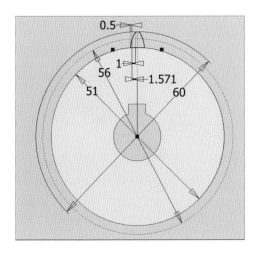 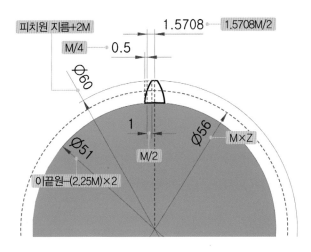

> **참고** 치형 이외의 선은 모두 구성선으로 바꾸어 준다.

(2) 치형 돌출하기

3D 모형 ⇨ 작성 ⇨ 돌출 ⇨ 쉐이프 ⇨ 프로파일 ⇨ 출력 ⇨ 솔리드 ⇨ 접합 ⇨ 범위 ⇨ 거리 18 ⇨ 방향 2 ⇨ 확인

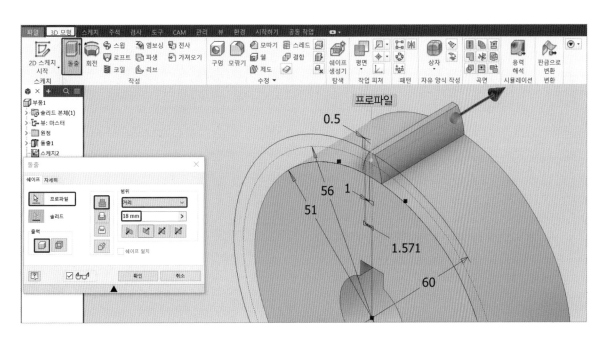

3 모따기하기

3D 모형 ⇨ 수정 ⇨ 모따기 ⇨ 거리 ⇨ 모서리 ⇨ 거리 2 ⇨ 확인

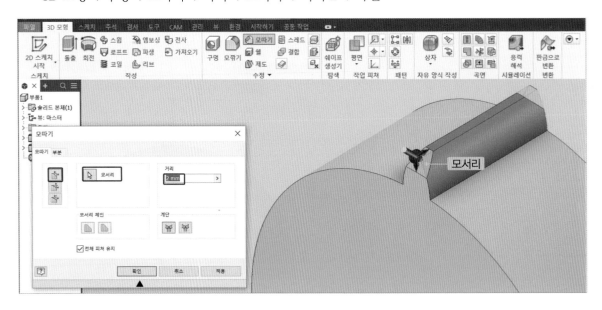

4 원형 패턴하기

3D 모형 ⇨ 패턴 ⇨ 원형 패턴 ⇨ 솔리드 패턴화 ⇨ 솔리드 ⇨ 회전축 ⇨ 배치 → 개수 28 → 각도 360deg ⇨ 확인

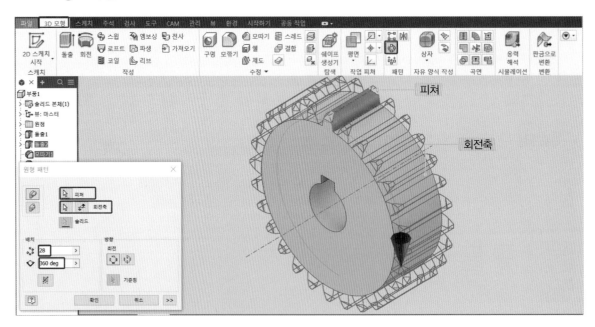

> **참고** 피처는 치형과 모따기를 같이 선택하며, 회전축은 솔리드 원통면을 선택한다.

5 완성된 모델링

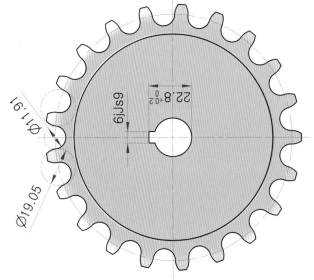

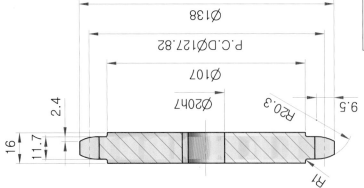

체인과 스프로킷 요목표			
종류	구분	호칭	
롤러체인	호칭	60	
	원주피치	Ø19.05	
	롤러외경	Ø11.91	
스프로킷	잇수	21	
	피치원지름	Ø127.82	
	이뿌리원지름	Ø115.91	
	이뿌리거리	115.55	

1 회전 모델링하기

(1) 스케치하기

YZ 평면에 스케치하고 치수와 구속조건을 입력한다.

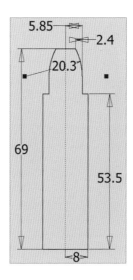

(2) 회전하기

3D 모형 ⇨ 작성 ⇨ 회전 ⇨ 쉐이프 ⇨ 프로파일 ⇨ 축

출력 ⇨ 솔리드 ⇨ 새 솔리드 ⇨ 범위 ⇨ 전체 ⇨ 확인

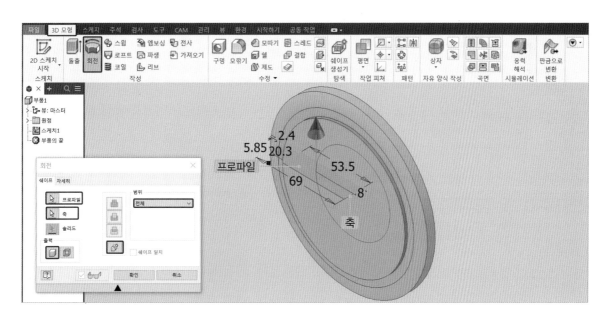

2 치형 모델링하기

(1) 스케치하기
YZ 평면에 스케치하고 치수와 구속조건을 입력한다.

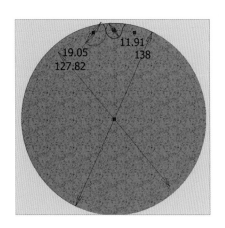
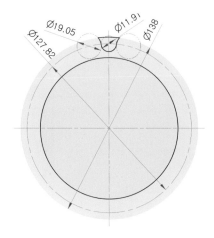

> **참고** 치형 이외의 선은 모두 구성선으로 바꾸어 준다.

(2) 돌출하기
3D 모형 ⇨ 작성 ⇨ 돌출 ⇨ 프로파일 ⇨ 출력 ⇨ 솔리드 ⇨ 차집합 ⇨ 범위 ⇨ 거리 15 ⇨ **대칭** ⇨ 확인

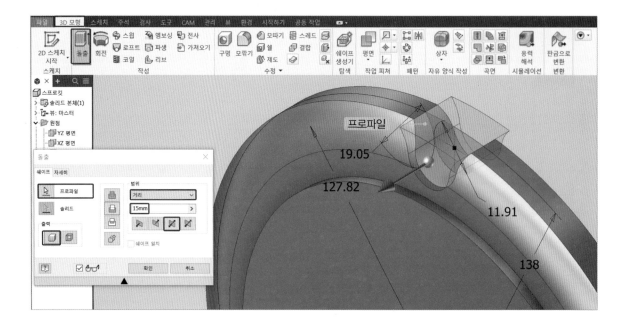

3 원형 패턴하기

3D 모형 ⇨ 패턴 ⇨ 원형 패턴 ⇨ 솔리드 패턴화 ⇨ 솔리드 ⇨ 회전축 ⇨ 배치 → 개수 21 → 각도 360deg ⇨ 확인

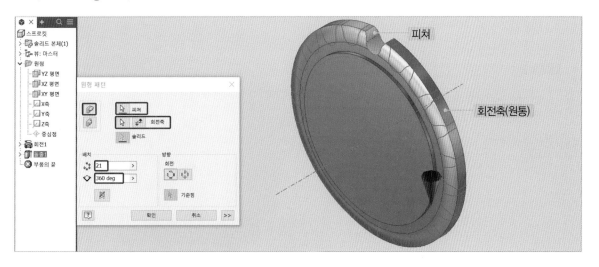

> **참고** 회전축은 솔리드 원통면을 선택한다.

4 키 홈 모델링하기

(1) 스케치하기

YZ 평면에 스케치하고 치수와 구속조건을 입력한다.

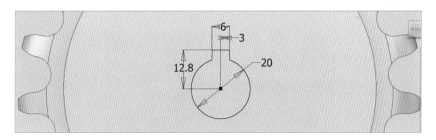

(2) 돌출하기

3D 모형 ⇨ 작성 ⇨ 돌출 ⇨ 프로파일 ⇨ 출력 ⇨ 솔리드 ⇨ 차집합 ⇨ 범위 ⇨ 거리 16 ⇨ 대칭 ⇨ 확인

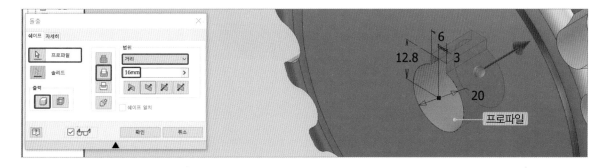

5 모깎기하기

3D 모형 ⇨ 수정 ⇨ 모깎기 ⇨ 모서리 ⇨ 반지름 1 ⇨ 확인

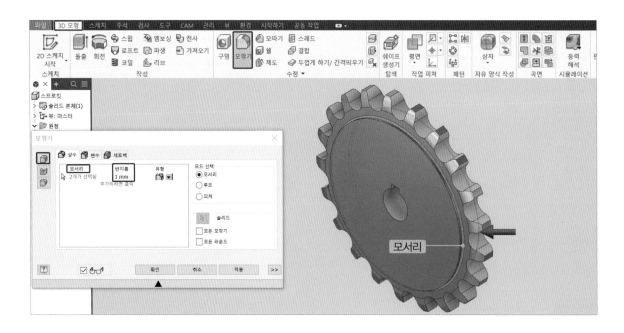

6 완성된 모델링

8 널링하기

축의 손잡이, 공구 손잡이 등이 미끄러지지 않도록 다이아몬드 모양으로 성형 가공하는 것을 널링이라고 한다.

널링부의 치수는 널링 가공이 완성된 상태에서 외경을 치수로 기입한다.

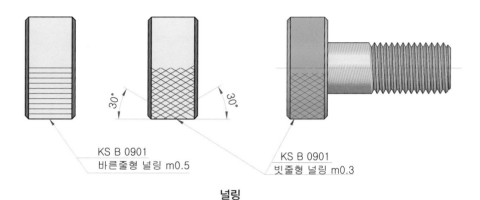

KS B 0901
바른줄형 널링 m0.5

KS B 0901
빗줄형 널링 m0.3

널링

널링 KS 데이터

(단위 : mm)

탭		널링 치수			
$t = \pi m$ $h = 0.785m - 0.414r$		모듈(m)	0.2	0.3	0.5
		피치(t)	0.628	0.942	1.571
		r	0.06	0.09	0.16
		h	0.15	0.22	0.37

1 원통 모델링하기

(1) 스케치하기

XZ 평면에 스케치하고 치수와 구속조건을 입력한다.

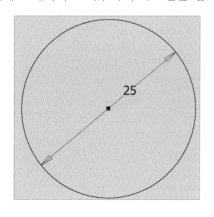

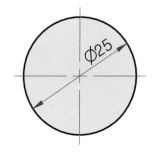

(2) 돌출하기

3D 모형 ⇨ 작성 ⇨ 돌출 ⇨ 쉐이프 ⇨ 프로파일 ⇨ 출력 ⇨ 솔리드 ⇨ 새 솔리드 ⇨ 범위 ⇨ 거리 10 ⇨ 방향 1 ⇨ 확인

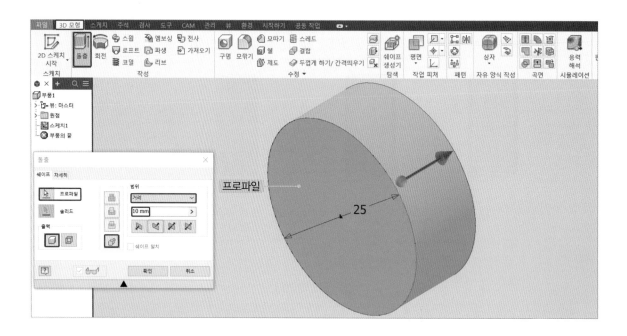

2 다이아몬드 모델링하기

(1) 다이아몬드 스케치하기

XZ 평면에 스케치하고 치수와 구속조건을 입력한다. ($m = 0.3$)

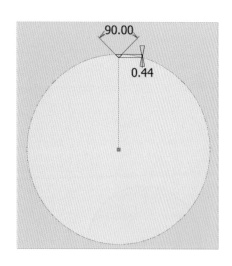

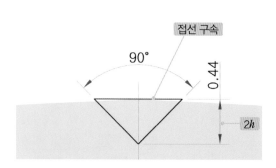

(2) 모따기하기

3D 모형 ⇨ 수정 ⇨ 모따기 ⇨ 거리 ⇨ 모서리 ⇨ 거리 1 ⇨ 확인

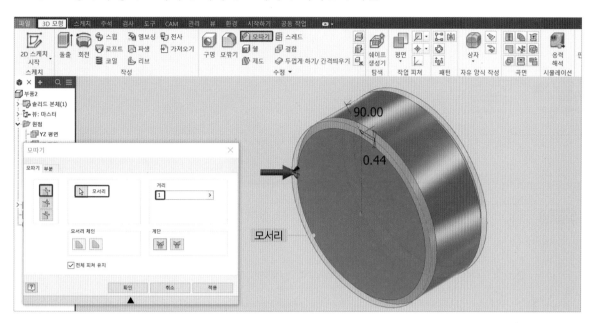

(3) 널링 3차원 모델링하기

널링의 홈 가공에서 빗줄형 널링 30°일 경우

곡선의 높이 : 원기둥의 높이

곡선의 피치 $= \dfrac{3.14D}{\tan 30}$

※ 지름(D)가 $\phi 25$일 때

곡선의 피치 $= 136.03$

곡선의 시작 각도 : 곡선의 시작이 스윕을 하려는 도형과 일치하도록 한다.

룰렛   룰렛 홀더

● 코일

3D 모형 ⇨ 작성 ⇨ **코일 크기** ⇨ 피치 136.03

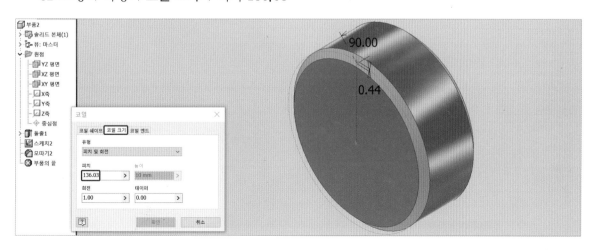

코일 쉐이프 ⇨ 프로파일 ⇨ 축 ⇨ 출력 ⇨ 솔리드 ⇨ 차집합 ⇨ 회전 ⇨ **회전 방향 선택** ⇨ 확인

참고 원점을 기준으로 모델링되어 있는 경우 축은 모형에서 원점에 있는 Y축을 선택한다.

코일 쉐이프 ⇨ 프로파일 ⇨ 축 ⇨ 출력 ⇨ 솔리드 ⇨ 차집합 ⇨ 회전 ⇨ **회전 방향 선택** ⇨ 확인

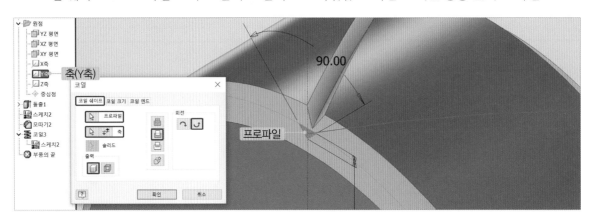

● 원형 패턴하기

3D 모형 ⇨ 패턴 ⇨ 원형 패턴 ⇨ 개별 피쳐 패턴 ⇨ 피쳐 ⇨ 회전축 ⇨ 배치 → 개수 25×0.866/0.3 → 각도 360deg ⇨ 확인

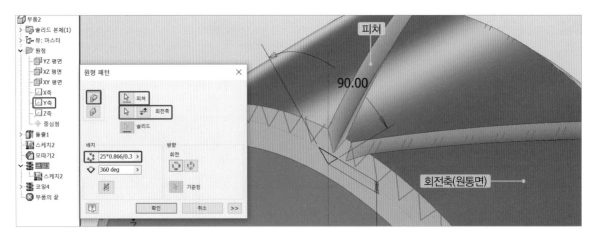

3D 모형 ⇨ 패턴 ⇨ 원형 패턴 ⇨ 개별 피처 패턴 ⇨ 피처 ⇨ 회전축 ⇨ 배치 → 개수 25×0.866/0.3 → 각도 360deg ⇨ 확인

참고
- 회전축은 Y축 또는 원통면을 선택하고 $m-0.3$
- 바른줄 $D = nm$
- 빗줄 $D = \dfrac{nm}{\cos 30}$ $n = \dfrac{D\cos 30}{m}$ $\cos 30 = 0.866$

  여기서, D : 소재지름, n : 줄 수, m : 모듈, $\cos 30$: 빗줄 각도

3 완성된 널링

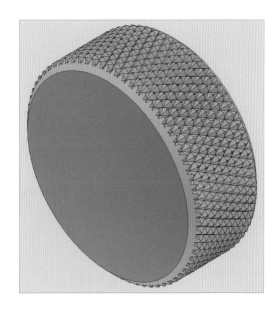

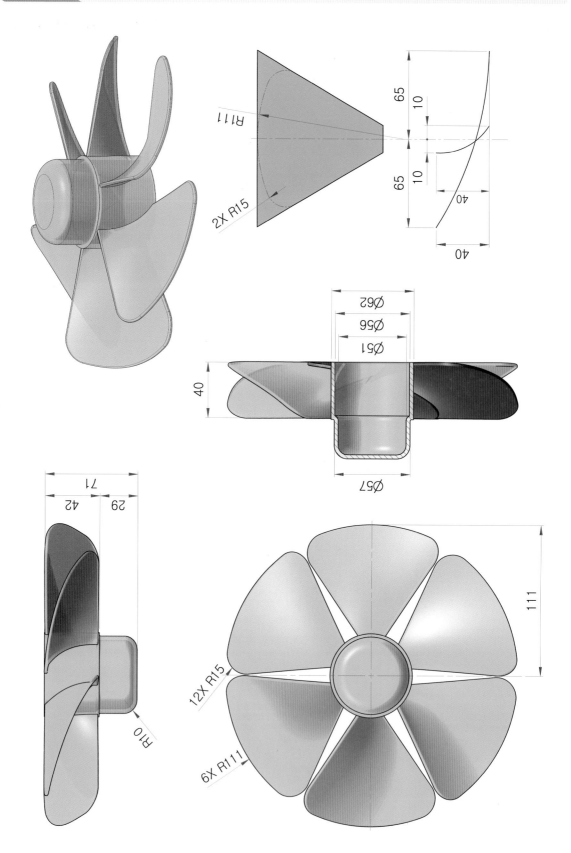

1 원통 모델링하기

(1) 스케치하기 1

XY 평면에 스케치하고 치수와 구속조건을 입력한다.

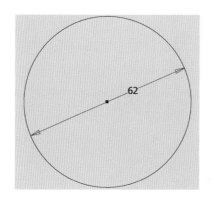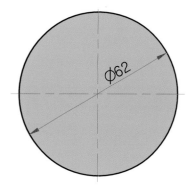

(2) 돌출하기 1

3D 모형 ⇨ 작성 ⇨ 돌출 ⇨ 쉐이프 ⇨ 프로파일 ⇨ 출력 ⇨ 솔리드 ⇨ 새 솔리드 ⇨ 범위 ⇨ 거리 42 ⇨
방향 1 ⇨ 확인

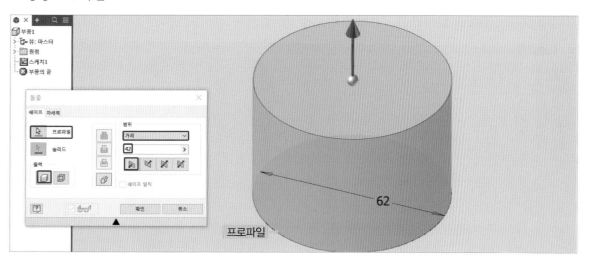

(3) 스케치하기 2

원통 위 단면에 스케치하고 치수와 구속조건을 입력한다.

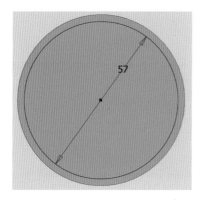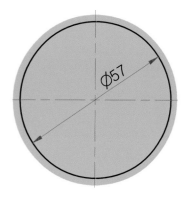

(4) 돌출하기 2

3D 모형 ⇨ 작성 ⇨ 돌출 ⇨ 쉐이프 ⇨ 프로파일 ⇨ 출력 ⇨ 솔리드 ⇨ 접합 ⇨ 범위 ⇨ 거리 29 ⇨ 방향 1 ⇨ 확인

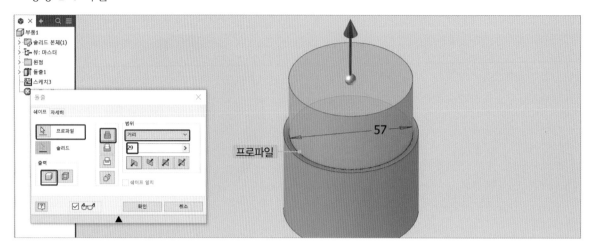

2 모깎기하기

3D 모형 ⇨ 수정 ⇨ 모깎기 ⇨ 모서리 ⇨ 반지름 1 ⇨ 확인

3D 모형 ⇨ 수정 ⇨ 모깎기 ⇨ 모서리 ⇨ 반지름 10 ⇨ 확인

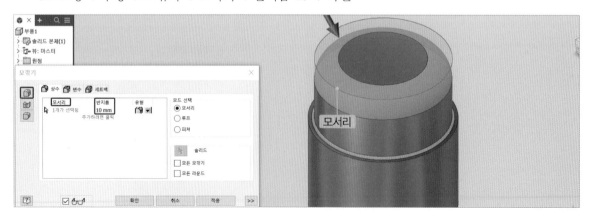

3 쉘

3D 모형 ⇨ 수정 ⇨ 쉘 ⇨ 내부 ⇨ 면 제거 ⇨ **두께 2** ⇨ 확인

4 날개 모델링하기

(1) 스케치하기 1

XY 평면에 스케치하고 치수와 구속조건을 입력한다.

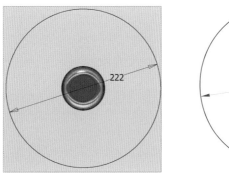

(2) 곡면(시트) 돌출하기

3D 모형 ⇨ 작성 ⇨ 돌출 ⇨ 쉐이프 ⇨ 프로파일 ⇨ 출력 ⇨ **솔리드 곡면** ⇨ 새 솔리드 ⇨ 범위 ⇨
거리 41 ⇨ 방향 1 ⇨ 확인

(3) 작업 평면-평면에서 간격띄우기

3D 모형 탭⇨작업 피처⇨평면▼⇨평면에서 간격띄우기⇨**평면 선택(YZ 평면)**⇨거리 111
Enter↵

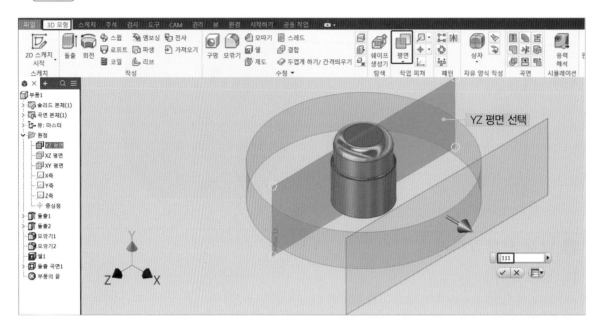

(4) 스케치하기 2

위에서 생성한 평면에 스케치하고 치수와 구속조건을 입력한다.

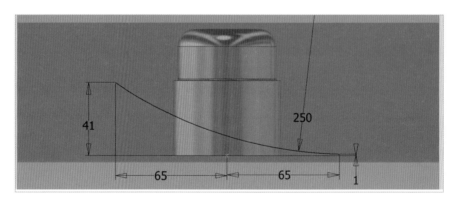

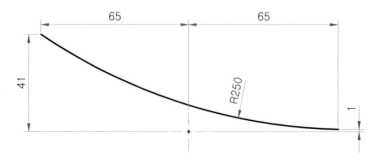

(5) 3D 스케치 곡선 투영 1

3D 스케치 ⇨ 3D 모형 탭 ⇨ 곡면에 투영 ⇨ 면(시트 원통면) ⇨ 곡선 ⇨ **벡터를 따라 투영** ⇨ 확인

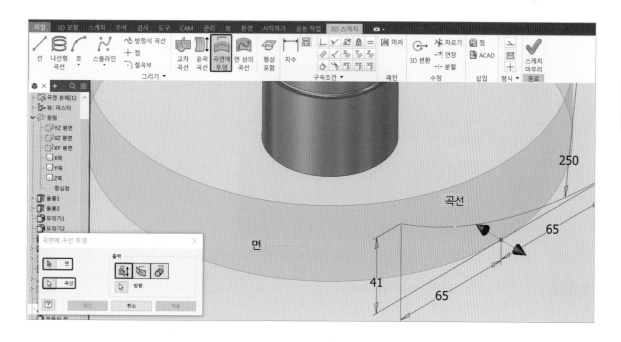

(6) 작업 평면 – 평면에서 간격띄우기

3D 모형 탭 ⇨ 작업 피쳐 ⇨ 평면▼ ⇨ 평면에서 간격띄우기 ⇨ **평면 선택(YZ 평면)** ⇨ 거리 31 [Enter↵]

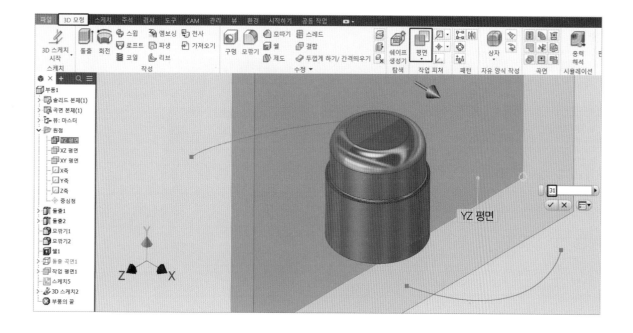

(7) 스케치하기 3

위에서 생성한 평면에 스케치하고 치수와 구속조건을 입력한다.

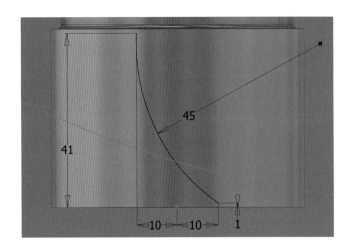 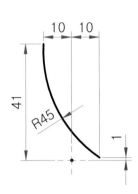

참고 화면이 복잡하므로 작업 평면의 가시성에 ☑체크를 먼저 해제한다.

(8) 3D 스케치 곡선 투영 2

3D 스케치 ⇨ 3D 모형 탭 ⇨ 곡면에 투영 ⇨ 면(원통면) ⇨ 곡선 ⇨ **벡터를 따라 투영** ⇨ 확인

(9) 로프트

3D 모형 ⇨ 작성 ⇨ 로프트 ⇨ 곡선 ⇨ 스케치 1 ⇨ 스케치 2 ⇨ 출력 ⇨ 솔리드 ⇨ 새 솔리드 ⇨ 레일 ⇨ 확인

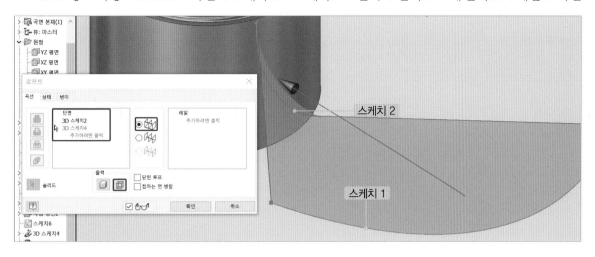

(10) 두껍게 하기

3D 모형 ⇨ 수정 ⇨ 두껍게 하기/간격띄우기 ⇨ 선택 ⇨ 출력 ⇨ 접합 ⇨ **거리 2.2** ⇨ **대칭** ⇨ 확인

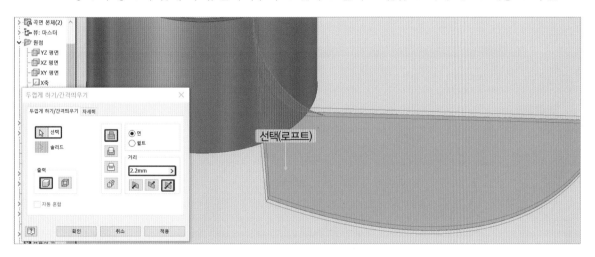

(11) 모깎기하기

3D 모형 ⇨ 수정 ⇨ 모깎기 ⇨ 모서리 ⇨ 반지름 15 ⇨ 확인

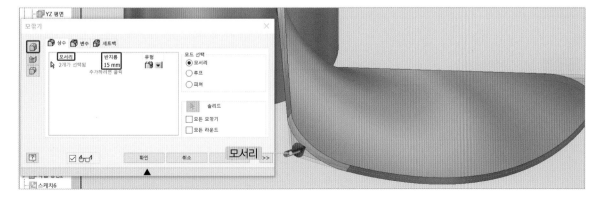

3D 모형 ⇨ 수정 ⇨ 모깎기 ⇨ 모서리 ⇨ 반지름 1 ⇨ 확인

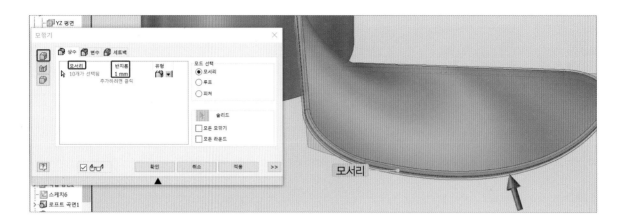

5 원형 패턴

3D 모형 ⇨ 패턴 ⇨ 원형 패턴 ⇨ 솔리드 패턴화 ⇨ 솔리드 ⇨ 회전축 ⇨ 배치 → 개수 6 → 각도 360deg ⇨ 확인

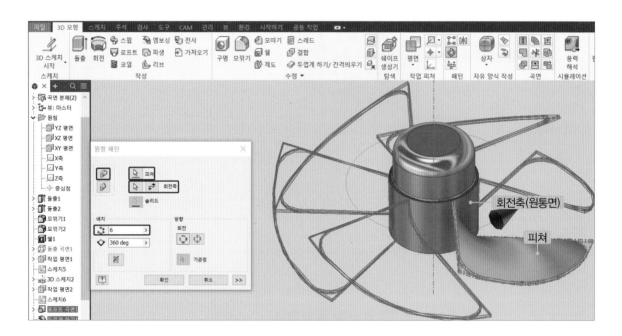

참고 · 피쳐 선택은 로프트, 두껍게 하기, 모깎기
· 회전축은 원통면 또는 Z축(원점을 중심으로 모델링하였을 때)

6 마무리

모형에서 로프트에 있는 가시성에 □체크에 해제한다.

7 완성된 모델링

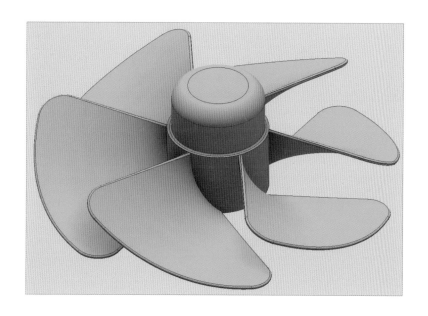

Inventor

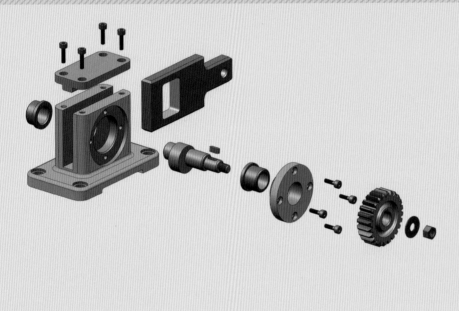

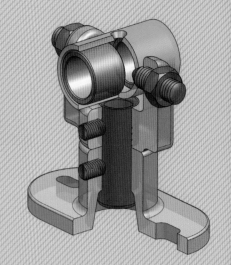

Chapter

4

분해 조립

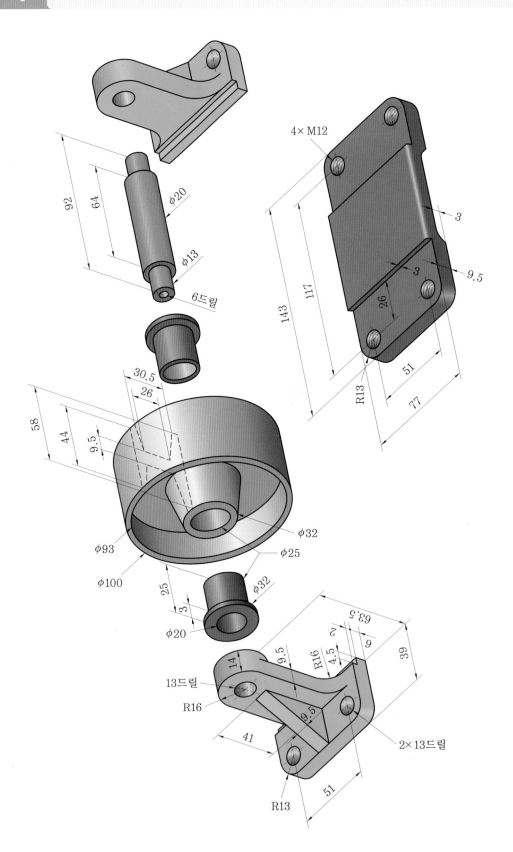

시작하기 탭 ⇨ 시작 패널 ⇨ [새로 만들기]

새 파일 작성 대화상자 ⇨ Standard.iam 파일 ⇨ 작성

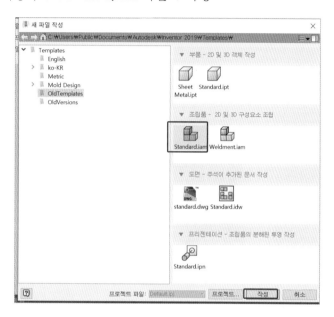

🔳 베이스 불러 조립하기

조립 탭 ⇨ 구성요소 패널 ⇨ 배치 ⇨ bell roller support ⇨ 베이스 ⇨ 열기

파일 이름(N) : 파일 이름을 입력하거나 목록에서 파일을 선택한다.

파일 형식(T) : 특정 형식의 파일만 포함하도록 파일 목록을 나열한다.

프로젝트 파일(J) : 활성 프로젝트를 표시한다.

열기(O) : 선택한 파일을 열고 활성 조립품에 배치한다.

취소 : 파일 열기 작업을 취소하고, 대화상자를 닫는다.

찾기(F)... : 특정 파일을 검색할 파일찾기 대화상자를 연다.

옵션(P) : 파일 옵션을 설정할 파일 열기 대화상자를 연다.

대화식으로 iMate 배치 : 조립품에 일치하는 iMate와 함께 구성요소를 삽입한다.

배치 위치에 자동으로 iMates 생성 : 구성요소를 삽입하고, 승인한 모든 iMate 일치를 동시에 해석한다.

마우스 오른쪽 클릭 ⇨ X를 90°회전

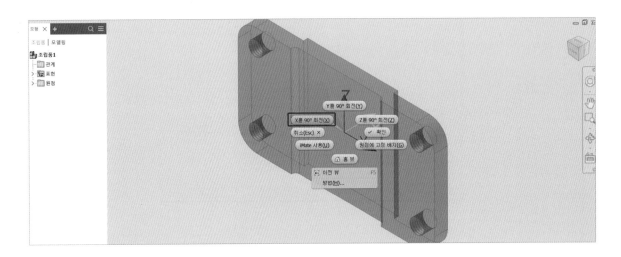

베이스 배치 위치에서 클릭

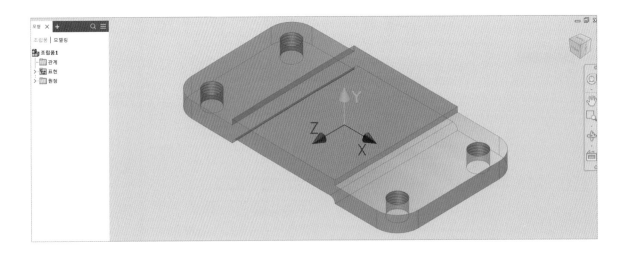

② 지지대 조립하기

조립 탭 ⇨ 구성요소 패널 ⇨ 배치 ⇨ bell roller support ⇨ 지지대 ⇨ 열기

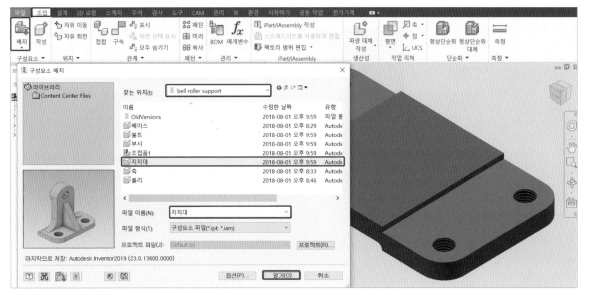

지지대 오른쪽 클릭 ⇨ X를 90°회전

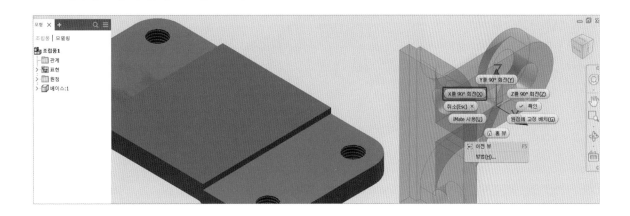

지지대 배치 위치에서 클릭

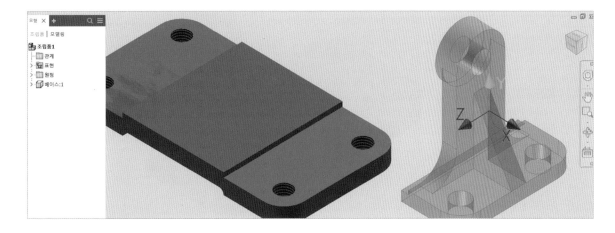

조립 탭 ⇨ 관계 패널 ⇨ 구속 ⇨ 유형 : 메이트 ⇨ 솔루션 : 플러시 ⇨ 선택 1

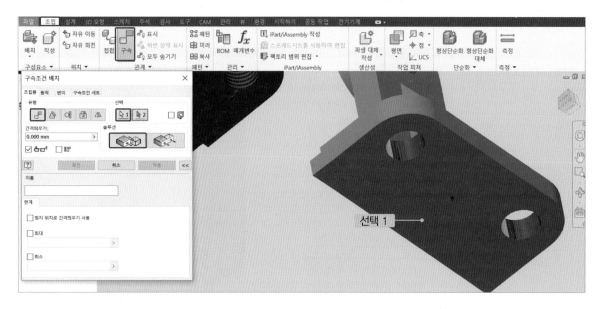

⇨ 선택 2 ⇨ 적용

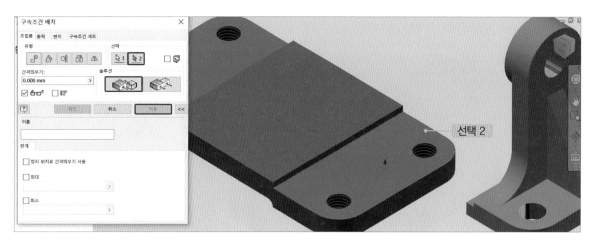

구속 ⇨ 유형 : 메이트 ⇨ 솔루션 : 플러시 ⇨ 선택 1 · 2 ⇨ 확인

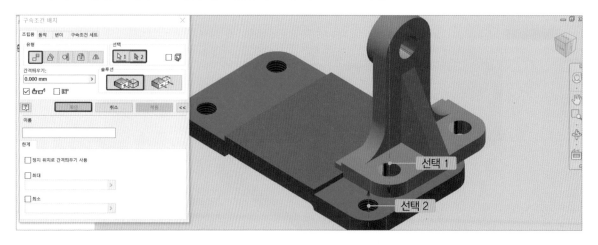

3 축 조립하기

조립 탭 ⇨ 구성요소 패널 ⇨ 배치 ⇨ bell roller support ⇨ 축 ⇨ 열기

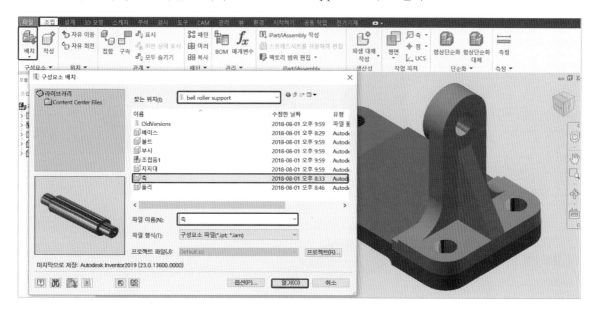

축 배치 위치에서 클릭

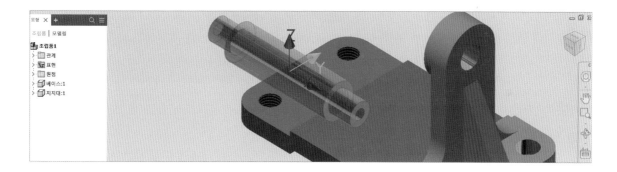

조립 탭 ⇨ 관계 패널 ⇨ 구속 ⇨ 유형 : 메이트 ⇨ 솔루션:플러시 ⇨ 선택 1

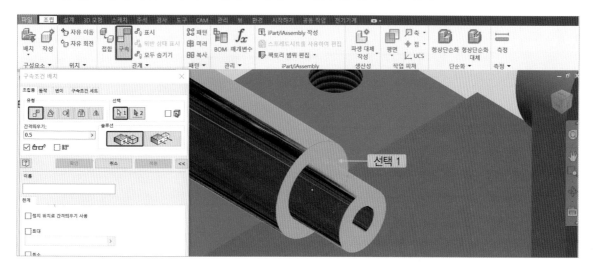

⇨ 간격띄우기 : 0.5 ⇨ 선택 2 ⇨ 적용

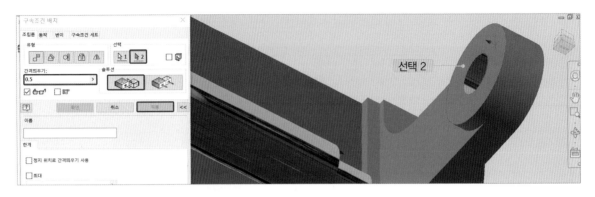

구속 ⇨ 유형 : 메이트 ⇨ 솔루션 : 플러시 ⇨ 선택 1·2 ⇨ 확인

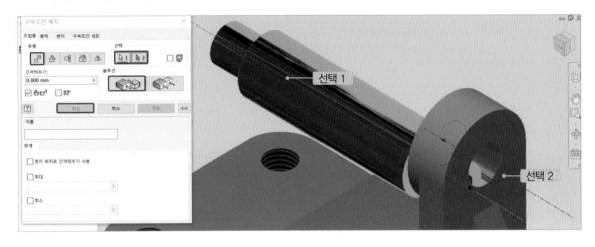

4 부시 조립하기

조립 탭 ⇨ 구성요소 패널 ⇨ 배치 ⇨ bell roller support ⇨ 부시 ⇨ 열기

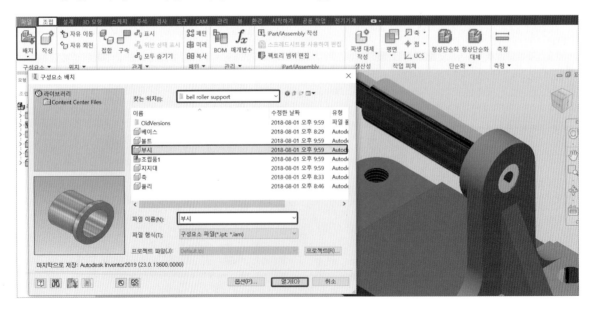

부시 배치 위치에서 클릭

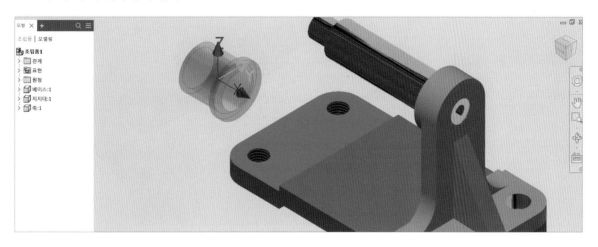

조립 탭 ⇨ 관계 패널 ⇨ 구속 ⇨ 유형 : 메이트 ⇨ 솔루션 : 플러시 ⇨ 선택 1·2 ⇨ 적용

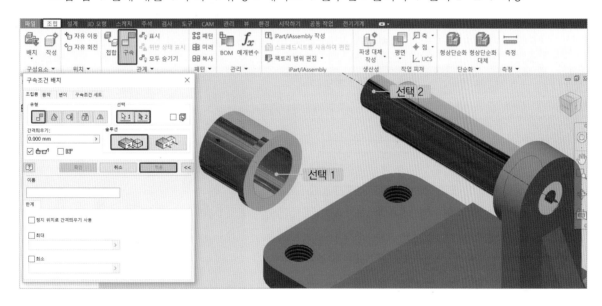

구속 ⇨ 유형 : 메이트 ⇨ 솔루션 : 플러시 ⇨ 선택 1

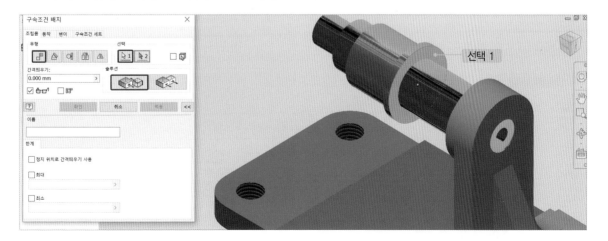

선택 2 ⇨ 확인

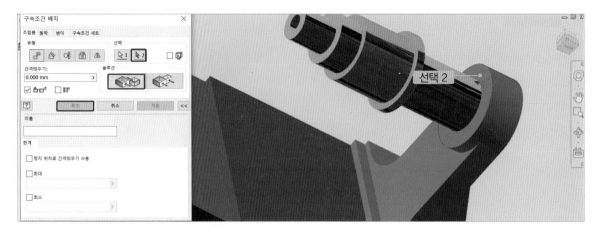

5 볼트 조립하기

조립 탭 ⇨ 구성요소 패널 ⇨ 배치 ⇨ bell roller support ⇨ 볼트 ⇨ 열기

볼트 오른쪽 클릭 ⇨ X를 90°회전

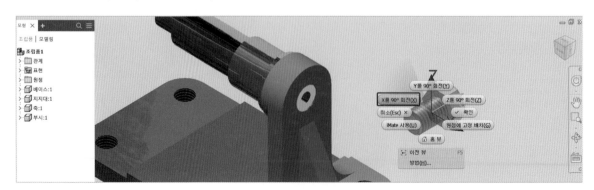

볼트 배치 위치에서 클릭

조립 탭 ⇨ 관계 패널 ⇨ 구속 ⇨ 유형 : 메이트 ⇨ 솔루션 : 플러시 ⇨ 선택 1

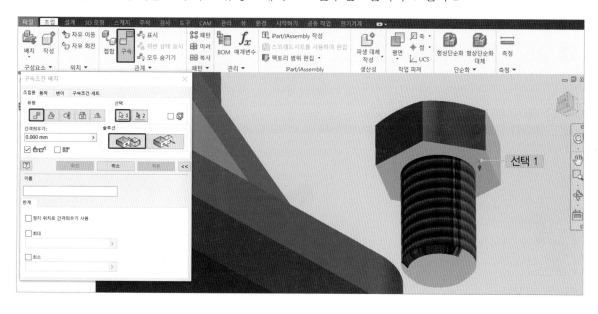

선택 2 ⇨ 적용

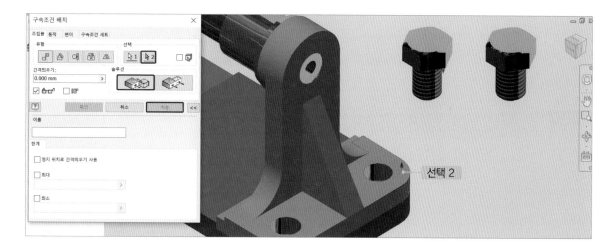

구속 ⇨ 유형 : 메이트 ⇨ 솔루션 : 플러시 ⇨ 선택 1·2 ⇨ 확인(같은 방법으로 볼트를 조립)

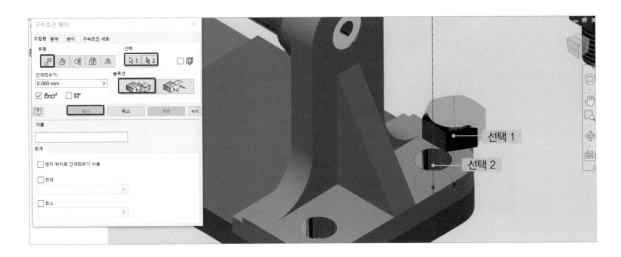

6 볼트, 지지대, 부시 대칭하기

조립 탭 ⇨ 패턴 패널 ⇨ 미러 ⇨ 구성요소(볼트, 지지대, 부시)

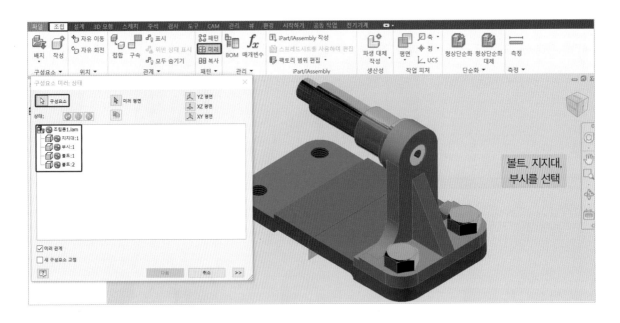

참고 부품은 Shift를 누른 상태에서 부품을 선택한다.

⇨ 미러 평면 ⇨ 다음

미러 평면

참고 작업 평면은 미리 생성하고 미러한다.

확인

7 풀리 조립하기

조립 탭 ⇨ 구성요소 패널 ⇨ 배치 ⇨ bell roller support ⇨ 풀리 ⇨ 열기

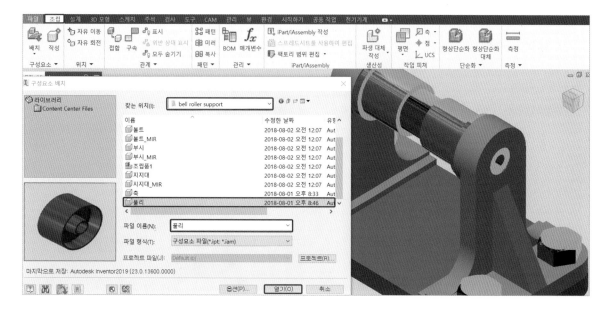

축 배치 위치에서 클릭

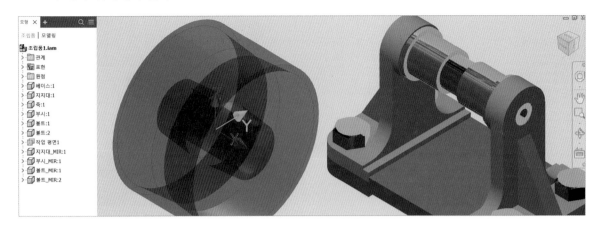

조립 탭 ⇨ 관계 패널 ⇨ 구속 ⇨ 유형 : 메이트 ⇨ 솔루션:플러시 ⇨ 선택 1

선택 2 ⇨ 적용

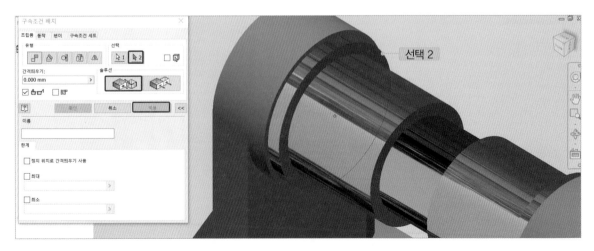

구속 ⇨ 유형 : 메이트 ⇨ 솔루션 : 플러시 ⇨ 선택 1 · 2 ⇨ 확인

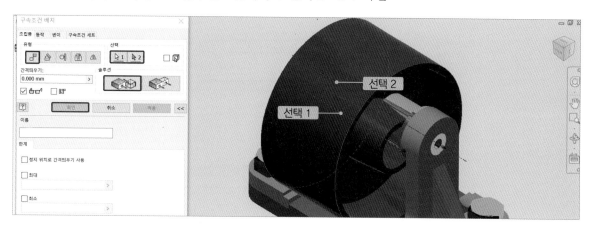

:: 2   분해

시작하기 탭 ⇨ 시작 패널 [새로 만들기]

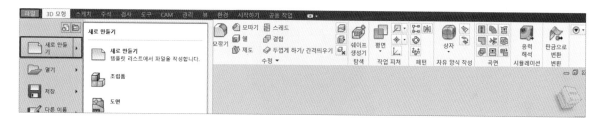

⇨ 열기 대화상자 ⇨ Standard.ipn 파일 ⇨ 작성

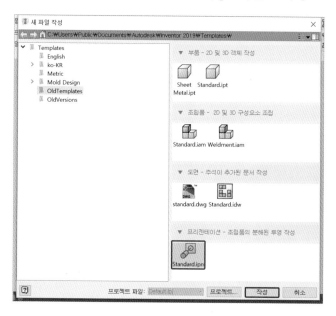

1. 조립품 구속조건은 자동 분해에 사용되며 프리젠테이션의 부품에 영향을 주지 않는다.
2. 모델링 명령을 사용할 수 없다.
3. 조립품 모형이나 해당 모형의 구성요소 부품을 변경할 수 없다.
4. 작업 피처에 연결할 수 없다.

삽입 ⇨ 찾는 위치 : bell roller support ⇨ 베이스 ⇨ 열기

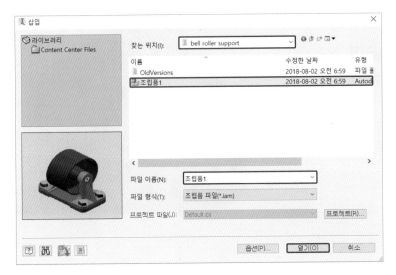

프리젠테이션 ⇨ 구성요소 ⇨ 구성요소 미세 조정 ⇨ 이동 ⇨ 부품(볼트 4개 선택)

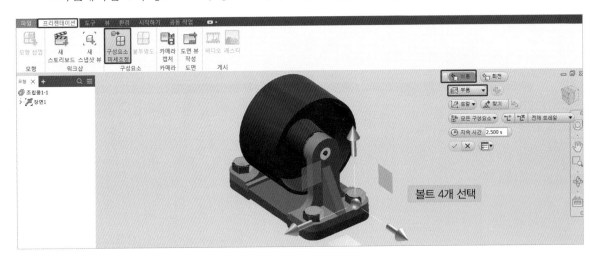

Z 화살표를 클릭한 상태로 이동

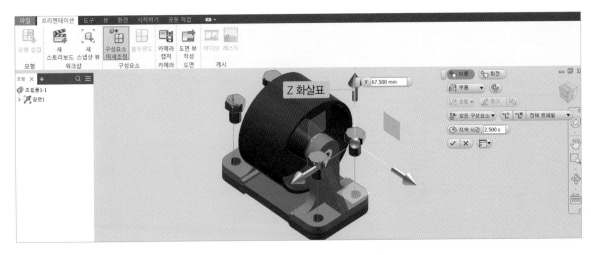

☑ 클릭

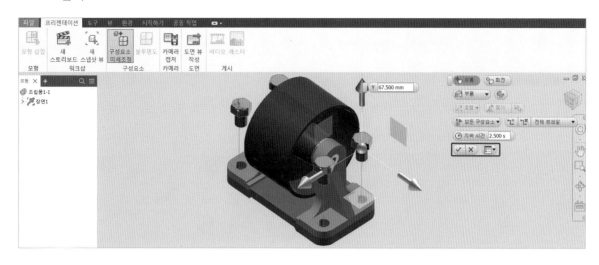

프리젠테이션 ⇨ 구성요소 ⇨ 구성요소 미세 조정 ⇨ 이동 ⇨ 부품(지지대, 볼트 2개 선택)

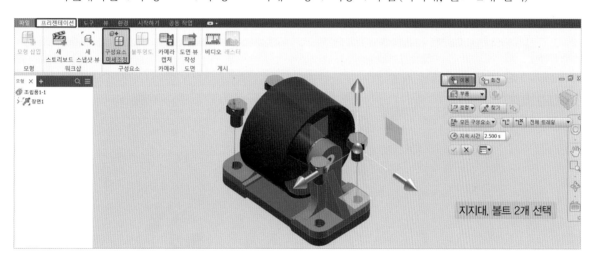

지지대, 볼트 2개 선택

X 화살표를 클릭한 상태로 이동

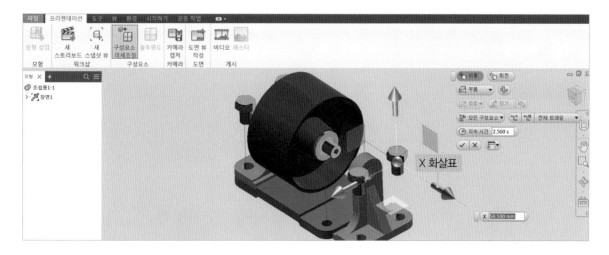

X 화살표

☑ 클릭

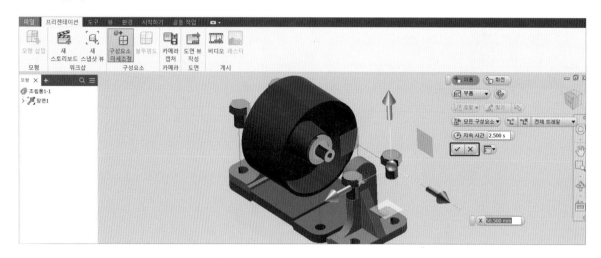

프리젠테이션 ➡ 구성요소 ➡ 구성요소 미세 조정 ➡ 이동 ➡ 부품(지지대, 볼트 2개 선택) ➡ X 화살
표를 클릭한 상태로 이동 ➡ ☑ 클릭

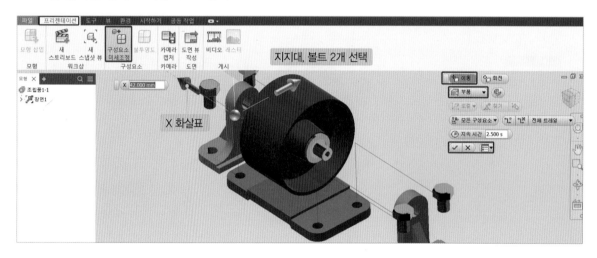

프리젠테이션 ➡ 구성요소 ➡ 구성요소 미세 조정 ➡ 이동 ➡ 부품(부시 선택)

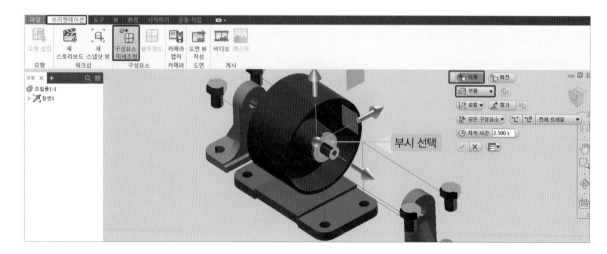

X 화살표를 클릭한 상태로 이동

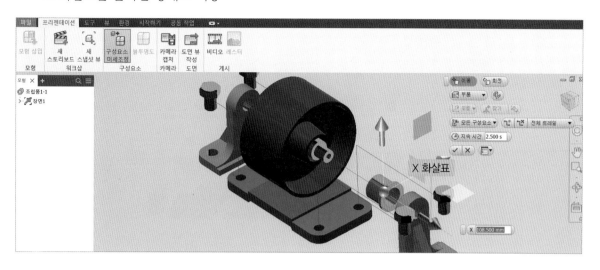

☑ 클릭

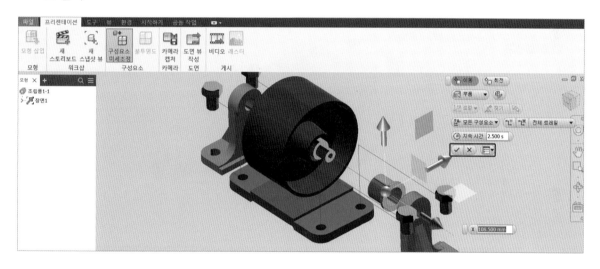

프리젠테이션 ⇨ 구성요소 ⇨ 구성요소 미세 조정 ⇨ 이동 ⇨ 부품(축 선택)

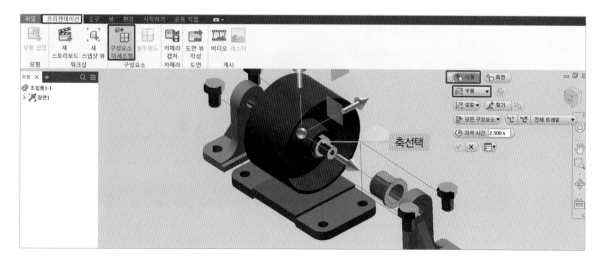

X 화살표를 클릭한 상태로 이동

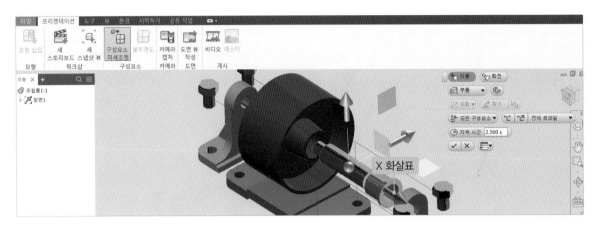

☑ 클릭

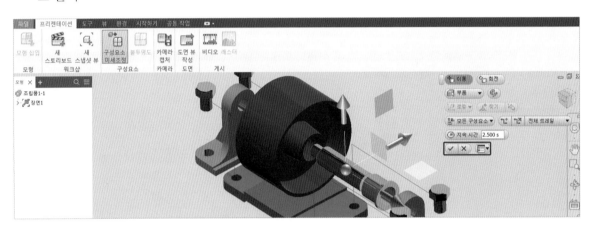

현재 스토리 재생

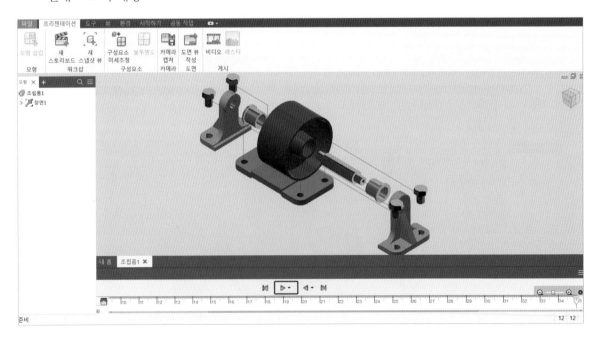

1 자동화 시스템(MINI MPS)

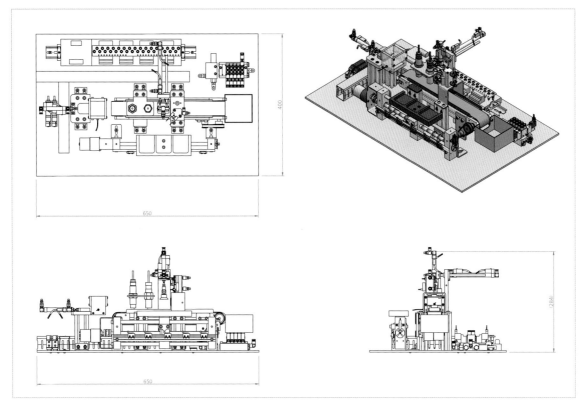

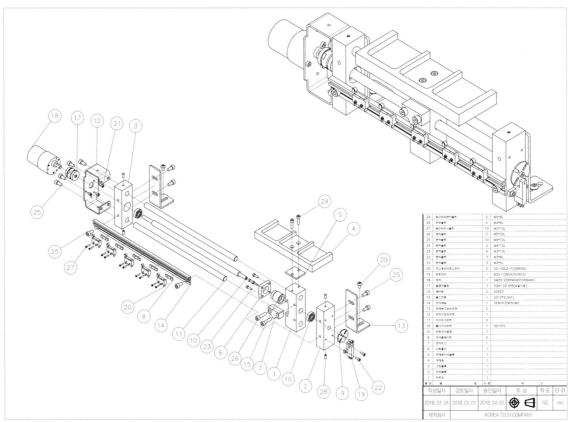

29	둥근머리볼트	2	M5*8L
28	무두볼트	4	M4*8L
27	둥근머리+볼트	10	M2*10L
26	렌치볼트	2	M5*20L
25	렌치볼트	10	M5*10L
24	렌치볼트	2	M4*15L
23	렌치볼트	4	M3*10L
22	렌치볼트	3	M3*8L
21	렌치볼트	3	M3*5L
20	포스션마이크로스위치	5	SS-5GL2-F(OMRON)
19	포토센서	1	BS5-T2M(AUTONICS)
18	모터	1	GM35 93RPM(MOTORBANK)
17	플랜지플랜지	1	SOH-2D.6*8(성일기공)
16	베어링	2	626ZZ
15	볼스크류	1	SD10*2(SKF)
14	앤더볼	1	SENCK3(MISUMI)
13	직각바고정브라켓	2	
12	모터고정브라켓	1	
11	가이드서포트	2	
10	볼너사서포트	1	SD10*2
9	포토센서이동봉	1	
8	센서브라켓	5	
7	센서홀더	1	
6	너트홀더	1	
5	고정블록	1	
4	직각판지지블록	1	
3	직각판	1	
2	지지블록	1	
1	이송봉	1	
품번	품 명	수량	비 고

작성일자	검토일자	승인일자	투 상	척 도	단 위
2018. 01. 01	2018. 02. 01	2018. 04. 01	⊕ ⊟	NS	mm
제작회사			KOREA TECH COMPANY		

② 자동화 시스템 부품도

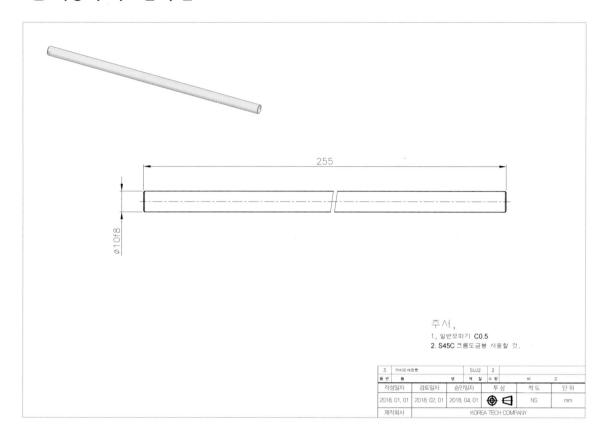

주서,
1, 일반모따기 C0.5
2. S45C 크롬도금봉 사용할 것,

3	가이드샤프트		SUJ2	2		
품 번	품 명		재 질	수 량	비 고	
작성일자	검토일자	승인일자	투 상		척 도	단 위
2018. 01. 01	2018. 02. 01	2018. 04. 01	◉ ◁		NS	mm
제작회사			KOREA TECH COMPANY			

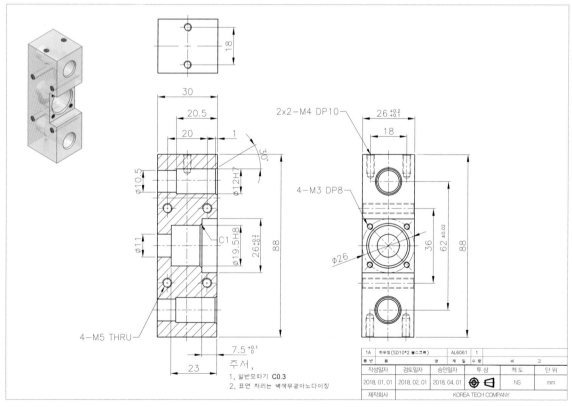

주서,
1, 일반모따기 C0.3
2, 표면 처리는 백색무광아노다이징

1A	하우징(SD10*2 볼스크류)		AL6061	1		
품 번	품 명		재 질	수 량	비 고	
작성일자	검토일자	승인일자	투 상		척 도	단 위
2018. 01. 01	2018. 02. 01	2018. 04. 01	◉ ◁		NS	mm
제작회사			KOREA TECH COMPANY			

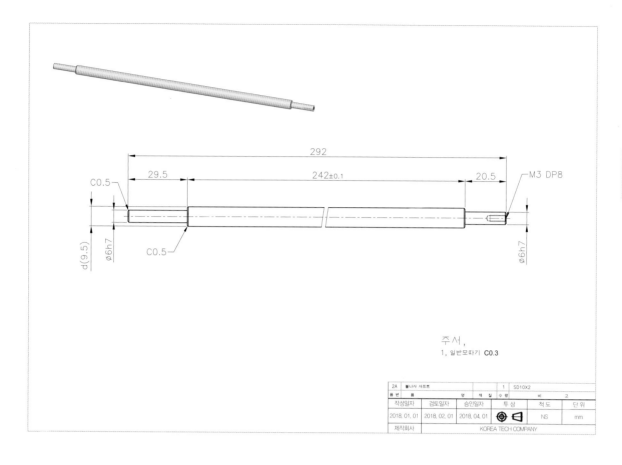

292

29.5　　242±0.1　　20.5

C0.5

M3 DP8

d(9.5)　Ø6h7

C0.5

Ø6h7

주서,
1, 일반모따기 C0.3

2A	붙나사 사프트			1	SD10X2		
품 번	품	명	재 질	수 량		비	고
작성일자	검토일자	승인일자		투 상		척 도	단 위
2018. 01. 01	2018. 02. 01	2018. 04. 01		⊕ ◁		NS	mm
제작회사				KOREA TECH COMPANY			

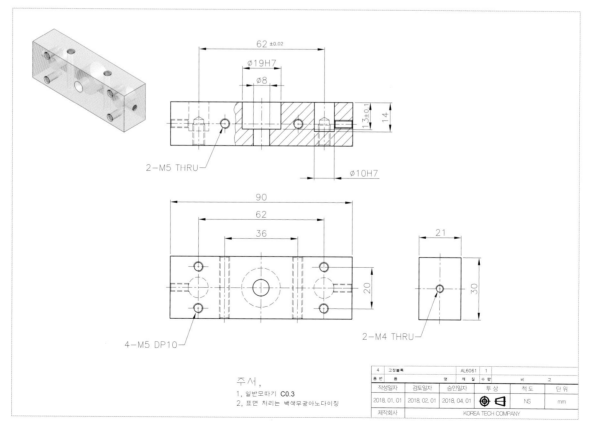

62 ±0.02

Ø19H7

Ø8

13±0.1

14

2-M5 THRU

Ø10H7

90

62

36

20

21

30

4-M5 DP10

2-M4 THRU

주서,
1, 일반모따기 C0.3
2, 표면 처리는 백색무광아노다이징

4	고정블록			AL6061	1		
품 번	품	명	재 질	수 량		비	고
작성일자	검토일자	승인일자		투 상		척 도	단 위
2018. 01. 01	2018. 02. 01	2018. 04. 01		⊕ ◁		NS	mm
제작회사				KOREA TECH COMPANY			

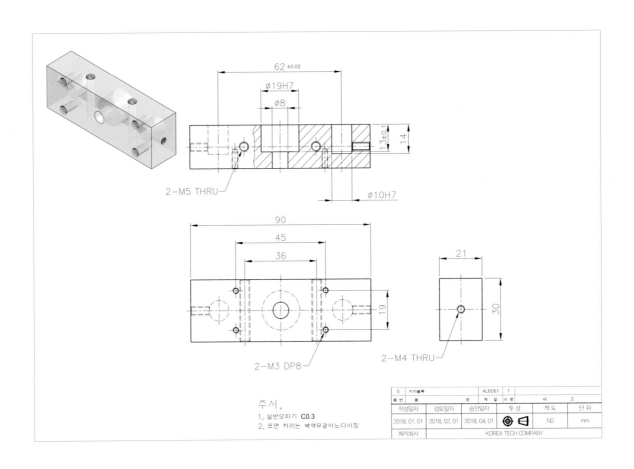

62 ±0.02

Ø19H7

Ø8

13±0.1
14

2-M5 THRU

Ø10H7

90

45

36

19

2-M3 DP8

21

30

2-M4 THRU

주서,
1, 일반모따기 C0.3
2, 표면 처리는 백색무광아노다이징

5	지지블록			AL6061	1			
품번	품		명	재 질	수량		비	고
작성일자	검토일자		승인일자		투 상		척 도	단 위
2018. 01. 01	2018. 02. 01		2018. 04. 01		⊕ ◻		NS	mm
제작회사				KOREA TECH COMPANY				

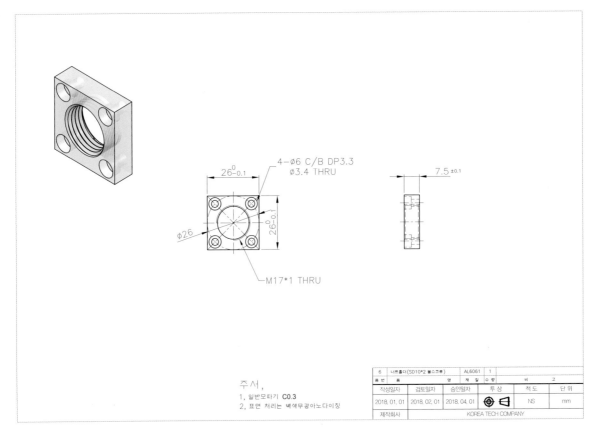

4-Ø6 C/B DP3.3
Ø3.4 THRU

26⁰₋₀.₁

26⁰₋₀.₁

Ø26

7.5 ±0.1

M17*1 THRU

주서,
1, 일반모따기 C0.3
2, 표면 처리는 백색무광아노다이징

6	너트홀더(SD10*2 볼스크류)			AL6061	1			
품번	품		명	재 질	수량		비	고
작성일자	검토일자		승인일자		투 상		척 도	단 위
2018. 01. 01	2018. 02. 01		2018. 04. 01		⊕ ◻		NS	mm
제작회사				KOREA TECH COMPANY				

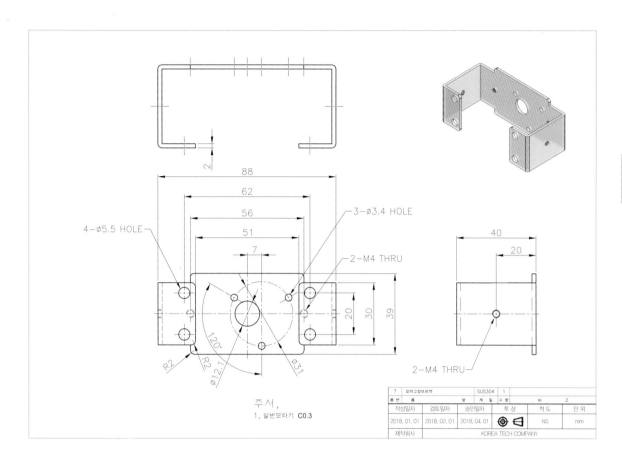

4-Ø5.5 HOLE

3-Ø3.4 HOLE

2-M4 THRU

88
62
56
51
7

120°

R2
R2
Ø12
Ø31

20
30
39

2

주서,
1. 일반모따기 C0.3

40
20

2-M4 THRU

7	모터고정브라켓		SUS304		1			
품 번	품	명	재 질	수 량		비	고	
작성일자	검토일자		승인일자		투 상		척 도	단 위
2018. 01. 01	2018. 02. 01		2018. 04. 01		⊕ ◁		NS	mm
제작회사			KOREA TECH COMPANY					

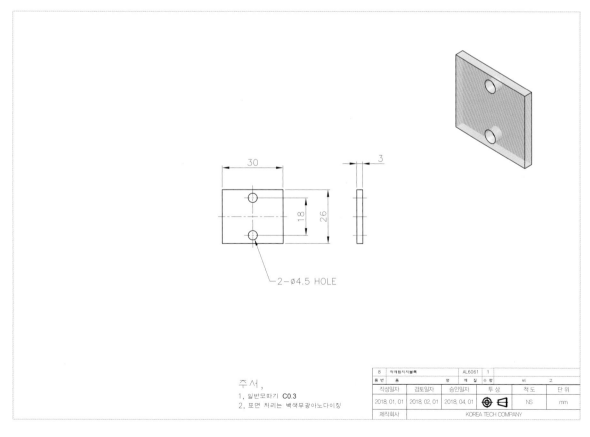

30
3
18
26

2-Ø4.5 HOLE

주서,
1. 일반모따기 C0.3
2. 표면 처리는 백색무광아노다이징

8	적재함지지블록		AL6061		1			
품 번	품	명	재 질	수 량		비	고	
작성일자	검토일자		승인일자		투 상		척 도	단 위
2018. 01. 01	2018. 02. 01		2018. 04. 01		⊕ ◁		NS	mm
제작회사			KOREA TECH COMPANY					

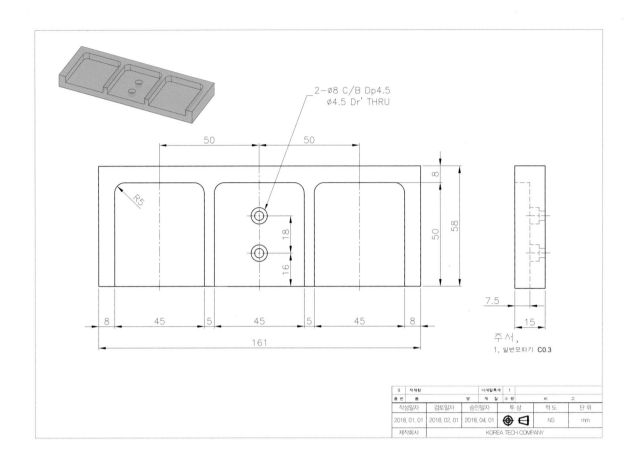

2-ø8 C/B Dp4.5
ø4.5 Dr' THRU

50

50

8

50

58

R5

18

16

8

45

5

45

5

45

8

161

7.5

15

주서,
1, 일반모따기 C0.3

9	적재함			아세탈흑색	1		
품번	품		명	재 질	수 량	비	고
작성일자	검토일자		승인일자	투 상		척 도	단 위
2018. 01. 01	2018. 02. 01		2018. 04. 01	⊕ ◁		NS	mm
제작회사				KOREA TECH COMPANY			

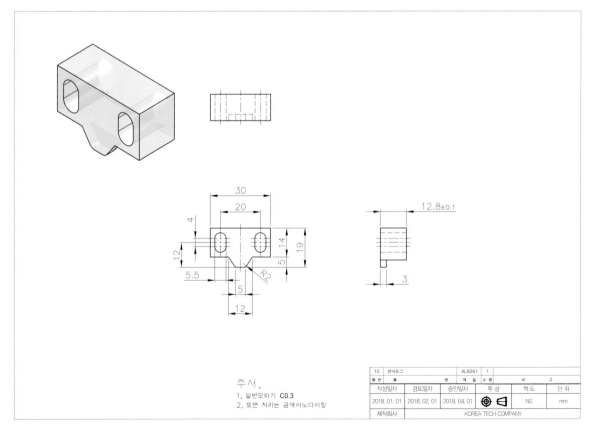

30

20

4

12

14

19

5

5.5

R2

5

12

12.8±0.1

3

주서,
1, 일반모따기 C0.3
2, 표면 처리는 금색아노다이징

10	센서도그			AL6061	1		
품번	품		명	재 질	수 량	비	고
작성일자	검토일자		승인일자	투 상		척 도	단 위
2018. 01. 01	2018. 02. 01		2018. 04. 01	⊕ ◁		NS	mm
제작회사				KOREA TECH COMPANY			

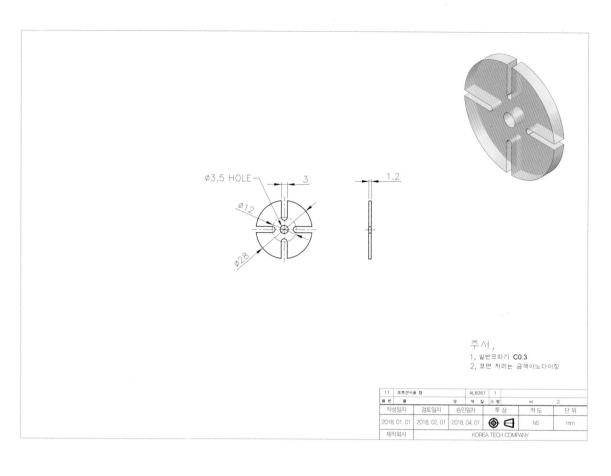

Ø3.5 HOLE   3   1.2

Ø12

Ø28

주서,
1, 일반모따기 C0.3
2, 표면 처리는 금색아노다이징

11	모토센서용 캡		AL6061	1		
품 번	품	명	재 질	수 량	비	고
작성일자	검토일자	승인일자	투 상		척 도	단 위
2018. 01. 01	2018. 02. 01	2018. 04. 01	⊕ ◁		NS	mm
제작회사			KOREA TECH COMPANY			

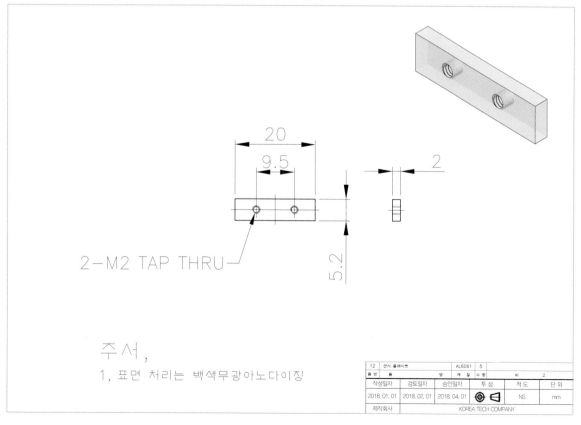

20

9.5

2

5.2

2-M2 TAP THRU

주서,
1, 표면 처리는 백색무광아노다이징

12	센서 플레이트		AL6061	5		
품 번	품	명	재 질	수 량	비	고
작성일자	검토일자	승인일자	투 상		척 도	단 위
2018. 01. 01	2018. 02. 01	2018. 04. 01	⊕ ◁		NS	mm
제작회사			KOREA TECH COMPANY			

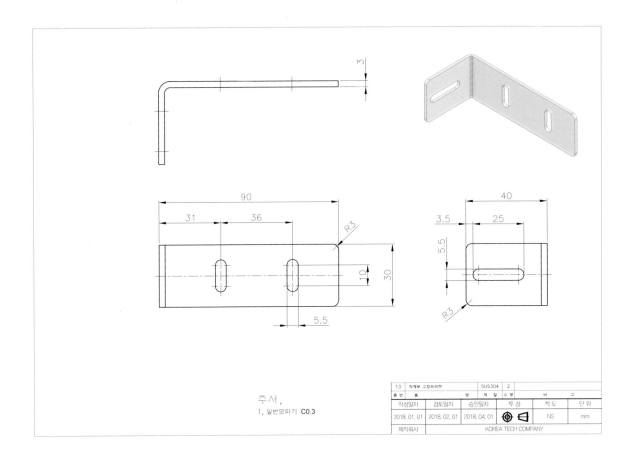

주서,
1, 일반모따기 C0.3

13	적재부 고정브라켓		SUS304	2		
품 번	품 명		재 질	수 량	비 고	
작성일자	검토일자	승인일자	투 상		척 도	단 위
2018, 01, 01	2018, 02, 01	2018, 04, 01	⊕ ⊟		NS	mm
제작회사			KOREA TECH COMPANY			

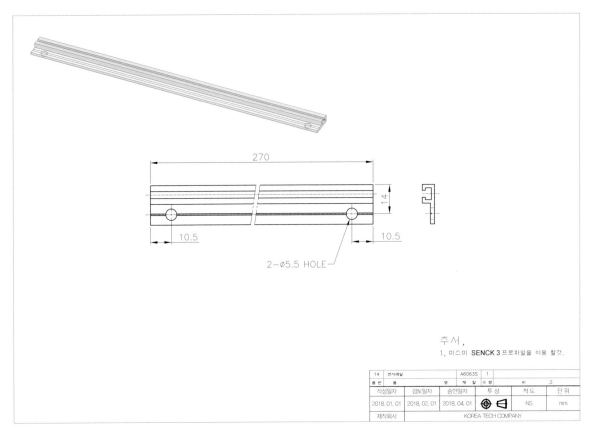

주서,
1, 미스미 SENCK 3 프로파일을 이용 할것.

14	센서레일		A6063S	1		
품 번	품 명		재 질	수 량	비 고	
작성일자	검토일자	승인일자	투 상		척 도	단 위
2018, 01, 01	2018, 02, 01	2018, 04, 01	⊕ ⊟		NS	mm
제작회사			KOREA TECH COMPANY			

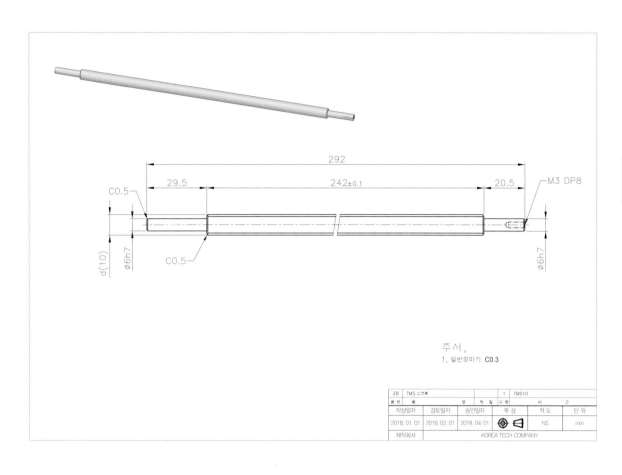

292

29.5   242±0.1   20.5

C0.5

M3 DP8

d(10)

∅6h7

C0.5

∅6h7

주서,
1, 일반모따기 C0.3

2B	TMS 스크류				1	TMS10	
품 번	품	명	재 질	수 량		비	고
작성일자	검토일자	승인일자		투 상		척 도	단 위
2018. 01. 01	2018. 02. 01	2018. 04. 01		⊕ ⊟		NS	mm
제작회사			KOREA TECH COMPANY				

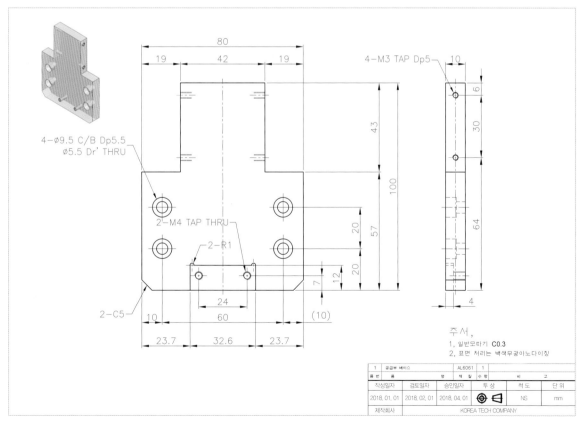

80

19   42   19

4-M3 TAP Dp5

10

6

30

43

100

64

4-∅9.5 C/B Dp5.5
∅5.5 Dr' THRU

2-M4 TAP THRU

20

57

2-R1

20

12

7

2-C5

24

10   60   (10)

23.7   32.6   23.7

4

주서,
1, 일반모따기 C0.3
2, 표면 처리는 백색무광아노다이징

1	공급부 베이스		AL6061	1			
품 번	품	명	재 질	수 량		비	고
작성일자	검토일자	승인일자		투 상		척 도	단 위
2018. 01. 01	2018. 02. 01	2018. 04. 01		⊕ ⊟		NS	mm
제작회사			KOREA TECH COMPANY				

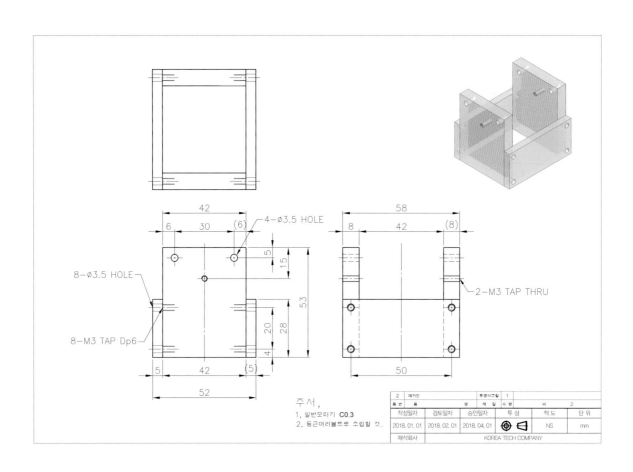

4-ø3.5 HOLE

8-ø3.5 HOLE

8-M3 TAP Dp6

2-M3 TAP THRU

주서,
1, 일반모따기 C0.3
2, 둥근머리볼트로 조립할 것.

2	매거진		투명아크릴	1		
품 번	품	명	재 질	수 량	비	고
작성일자	검토일자	승인일자	투 상		척 도	단 위
2018. 01. 01	2018. 02. 01	2018. 04. 01			NS	mm
제작회사			KOREA TECH COMPANY			

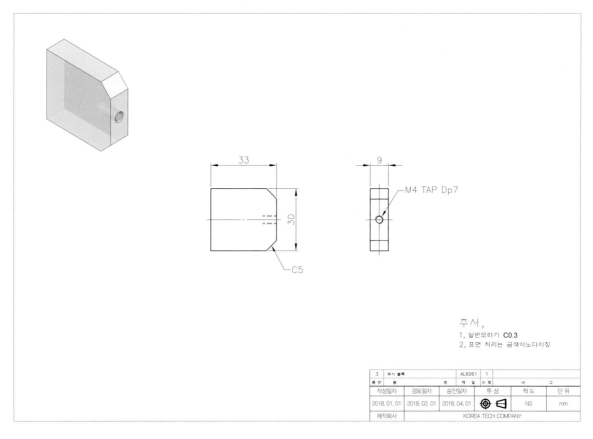

M4 TAP Dp7

C5

주서,
1, 일반모따기 C0.3
2, 표면 처리는 금색아노다이징

3	푸시 블록		AL6061	1		
품 번	품	명	재 질	수 량	비	고
작성일자	검토일자	승인일자	투 상		척 도	단 위
2018. 01. 01	2018. 02. 01	2018. 04. 01			NS	mm
제작회사			KOREA TECH COMPANY			

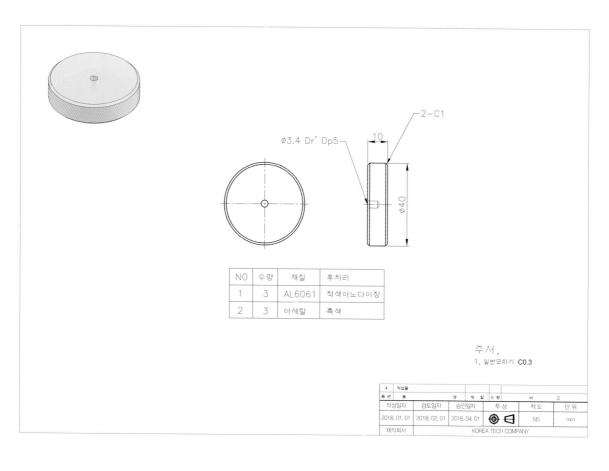

ø3.4 Dr' Dp5

2-C1

10

ø40

NO	수량	재질	후처리
1	3	AL6061	적색아노다이징
2	3	아세탈	흑색

주서 ,
1, 일반모따기 C0.3

4	작업물					
품번	품	명	재 질	수 량	비	고
작성일자	검토일자	승인일자	투 상		척 도	단 위
2018, 01, 01	2018, 02, 01	2018, 04, 01	⊕ ◁		NS	mm
제작회사			KOREA TECH COMPANY			

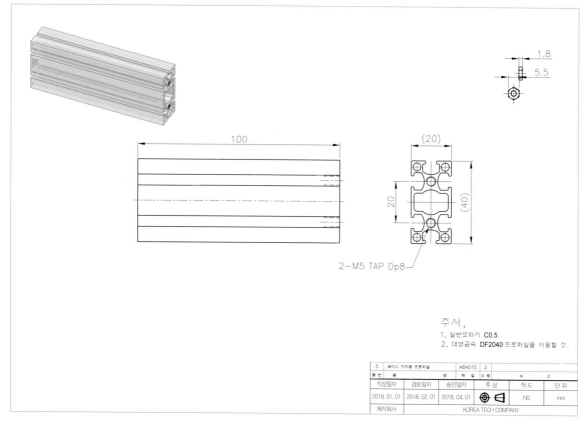

1.8

5.5

100

(20)

20

(40)

2-M5 TAP Dp8

주서 ,
1, 일반모따기 C0.5
2, 대영금속 DF2040 프로파일을 이용할 것.

5	베이스 지지용 프로파일		A6N01S	2		
품번	품	명	재 질	수 량	비	고
작성일자	검토일자	승인일자	투 상		척 도	단 위
2018, 01, 01	2018, 02, 01	2018, 04, 01	⊕ ◁		NS	mm
제작회사			KOREA TECH COMPANY			

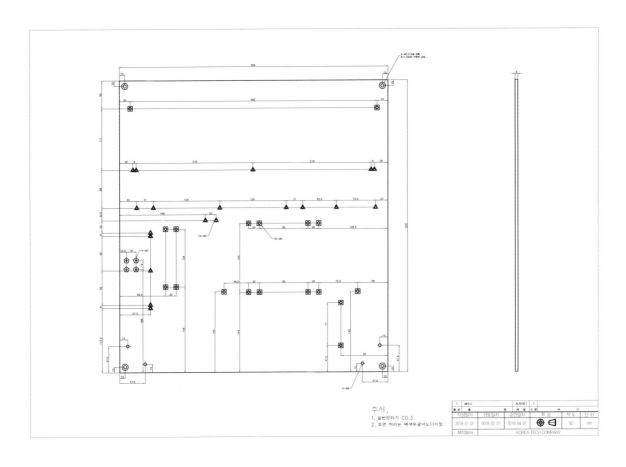

주서,
1, 일반모따기 C0.3
2, 표면 처리는 백색무광아노다이징

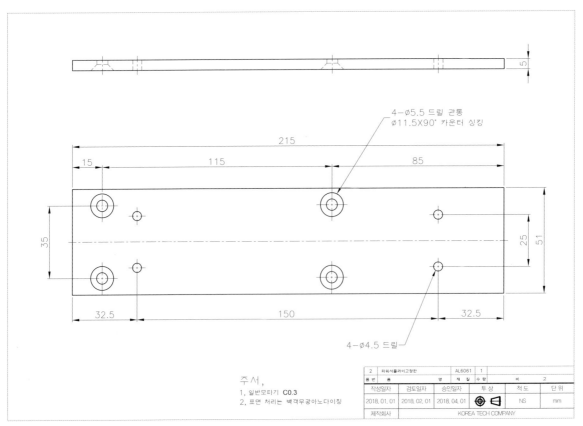

4-ø5.5 드릴 관통
ø11.5X90° 카운터 싱킹

215

15   115   85

35   25   51

32.5   150   32.5

4-ø4.5 드릴

주서,
1, 일반모따기 C0.3
2, 표면 처리는 백색무광아노다이징

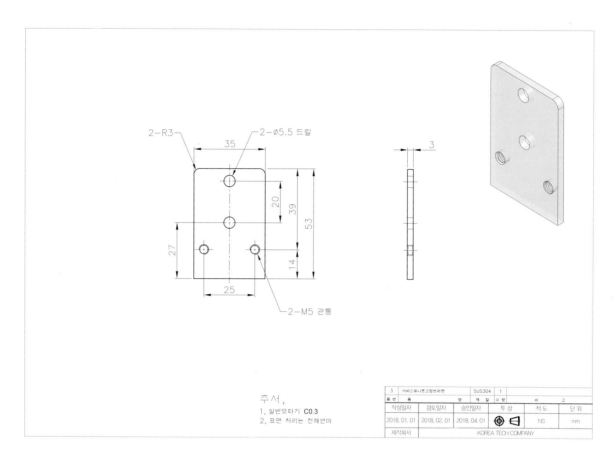

2-R3
35
2-Ø5.5 드릴
20
39
53
27
14
25
2-M5 관통

3

주서,
1, 일반모따기 C0.3
2, 표면 처리는 전해연마

3	서비스유니트고정브라켓		SUS304	1			
품번	품 명		재 질	수량		비 고	
작성일자	검토일자	승인일자		투 상		척 도	단 위
2018. 01. 01	2018. 02. 01	2018. 04. 01		⊕ ⊟		NS	mm
제작회사			KOREA TECH COMPANY				

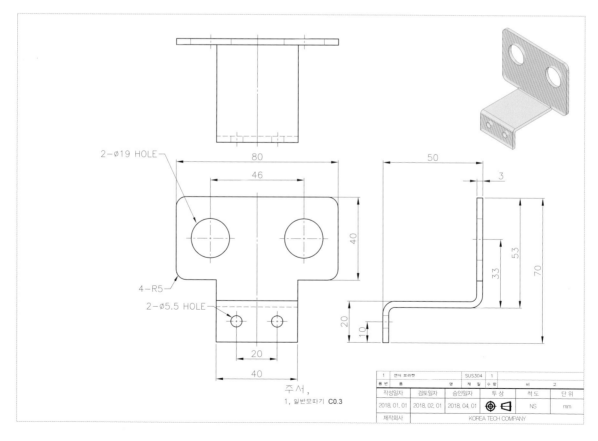

2-Ø19 HOLE
80
46
40
4-R5
2-Ø5.5 HOLE
20
40

50
3
53
33
70
20
10

주서,
1, 일반모따기 C0.3

1	센서 브라켓		SUS304	1			
품번	품 명		재 질	수량		비 고	
작성일자	검토일자	승인일자		투 상		척 도	단 위
2018. 01. 01	2018. 02. 01	2018. 04. 01		⊕ ⊟		NS	mm
제작회사			KOREA TECH COMPANY				

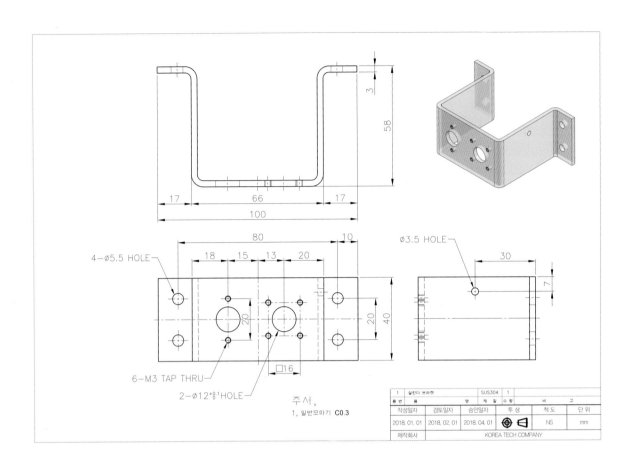

4-Ø5.5 HOLE

6-M3 TAP THRU

2-Ø12⁺⁰·¹ HOLE

Ø3.5 HOLE

주서,
1, 일반모따기 C0.3

1	실린더 브라켓			SUS304	1			
품 번	품		명	재 질	수 량	비		고
작성일자	검토일자	승인일자		투 상		척 도		단 위
2018. 01. 01	2018. 02. 01	2018. 04. 01				NS		mm
제작회사		KOREA TECH COMPANY						

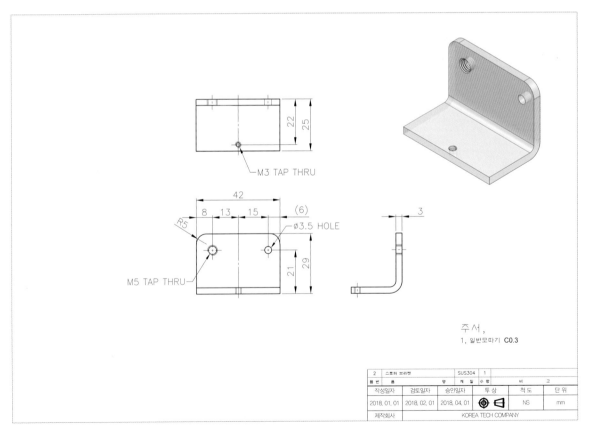

M3 TAP THRU

Ø3.5 HOLE

M5 TAP THRU

주서,
1, 일반모따기 C0.3

2	스토퍼 브라켓			SUS304	1			
품 번	품		명	재 질	수 량	비		고
작성일자	검토일자	승인일자		투 상		척 도		단 위
2018. 01. 01	2018. 02. 01	2018. 04. 01				NS		mm
제작회사		KOREA TECH COMPANY						

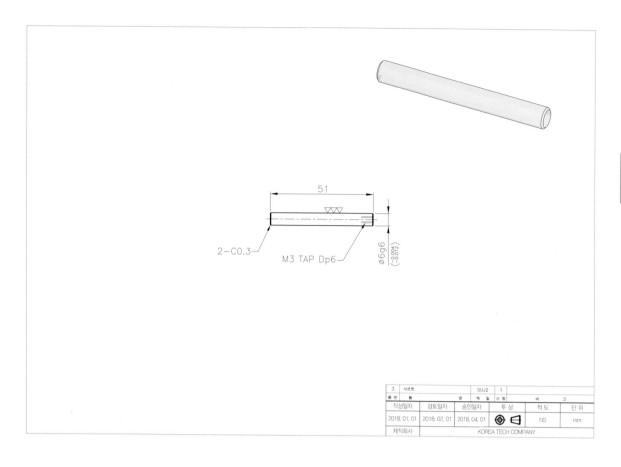

51

2-C0.3

M3 TAP Dp6

Ø6g6 $\left(\begin{smallmatrix}-0.004\\-0.012\end{smallmatrix}\right)$

3	샤프트		SUJ2	1		
품 번	품	명	재 질	수 량	비	고
작성일자	검토일자	승인일자	투 상		척 도	단 위
2018. 01. 01	2018. 02. 01	2018. 04. 01			NS	mm
제작회사			KOREA TECH COMPANY			

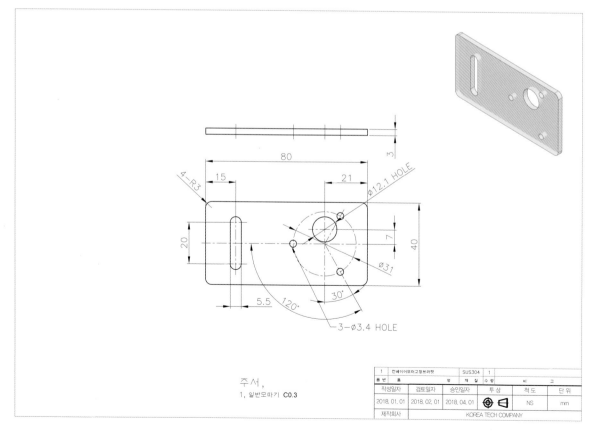

3

80

4-R3

15

21

Ø12.1 HOLE

20

7

40

Ø31

5.5

120°

30°

3-Ø3.4 HOLE

주서,
1, 일반모따기 **C0.3**

1	컨베이어모터고정브라켓		SUS304	1		
품 번	품	명	재 질	수 량	비	고
작성일자	검토일자	승인일자	투 상		척 도	단 위
2018. 01. 01	2018. 02. 01	2018. 04. 01			NS	mm
제작회사			KOREA TECH COMPANY			

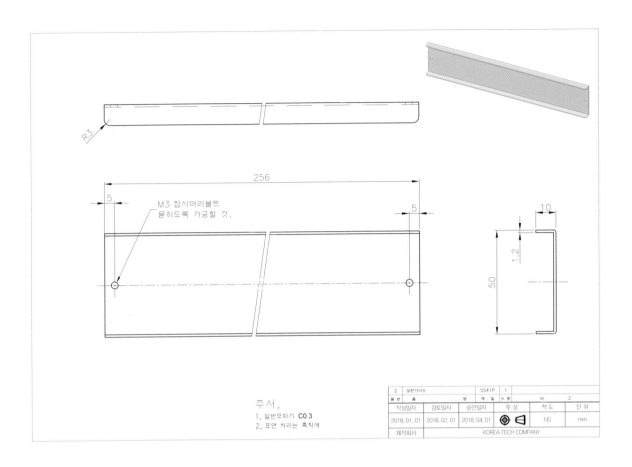

256

5

M3 접시머리볼트
묻히도록 가공할 것.

5

10

1.2

50

R3

주서,
1. 일반모따기 C0.3
2. 표면 처리는 흑착색

2	상판가이드		SS41P	1		
품 번	품 명		재 질	수 량	비	고
작성일자	검토일자	승인일자	투 상		척 도	단 위
2018. 01. 01	2018. 02. 01	2018. 04. 01			NS	mm
제작회사		KOREA TECH COMPANY				

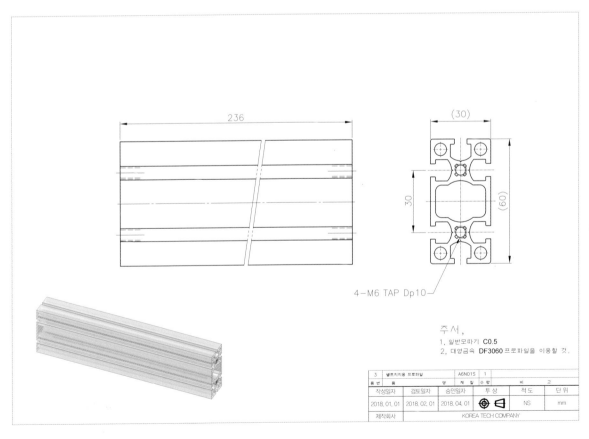

236

(30)

30

(60)

4-M6 TAP Dp10

주서,
1. 일반모따기 C0.5
2. 대영금속 DF3060 프로파일을 이용할 것.

3	벨트치공 프로파일		A6N01S	1		
품 번	품 명		재 질	수 량	비	고
작성일자	검토일자	승인일자	투 상		척 도	단 위
2018. 01. 01	2018. 02. 01	2018. 04. 01			NS	mm
제작회사		KOREA TECH COMPANY				

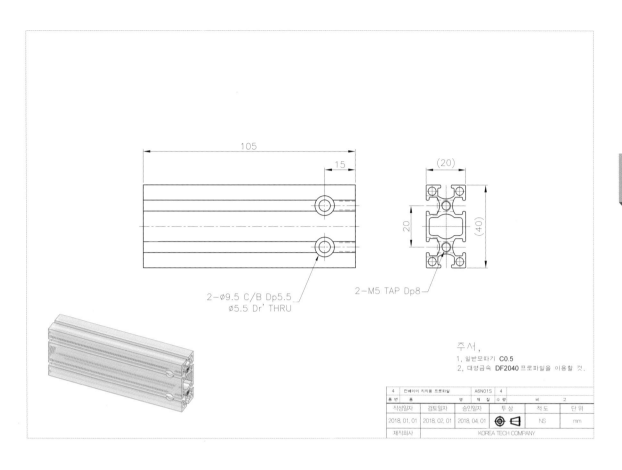

105

15

(20)

20

(40)

2-∅9.5 C/B Dp5.5
∅5.5 Dr' THRU

2-M5 TAP Dp8

주서,
1, 일반모따기 C0.5
2, 대영금속 DF2040 프로파일을 이용할 것.

4	컨베이어 지지용 프로파일		A6N01S	4		
품 번	품 명		재 질	수 량	비 고	
작성일자	검토일자	승인일자	투 상		척 도	단 위
2018, 01, 01	2018, 02, 01	2018, 04, 01	⊕ ◁		NS	mm
제작회사			KOREA TECH COMPANY			

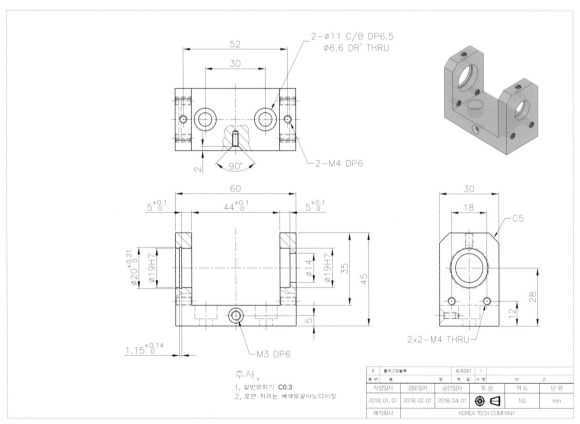

2-∅11 C/B DP6.5
∅6.6 DR' THRU

52

30

2

90°

2-M4 DP6

60

5 $^{+0.1}_{0}$ 44 $^{+0.1}_{0}$ 5 $^{+0.1}_{0}$

∅20 $^{+0.21}_{0}$ ∅19H7   ∅14   ∅19H7

35

5

1.15 $^{+0.14}_{0}$

M3 DP6

30

18

C5

45

28

12

2x2-M4 THRU

주서,
1, 일반모따기 C0.3
2, 표면 처리는 백색무광아노다이징

6	플러고정블록		AL6061	1		
품 번	품 명		재 질	수 량	비 고	
작성일자	검토일자	승인일자	투 상		척 도	단 위
2018, 01, 01	2018, 02, 01	2018, 04, 01	⊕ ◁		NS	mm
제작회사			KOREA TECH COMPANY			

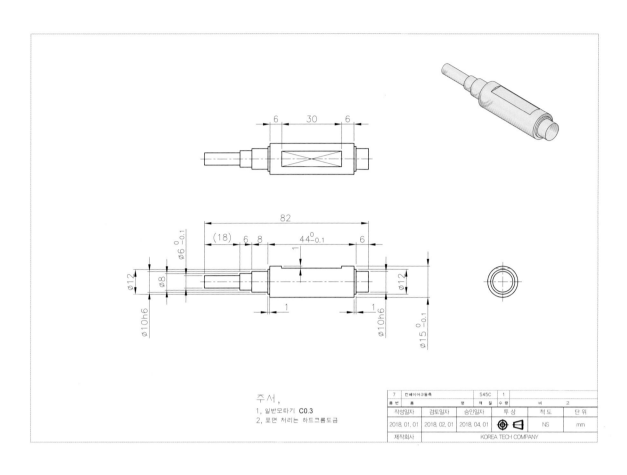

주서,
1, 일반모따기 C0.3
2, 표면 처리는 하드크롬도금

7	컨베이어구동측		S45C	1		
품 번	품	명	재 질	수 량	비	고
작성일자	검토일자	승인일자	투 상		척 도	단 위
2018, 01, 01	2018, 02, 01	2018, 04, 01			NS	mm
제작회사			KOREA TECH COMPANY			

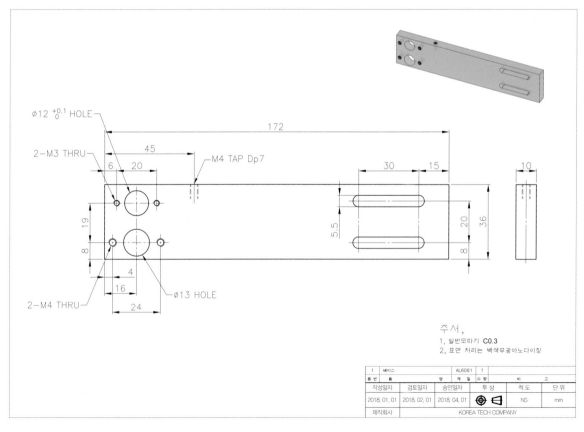

ø12 +0.1/0 HOLE

2-M3 THRU

M4 TAP Dp7

2-M4 THRU

ø13 HOLE

주서,
1, 일반모따기 C0.3
2, 표면 처리는 백색무광아노다이징

1	베이스		AL6061	1		
품 번	품	명	재 질	수 량	비	고
작성일자	검토일자	승인일자	투 상		척 도	단 위
2018, 01, 01	2018, 02, 01	2018, 04, 01			NS	mm
제작회사			KOREA TECH COMPANY			

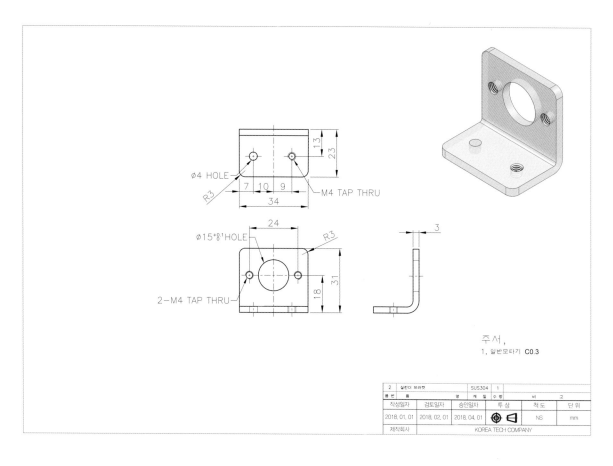

주서,
1, 일반모따기 C0.3

2	실린더 브라켓			SUS304	1				
품번	품		명	재 질	수 량			비	고
작성일자	검토일자	승인일자		투 상			척 도		단 위
2018. 01. 01	2018. 02. 01	2018. 04. 01					NS		mm
제작회사				KOREA TECH COMPANY					

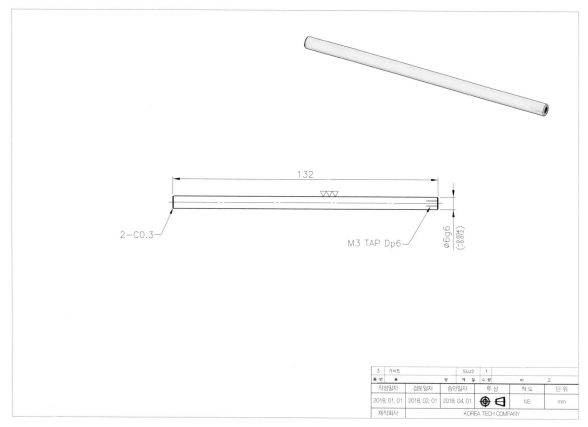

3	가이드			SUJ2	1				
품번	품		명	재 질	수 량			비	고
작성일자	검토일자	승인일자		투 상			척 도		단 위
2018. 01. 01	2018. 02. 01	2018. 04. 01					NS		mm
제작회사				KOREA TECH COMPANY					

Inventor

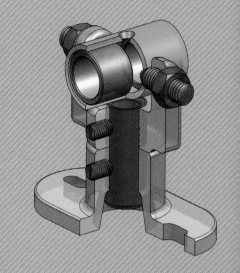

파트 모델링하기

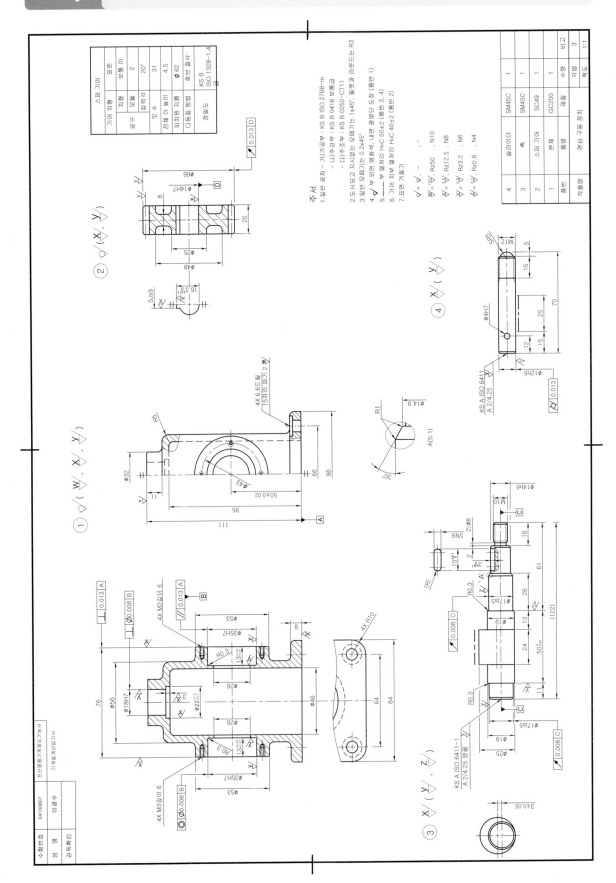

☑ 본체 모델링하기

(1) 베이스 모델링하기

① 스케치하기

XY 평면에 스케치하고 치수와 구속조건을 입력한다.

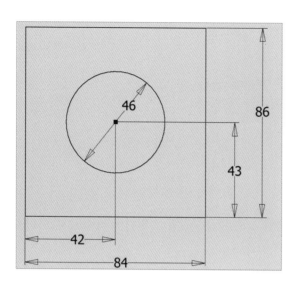
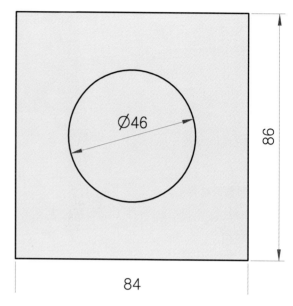

② 돌출하기

3D 모형 ⇨ 작성 ⇨ 돌출 ⇨ 쉐이프 ⇨ 프로파일 ⇨ 출력 ⇨ 솔리드 ⇨ 새 솔리드 ⇨ 범위 ⇨ 거리 8 ⇨ 방향 1 ⇨ 확인

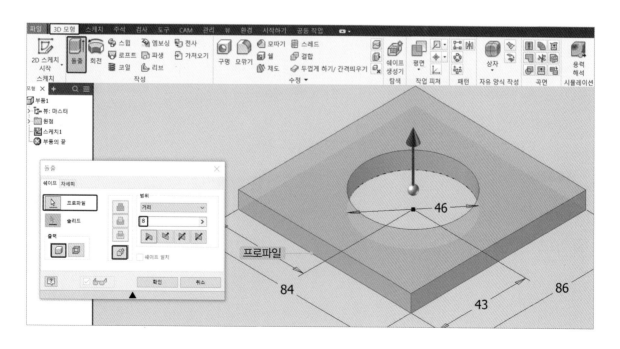

(2) 본체 모델링하기

① 스케치하기

XY 평면에서 거리 8인 평면에 스케치하고 치수와 구속조건을 입력한다.

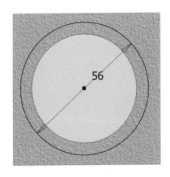

> **참고** 구속조건은 동심 구속조건

② 돌출하기

3D 모형 ⇨ 작성 ⇨ 돌출 ⇨ 쉐이프 ⇨ 프로파일 ⇨ 출력 ⇨ 솔리드 ⇨ 접합 ⇨ 범위 ⇨ 거리 92 ⇨ 방향 1 ⇨ 확인

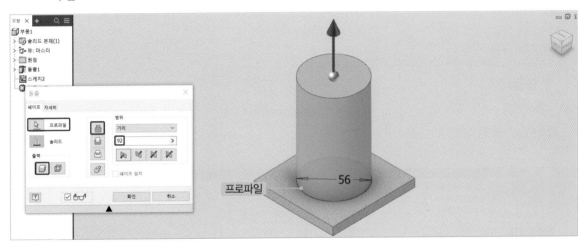

③ 모깎기하기

3D 모형 ⇨ 수정 ⇨ 모깎기 ⇨ 모서리 ⇨ 반지름 5 ⇨ 확인

④ 쉘하기

3D 모형 ⇨ 수정 ⇨ 쉘 ⇨ 내부 ⇨ 면 제거 ⇨ 두께 5 ⇨ 확인

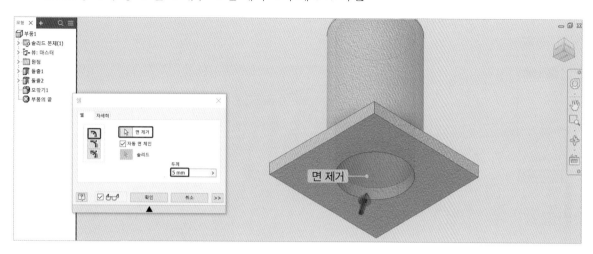

(3) 좌우 원통 모델링하기

① 스케치하기

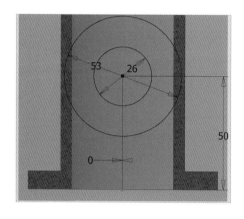

YZ 평면에 스케치하고 치수를 입력한다.

[F7]키는 슬라이스로 스케치에서 사용하는 단축키이며, 스케치를 활성화 해준다.

② 돌출하기

3D 모형 ⇨ 작성 ⇨ 돌출 ⇨ 쉐이프 ⇨ 프로파일 ⇨ 출력 ⇨ 솔리드 ⇨ 접합 ⇨ 범위 ⇨ 거리 76 ⇨ 대칭 ⇨ 확인

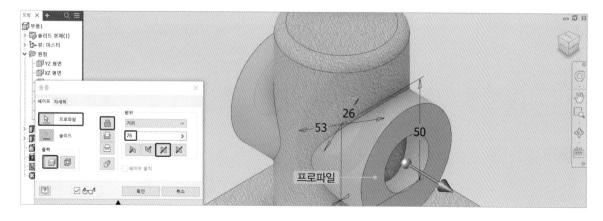

③ 스케치에 가시성을 체크하여 돌출하기

모형 ⇨ 돌출 ⇨ 스케치 마우스 오른쪽 버튼 클릭 ⇨ **가시성에 ☑체크 또는 스케치 공유 클릭**

3D 모형 ⇨ 작성 ⇨ 돌출 ⇨ 쉐이프 ⇨ 프로파일 ⇨ 출력 ⇨ 솔리드 ⇨ 차집합 ⇨ 범위 ⇨ 거리 76 ⇨ 대칭 ⇨ 확인

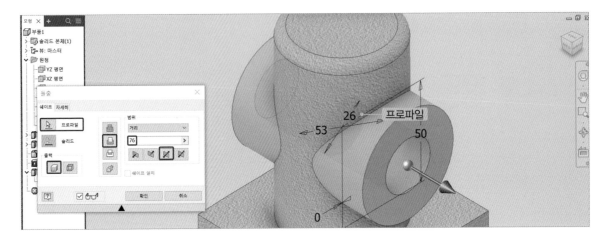

(4) 차집합 모델링하기

① 스케치하기

XY 평면에 스케치하고 치수와 구속조건을 입력한다.

F7 키는 슬라이스로 스케치에서 사용하는 단축키이며, 스케치를 활성화 해준다.

② 돌출 차집합하기

3D 모형 ⇨ 작성 ⇨ 돌출 ⇨ 쉐이프 ⇨ 프로파일 ⇨ 출력 ⇨ 솔리드 ⇨ 차집합 ⇨ 범위 ⇨ 거리 80 ⇨ 대칭 ⇨ 확인

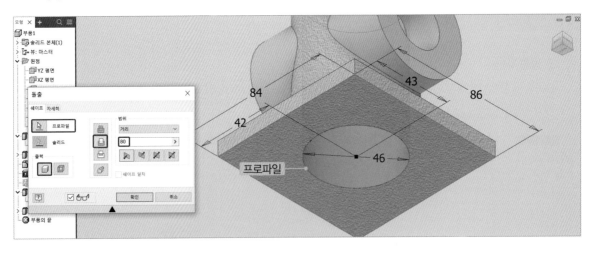

참고 프로파일은 모서리 선택

(5) 베어링 홀 모델링하기

① 스케치하기

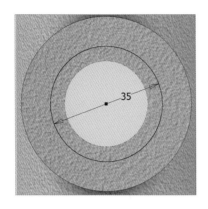

원통 우측 단면에 스케치하고 치수와 구속조건을 입력한다.

> **참고** 구속조건은 동심 구속조건

② 돌출 차집합하기

3D 모형 ⇨ 작성 ⇨ 돌출 ⇨ 쉐이프 ⇨ 프로파일 ⇨ 출력 ⇨ 솔리드 ⇨ 차집합 ⇨ 범위 ⇨ 거리 13 ⇨ 대칭 ⇨ 확인

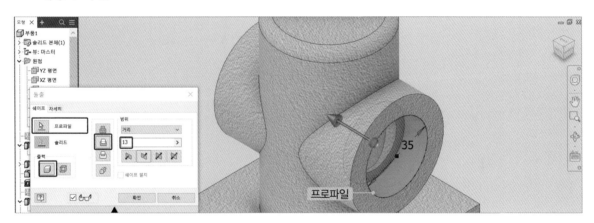

③ 대칭 패턴하기

3D 모형 ⇨ 패턴 ⇨ 미러 ⇨ 개별 피쳐 미러 ⇨ 피쳐 ⇨ 미러 평면 ⇨ 확인

피쳐는 위 차집합하기를 선택하며, 미러 평면은 모형의 원점에 있는 YZ 평면이다.

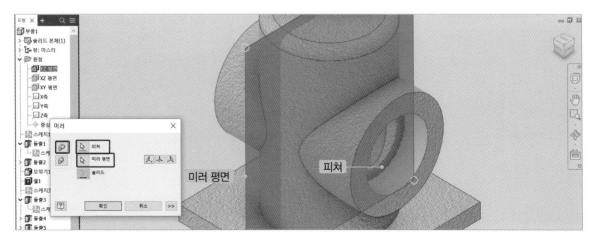

(6) 상부 슬라이더 홀 모델링하기

① 스케치하기

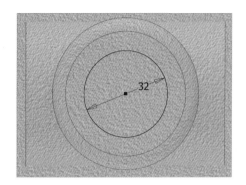

원통 위쪽 평면에 스케치하고 치수와 구속조건을 입력한다.

참고 구속조건은 동심 구속조건

② 돌출하기

3D 모형 ⇨ 작성 ⇨ 돌출 ⇨ 쉐이프 ⇨ 프로파일 ⇨ 출력 ⇨ 솔리드 ⇨ 접합 ⇨ 범위 ⇨ 거리 11 ⇨ 대칭
⇨ 확인

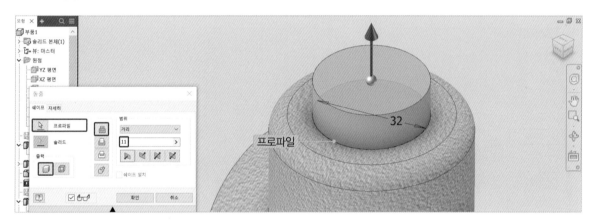

③ 카운터 보어하기

3D 모형 ⇨ 수정 ⇨ 구멍 ⇨ 배치 : 위치 ⇨ 유형 ⇨ 구멍 : 단순 구멍 ⇨ 시트 : 카운터 보어 ⇨ 크
기 ⇨ 종료 : 전체 관통 ⇨ 방향 : 기본값 ⇨ 크기 22-3-18 ⇨ 확인

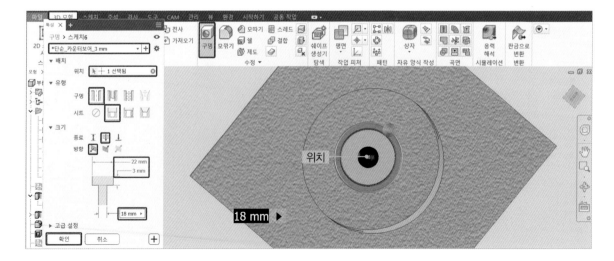

(7) 탭 모델링하기

① 스케치하기

원통 우측 단면에 스케치하고 치수와 구속조건을 입력한다.

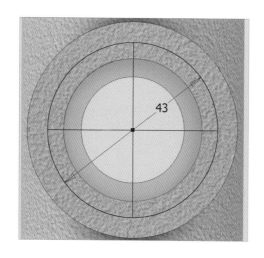

참고 구속조건은 동심 구속조건

② 탭 작업하기

3D 모형 ⇨ 수정 ⇨ 구멍 ⇨ 배치 ⇨ 위치 ⇨ 유형 : 틈새 구멍 ⇨ 시트 : 없음 ⇨ 조임쇠 ⇨ 표준 : ISO ⇨ 크기 : M3 ⇨ 맞춤 : 표준 ⇨ 크기 ⇨ 종료 : 거리 ⇨ 깊이 : 8 ⇨ 확인

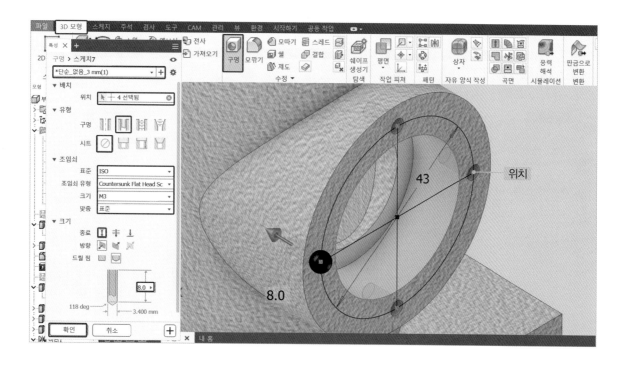

③ 대칭 패턴하기

3D 모형 ⇨ 패턴 ⇨ 미러 ⇨ 개별 피쳐 미러 ⇨ 피쳐 ⇨ 미러 평면 ⇨ 확인

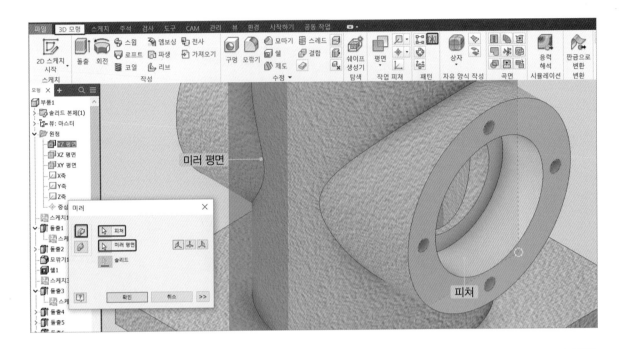

> **참고** 피쳐는 위 탭을 선택하며, 미러 평면은 모형의 원점에 있는 YZ 평면이다.

(8) 모깎기하기

3D 모형 ⇨ 수정 ⇨ 모깎기 ⇨ 모서리 ⇨ 반지름 10 ⇨ 확인

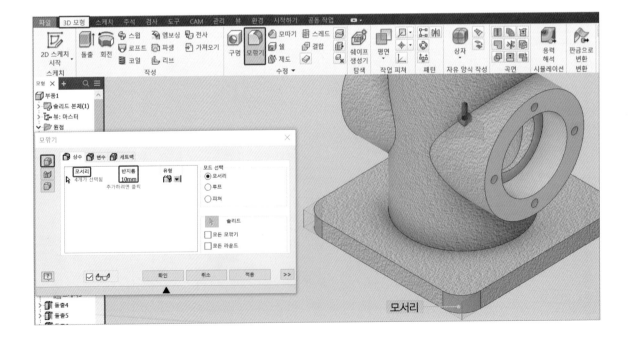

3D 모형 ⇨ 수정 ⇨ 모깎기 ⇨ 모서리 ⇨ 반지름 3 ⇨ 확인

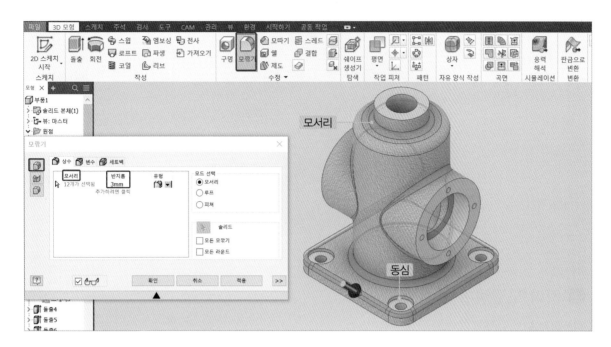

(9) 카운터 보어하기

3D 모형 ⇨ 수정 ⇨ 구멍 ⇨ 배치 : 위치 ⇨ 유형 ⇨ 구멍 : 단순 구멍 ⇨ 시트 : 카운터 보어 ⇨ 크기 ⇨
종료 : 전체 관통 ⇨ 방향 : 기본값 ⇨ 크기 15-2-6.6 ⇨ 확인

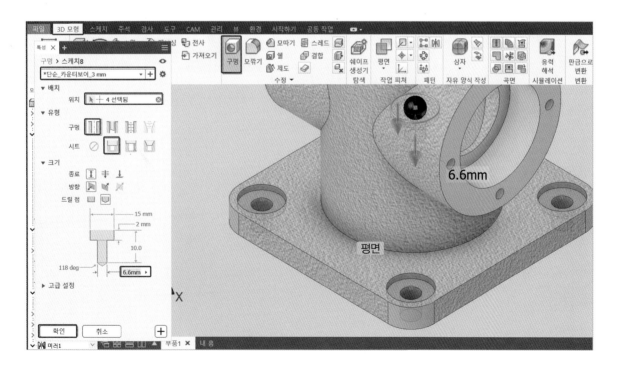

(10) 완성된 본체

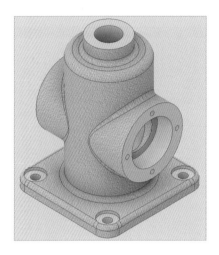

2 기어 모델링하기

(1) 회전 모델링하기

① 스케치하기

XY 평면에 스케치하고 치수와 구속조건을 입력한다.

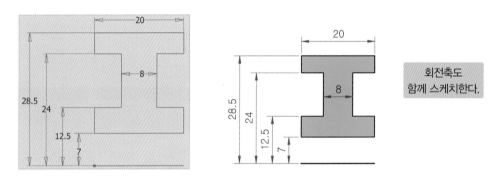

회전축도
함께 스케치한다.

② 회전

3D 모형 ⇨ 작성 ⇨ 회전 ⇨ 쉐이프 ⇨ 프로파일 ⇨ 축

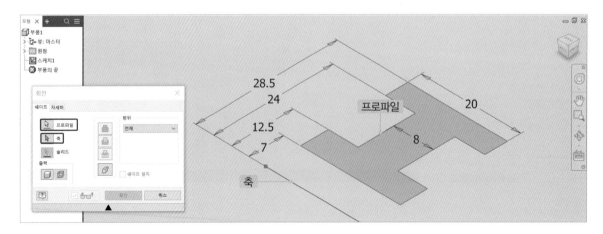

출력 ⇨ 솔리드 ⇨ 새 솔리드 ⇨ 범위 ⇨ 전체 ⇨ 확인

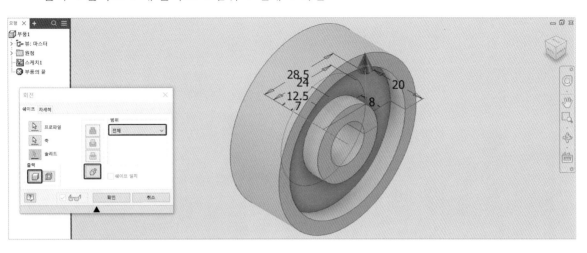

(2) 키 홈 모델링하기

① 스케치하기

단면에 키 홈을 스케치하고 치수와 구속조건을 입력한다.

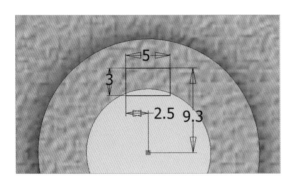 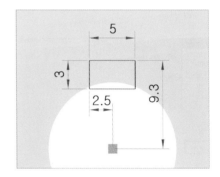

② 돌출 차집합하기

3D 모형 ⇨ 작성 ⇨ 돌출 ⇨ 쉐이프 ⇨ 프로파일 ⇨ 출력 ⇨ 솔리드 ⇨ 차집합 ⇨ 범위 ⇨ 거리 20 ⇨ 방향 2 ⇨ 확인

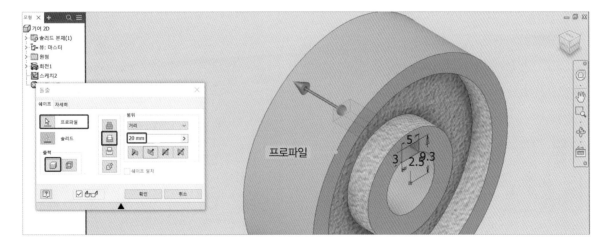

(3) 기어 이 모델링하기

① 스케치하기

단면에 키 기어 이를 스케치하고 치수와 구속조건을 입력한다.

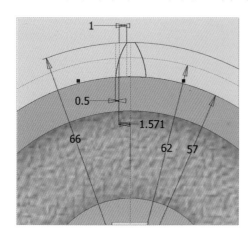

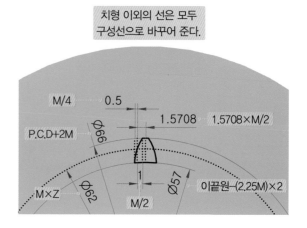

치형 이외의 선은 모두 구성선으로 바꾸어 준다.

② 돌출하기

3D 모형 ⇨ 작성 ⇨ 돌출 ⇨ 쉐이프 ⇨ 프로파일 ⇨ 출력 ⇨ 솔리드 ⇨ 접합 ⇨ 범위 ⇨ 거리 20 ⇨ 방향 2 ⇨ 확인

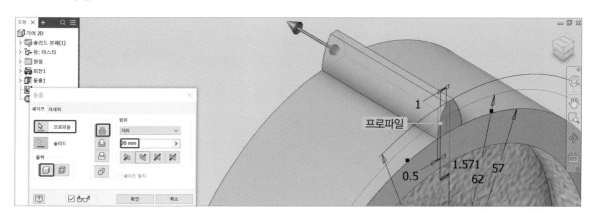

③ 모따기하기

3D 모형 ⇨ 수정 ⇨ 모따기 ⇨ 거리 ⇨ 모서리 ⇨ 거리 2 ⇨ 확인

(4) 원형 패턴하기

3D 모형 ⇨ 패턴 ⇨ 원형 패턴 ⇨ 개별 피쳐 패턴 ⇨ 피쳐 ⇨ 회전축 ⇨ 개수 31 ⇨ 각도 360 ⇨ 확인

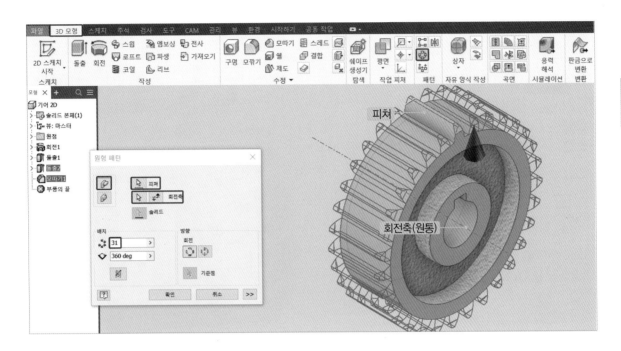

> **참고** 회전축으로 원통면을 선택하면 원통의 중심선이 회전축으로 선택된다.

(5) 모깎기하기

3D 모형 ⇨ 수정 ⇨ 모깎기 ⇨ 모서리 ⇨ 반지름 3 ⇨ 확인

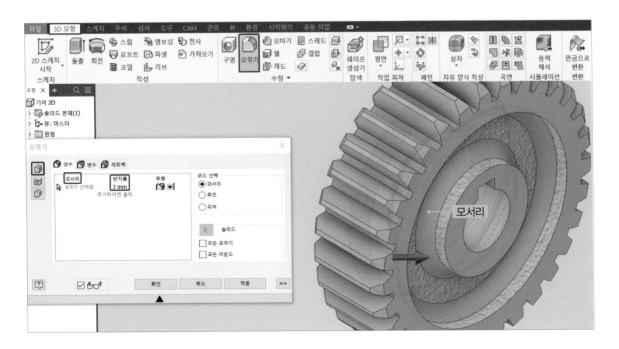

(6) 모따기하기

3D 모형 ⇨ 수정 ⇨ 모따기 ⇨ 거리 ⇨ 모서리 ⇨ 거리 1 ⇨ 확인

(7) 완성된 기어

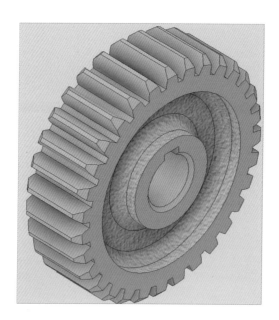

3 축

(1) 회전 모델링하기

① 스케치하기

XY 평면에 스케치하고 치수와 구속조건을 입력한다.

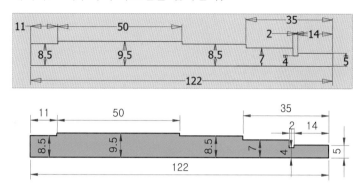

② 회전하기

3D 모형 ⇨ 작성 ⇨ 회전 ⇨ 쉐이프 ⇨ 프로파일 ⇨ 축

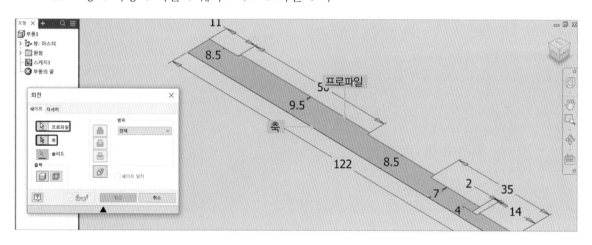

출력 ⇨ 솔리드 ⇨ 새 솔리드 ⇨ 범위 ⇨ 전체 ⇨ 확인

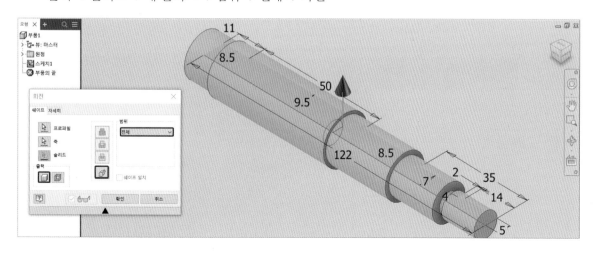

(2) 편심 모델링하기

① 스케치하기

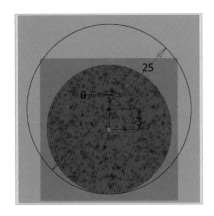

YZ 평면에서 거리 24인 스케치 평면에 스케치하고 치수와 구속 조건을 입력한다.

② 돌출하기

3D 모형 ⇨ 작성 ⇨ 돌출 ⇨ 쉐이프 ⇨ 프로파일 ⇨ 출력 ⇨ 솔리드 ⇨ 접합 ⇨ 범위 ⇨ 거리 24 ⇨ 방향 1 ⇨ 확인

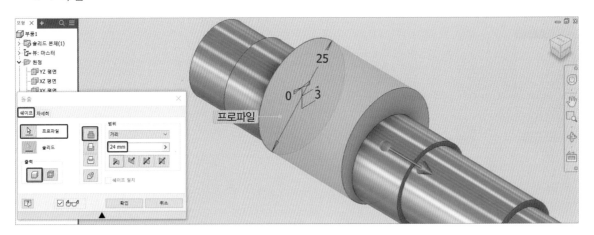

(3) 모따기하기

① 각도로 모따기하기

3D 모형 ⇨ 수정 ⇨ 모따기 ⇨ 거리 및 각도 ⇨ 면 ⇨ 모서리 ⇨ 거리 1.05 ⇨ 각도 30 ⇨ 확인

② 거리(대칭)로 모따기하기

3D 모형 ⇨ 수정 ⇨ 모따기 ⇨ 거리 ⇨ 모서리 ⇨ 거리 1 ⇨ 확인

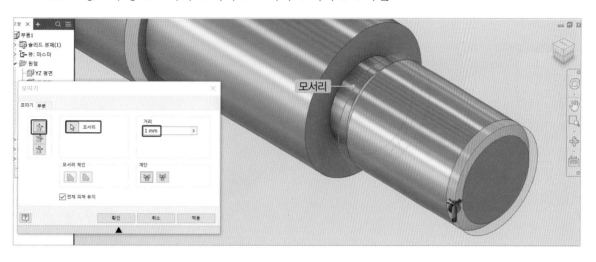

(4) 스레드하기

3D 모형 ⇨ 수정 ⇨ 스레드 ⇨ 면 ⇨ 스레드 길이 ⇨ ☑전체 길이 ⇨ 확인

(5) 키 홈 모델링하기

① 스케치하기

XY 평면에서 거리가 4인 스케치 평면에 스케치하고 치수와 구속조건을 입력한다.

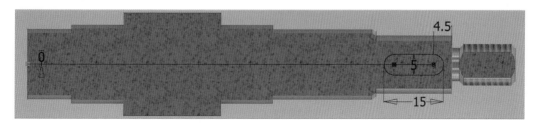

② **돌출 차집합하기**

3D 모형 ⇨ 작성 ⇨ 돌출 ⇨ 쉐이프 ⇨ 프로파일 ⇨ 출력 ⇨ 솔리드 ⇨ 차집합 ⇨ 범위 ⇨ 거리 4 ⇨ 방향 1 ⇨ 확인

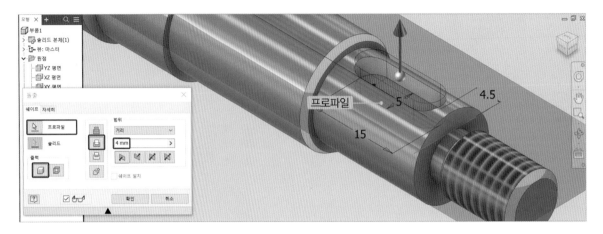

(6) 모깎기하기

3D 모형 ⇨ 수정 ⇨ 모깎기 ⇨ 반지름 0.5 ⇨ 확인

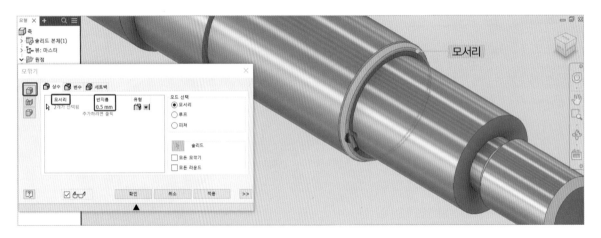

(7) 완성된 축

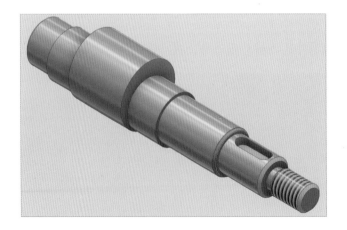

4 슬라이더 모델링하기

(1) 원통 모델링하기

① 스케치하기

XY 평면에 스케치하고 치수와 구속조건을 입력한다.

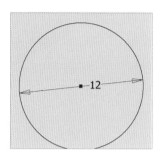

② 돌출하기

3D 모형 ⇨ 작성 ⇨ 돌출 ⇨ 쉐이프 ⇨ 프로파일 ⇨ 출력 ⇨ 솔리드 ⇨ 새 솔리드 ⇨ 범위 ⇨ 거리 67 ⇨ 방향 1 ⇨ 확인

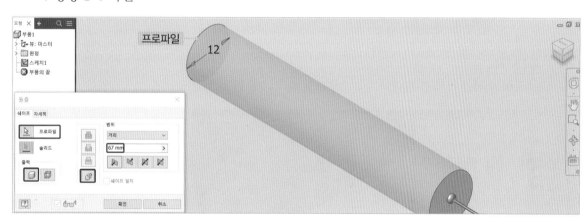

(2) 모따기

3D 모형 ⇨ 수정 ⇨ 모따기 ⇨ 거리 ⇨ 모서리 ⇨ 거리 1 ⇨ 확인

(3) 스레드(나사)하기

3D 모형 ⇨ 수정 ⇨ 스레드 ⇨ 면 ⇨ 스레드 길이 ⇨ □전체 길이 ⇨ 길이 15 ⇨ 확인

(4) 구 모델링 허가

① 스케치하기

XY 평면에 스케치하고 치수와 구속조건을 입력한다.

② 회전하기

3D 모형 ⇨ 작성 ⇨ 회전 ⇨ 쉐이프 ⇨ 프로파일 ⇨ 축 ⇨ 출력 ⇨ 솔리드 ⇨ 접합 ⇨ 범위 ⇨ 전체 ⇨ 확인

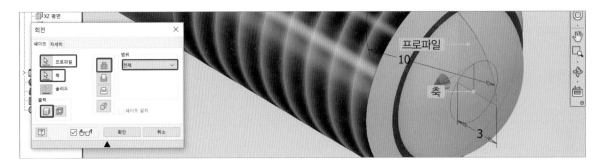

(5) 구멍 모델링하기

① 스케치하기

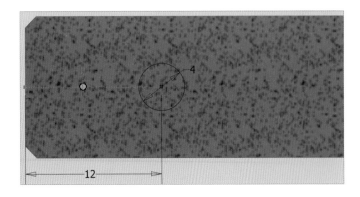

XY 평면에 스케치하고 치수와 구속조
건을 입력한다.

② **돌출 차집합하기**

　3D 모형 ⇨ 작성 ⇨ 돌출 ⇨ 쉐이프 ⇨ 프로파일 ⇨ 출력 ⇨ 솔리드 ⇨ 차집합 ⇨ 범위 ⇨ 거리 12 ⇨
대칭 ⇨ 확인

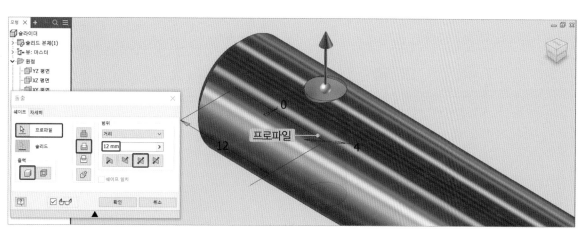

(6) 완성된 슬라이더

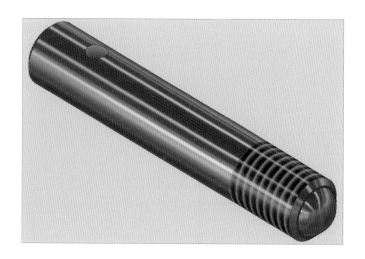

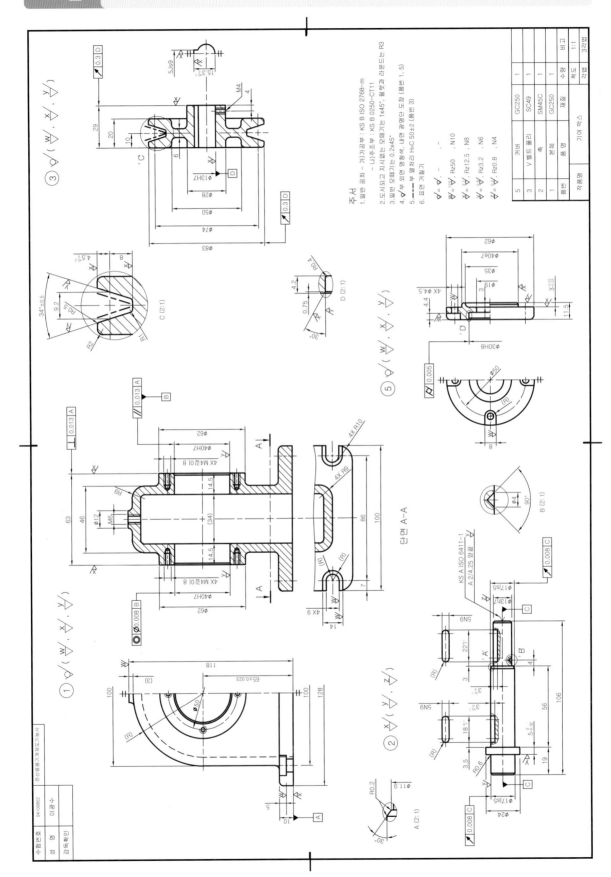

전산응용기계제도기능사

1 본체

(1) 베이스 모델링하기

① 스케치하기

XY 평면에 스케치하고 치수와 구속조건을 입력한다.

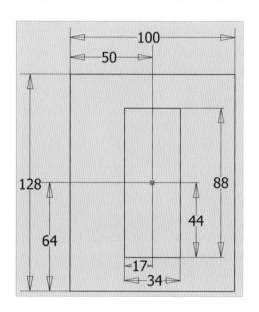
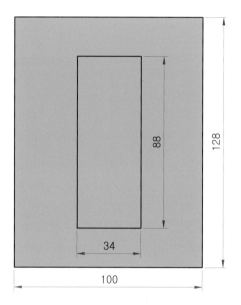

② 돌출하기

3D 모형 ⇨ 작성 ⇨ 돌출 ⇨ 쉐이프 ⇨ 프로파일 ⇨ 출력 ⇨ 솔리드 ⇨ 새 솔리드 ⇨ 범위 ⇨ 거리 10
⇨ 방향 1 ⇨ 확인

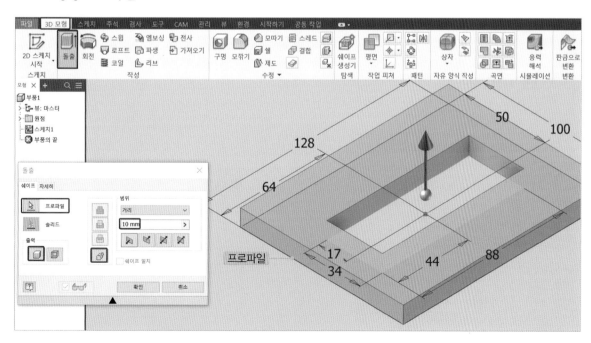

(2) 볼트머리 자리파기 하기

① 스케치하기

XY 평면에서 거리 10인 평면에 스케치하고 치수와 구속조건을 입력한다.

대칭 패턴, 직사각형 패턴을 활용하면 쉽게 스케치 할 수 있다.

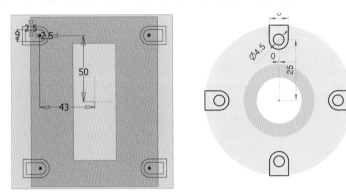

② 돌출 차집합하기 1

3D 모형 ⇨ 작성 ⇨ 돌출 ⇨ 프로파일 ⇨ 출력 ⇨ 솔리드 ⇨ 차집합 ⇨ 범위 ⇨ 거리 10 ⇨ 방향 2 ⇨ 확인

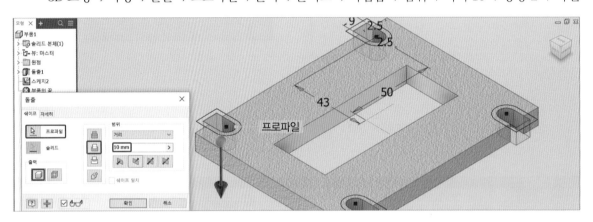

③ 돌출 차집합하기 2

3D 모형 ⇨ 작성 ⇨ 돌출 ⇨ 프로파일 ⇨ 출력 ⇨ 솔리드 ⇨ 차집합 ⇨ 범위 ⇨ 거리 5 ⇨ 방향 2 ⇨ 확인

모형 ⇨ 돌출 2에서 스케치 마우스 오른쪽 버튼을 클릭하여 가시성에 ☑체크하면 스케치가 활성화

된다.

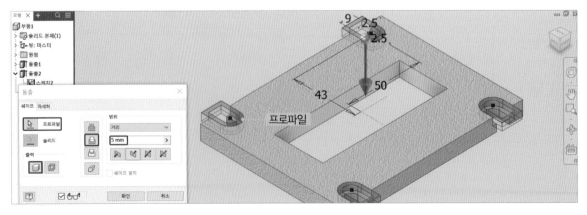

(3) 모깎기하기

3D 모형 ➡ 수정 ➡ 모깎기 ➡ 모서리 ➡ 반지름 3 ➡ 확인

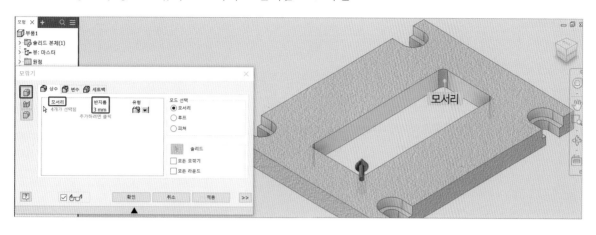

(4) 본체 모델링하기

① 스케치하기

XY 평면에서 거리 10인 평면에 스케치하고 치수와 구속조건을 입력한다.

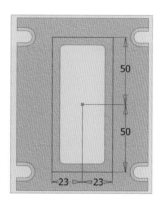

② 돌출하기

3D 모형 ➡ 작성 ➡ 돌출 ➡ 쉐이프 ➡ 프로파일 ➡ 출력 ➡ 솔리드 ➡ 접합 ➡ 범위 ➡ 거리 105 ➡ 방향 1 ➡ 확인

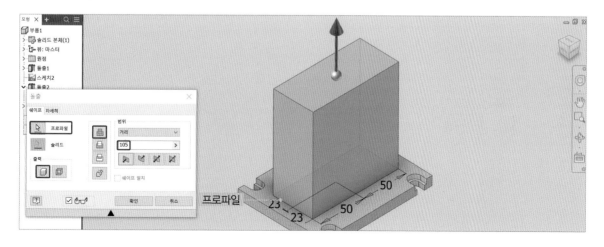

③ 모깎기하기

3D 모형 ⇨ 수정 ⇨ 모깎기 ⇨ 모서리 ⇨ 반지름 50 ⇨ 확인

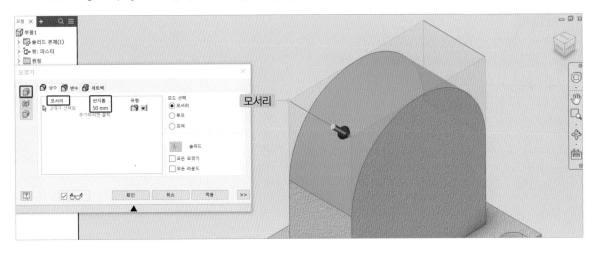

3D 모형 ⇨ 수정 ⇨ 모깎기 ⇨ 모서리 ⇨ 반지름 9 ⇨ 확인

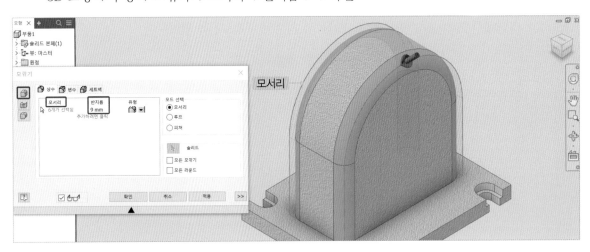

④ 쉘하기

3D 모형 ⇨ 수정 ⇨ 쉘 ⇨ 내부 ⇨ 면 제거 ⇨ 두께 6 ⇨ 확인

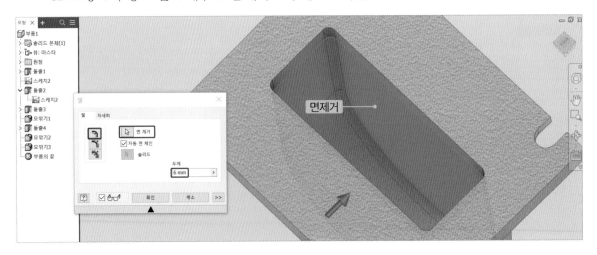

(5) 좌우 원통 모델링하기

① 스케치하기

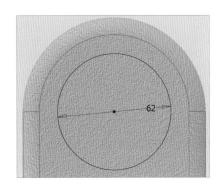

원통 우측 단면에 스케치하고 치수와 구속조건을 입력한다.

참고 구속조건은 동심 구속조건

② 돌출하기

3D 모형 ⇨ 작성 ⇨ 돌출 ⇨ 쉐이프 ⇨ 프로파일 ⇨ 출력 ⇨ 솔리드 ⇨ 접합 ⇨ 범위 ⇨ 거리 8.5 ⇨ 방향 1 ⇨ 확인

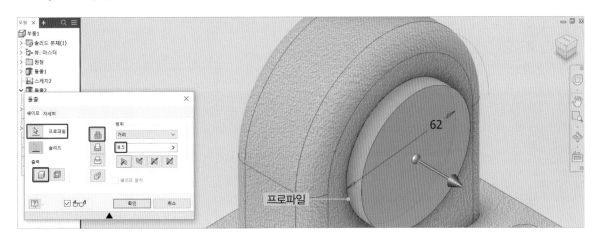

③ 대칭 패턴하기

3D 모형 ⇨ 패턴 ⇨ 미러 ⇨ 개별 피쳐 미러 ⇨ 피쳐 ⇨ 미러 평면 ⇨ 확인

피쳐는 위 돌출하기를 선택하며, 미러 평면은 모형 원점에 있는 YZ 평면이다.

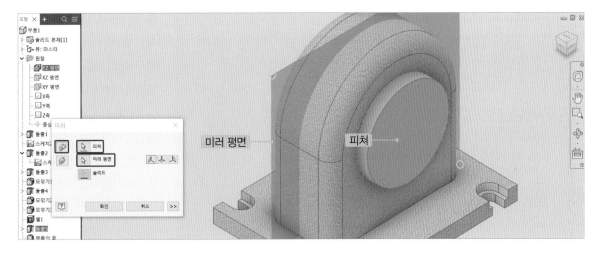

④ 구멍 작업하기

3D 모형 ⇨ 수정 ⇨ 구멍 ⇨ 배치 : 위치 ⇨ 유형 ⇨ 구멍 : 단순 구멍 ⇨ 시트 : 없음 ⇨ 크기 ⇨ 종료
: 전체 관통 ⇨ 방향 : 기본값 ⇨ 크기 ⇨ 깊이 63 ⇨ 직경 40 ⇨ 확인

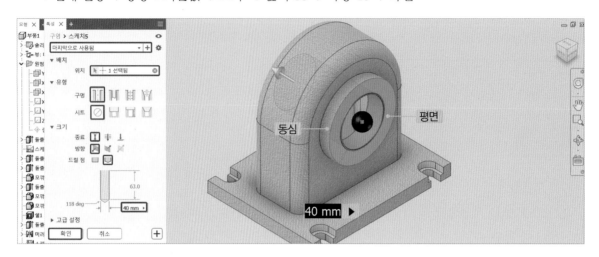

(6) 탭 모델링하기

① 스케치하기

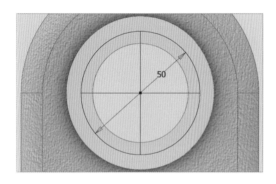

원통 우측 단면에 스케치하고 치수와 구속조건을 입
력한다.

참고 구속조건은 동심 구속조건

② 탭 작업하기

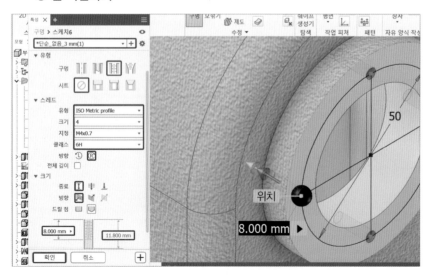

3D 모형 ⇨ 수정 ⇨ 구
멍 ⇨ 배치 ⇨ 위치 ⇨ 유
형 : 탭 구멍 ⇨ 시트 : 없음
⇨ 스레드 ⇨ 유형 : ISO
Metric Profile ⇨ 크기 : 4
⇨ 지정 : M4×0.7 ⇨ 클
래스 : 6H ⇨ 방향 : R ⇨
크기 ⇨ 관통 ⇨ 깊이 : 11
⇨ 나사 깊이 : 8 ⇨ 확인

③ 대칭 패턴하기

3D 모형 ⇨ 패턴 ⇨ 미러 ⇨ 개별 피쳐 미러 ⇨ 피쳐 ⇨ 미러 평면 ⇨ 확인

피쳐는 위 탭을 선택하며, 미러 평면은 모형 원점에 있는 YZ 평면이다.

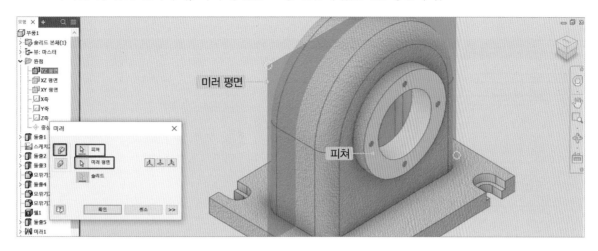

(7) 니플 조립 나사 모델링하기

① 스케치하기

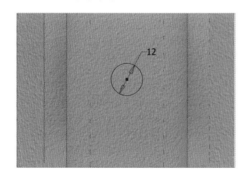

XY 평면에서 거리 118인 평면에 스케치하고 치수와 구속 조건을 입력한다.

② 돌출하기

3D 모형 ⇨ 작성 ⇨ 돌출 ⇨ 쉐이프 ⇨ 프로파일 ⇨ 출력 ⇨ 솔리드 ⇨ 접합 ⇨ 범위 ⇨ 지정 면까지 ⇨ 피쳐 작성을 끝낼 곡면 선택 ⇨ 확인

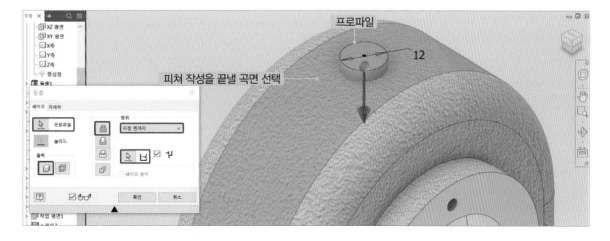

③ 탭 작업하기

3D 모형 ⇨ 수정 ⇨ 구멍 ⇨ 배치 ⇨ 위치 ⇨ 유형 : 탭 구멍 ⇨ 시트 :없음 ⇨ 스레드 ⇨ 유형 : ISO
Metric Profile ⇨ 크기 : 6 ⇨ 지정 : M6×1 ⇨ 클래스 : 6H ⇨ 방향 : R ⇨ 크기 ⇨ 관통 ⇨ 깊이 :
17 ⇨ 확인

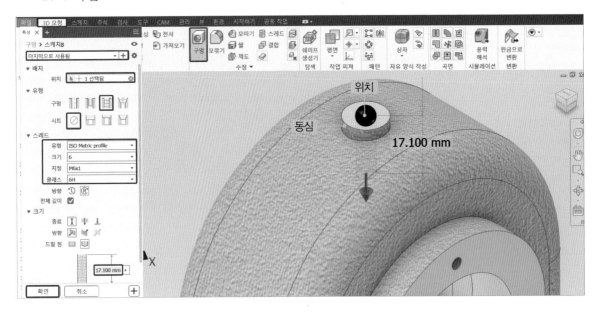

(8) 모깎기하기

3D 모형 ⇨ 수정 ⇨ 모깎기 ⇨ 모서리 ⇨ 반지름 10 ⇨ 확인

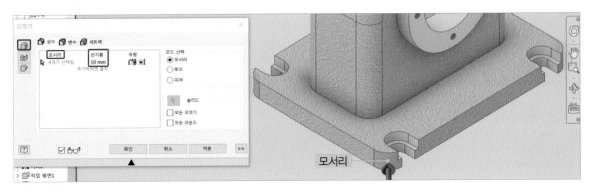

3D 모형 ⇨ 수정 ⇨ 모깎기 ⇨ 모서리 ⇨ 반지름 3 ⇨ 확인

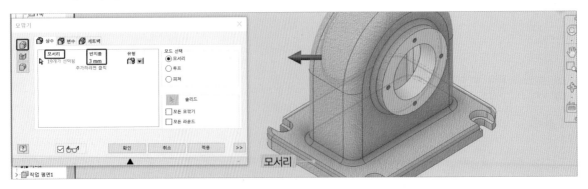

(9) 모따기하기

3D 모형 ⇨ 수정 ⇨ 모따기 ⇨ 거리 ⇨ 모서리 ⇨ 거리 1 ⇨ 확인

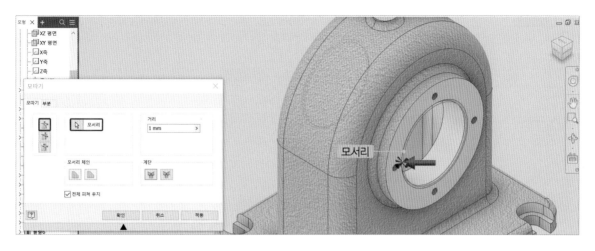

(10) 완성된 본체

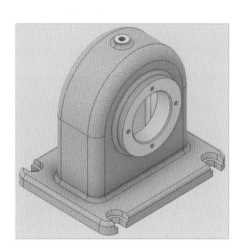

2 축 모델링하기

(1) 회전 모델링하기

① 스케치하기

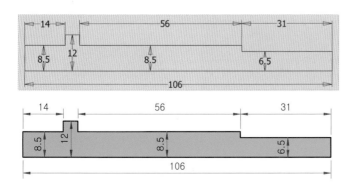

XY 평면에 스케치하고 치수와 구속조
건을 입력한다.

② 회전하기

3D 모형 ⇨ 작성 ⇨ 회전 ⇨ 쉐이프 ⇨ 프로파일 ⇨ 축

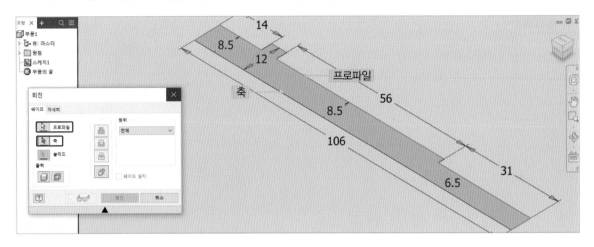

출력 ⇨ 솔리드 ⇨ 새 솔리드 ⇨ 범위 ⇨ 전체 ⇨ 확인

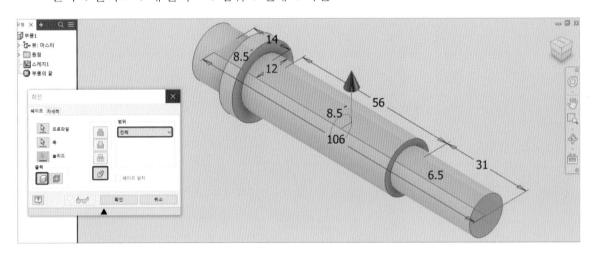

(2) 키 홈 모델링하기 1

① 스케치하기

XY 평면에서 거리 5.5인 스케치 평면에 스케치하고 치수와 구속조건을 입력한다.

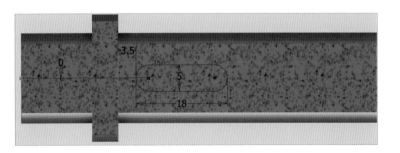

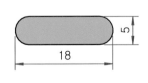

② 돌출 차집합하기

3D 모형 ⇨ 작성 ⇨ 돌출 ⇨ 쉐이프 ⇨ 프로파일 ⇨ 출력 ⇨ 솔리드 ⇨ 차집합 ⇨ 범위 ⇨ 거리 4 ⇨ 방향 1 ⇨ 확인

(3) 키 홈 모델링하기 2

① 스케치하기

XY 평면에서 거리 3.5인 스케치 평면에 스케치하고 치수와 구속조건을 입력한다.

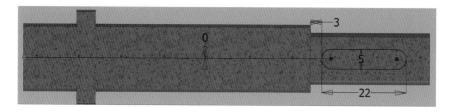

② 돌출 차집합하기

3D 모형 ⇨ 작성 ⇨ 돌출 ⇨ 쉐이프 ⇨ 프로파일 ⇨ 출력 ⇨ 솔리드 ⇨ 차집합 ⇨ 범위 ⇨ 거리 4 ⇨ 방향 1 ⇨ 확인

(4) 멈춤나사 고정 자리 모델링하기

① 스케치하기

XZ 평면에 스케치하고 치수와 구속조건을 입력한다.

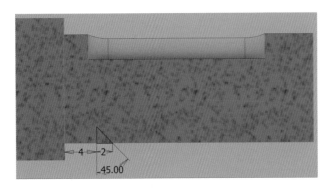 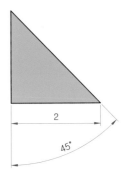

② 회전하기

3D모형 ⇨ 작성 ⇨ 회전 ⇨ 쉐이프 ⇨ 프로파일 ⇨ 축 ⇨ 출력 ⇨ 솔리드 ⇨ 차집합 ⇨ 범위 ⇨ 전체 ⇨ 확인

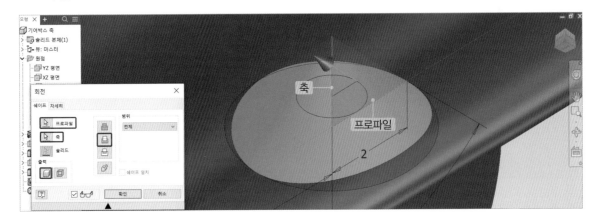

(5) 모따기하기

① 각도로 모따기하기

3D 모형 ⇨ 수정 ⇨ 모따기 ⇨ 거리 및 각도 ⇨ 면 ⇨ 모서리 ⇨ 거리 1.05 ⇨ 각도 30 ⇨ 확인

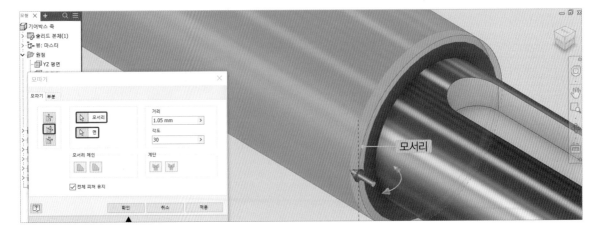

② 모따기하기

3D 모형 ⇨ 수정 ⇨ 모따기 ⇨ 거리 ⇨ 모서리 ⇨ 거리 1 ⇨ 확인

❸ V벨트 풀리 모델링하기

(1) 회전 모델링하기

① 스케치하기

XY 평면에 스케치하고 치수와 구속조건을 입력한다.

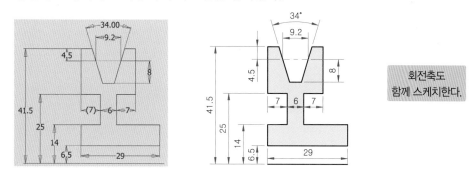

② 회전하기

3D 모형 ⇨ 작성 ⇨ 회전 ⇨ 쉐이프 ⇨ 프로파일 ⇨ 축

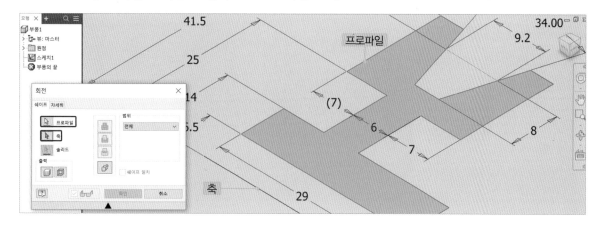

출력 ⇨ 솔리드 ⇨ 새 솔리드 ⇨ 범위 ⇨ 전체 ⇨ 확인

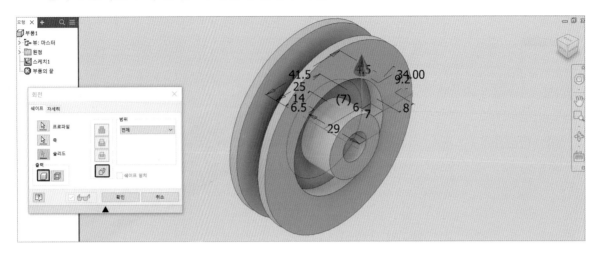

(2) 키 홈 모델링하기

① 스케치하기

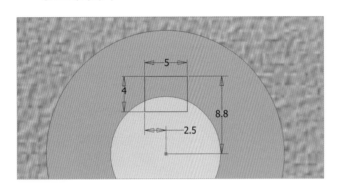

V벨트 풀리 우측 단면에 키 홈을 스케치하고 치수와 구속조건을 입력한다.

② 돌출하기

3D 모형 ⇨ 작성 ⇨ 돌출 ⇨ 쉐이프 ⇨ 프로파일 ⇨ 출력 ⇨ 솔리드 ⇨ 차집합 ⇨ 범위 ⇨ 거리 29 ⇨ 방향 2 ⇨ 확인

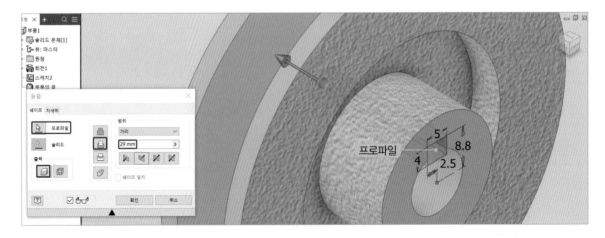

(3) 모깎기하기

3D 모형 ⇨ 수정 ⇨ 모깎기 ⇨ 모서리 ⇨ 반지름 3 ⇨ 확인

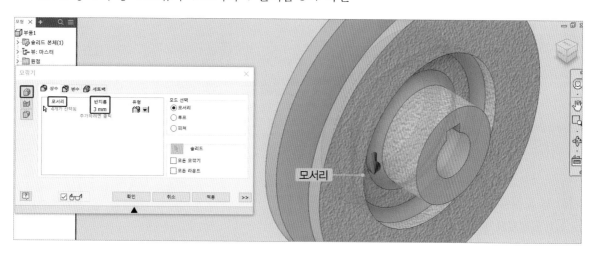

3D 모형 ⇨ 수정 ⇨ 모깎기 ⇨ 모서리 ⇨ 반지름 2 ⇨ 확인

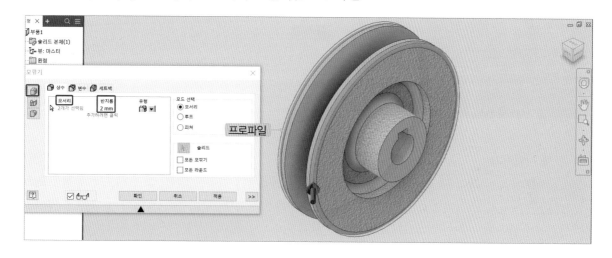

3D 모형 ⇨ 수정 ⇨ 모깎기 ⇨ 모서리 ⇨ 반지름 0.5 ⇨ 확인

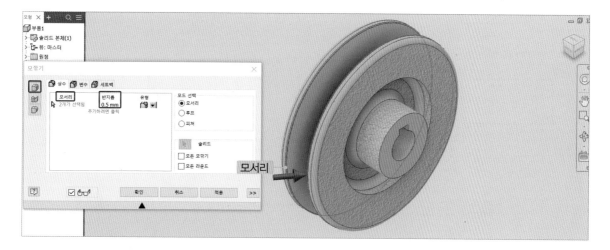

3D 모형 ⇨ 수정 ⇨ 모깎기 ⇨ 모서리 ⇨ 반지름 1 ⇨ 확인

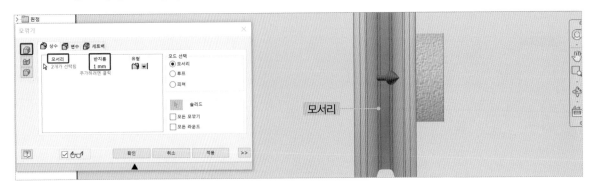

(4) 탭 모델링하기

① 스케치하기

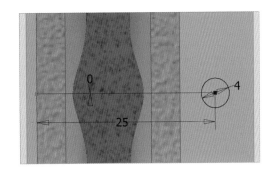

XY 평면에서 **거리 −14**인 스케치 평면에 스케치하고 치수와 구속조건을 입력한다.

> **참고** `F7`키는 슬라이스로 스케치에서 사용하는 단축키이다.

② 탭 작업하기

3D 모형 ⇨ 수정 ⇨ 구멍 ⇨ 배치 ⇨ 위치 ⇨ 유형 : 탭 구멍 ⇨ 시트 :없음 ⇨ 스레드 ⇨ 유형 : ISO Metric Profile ⇨ 크기 : 4 ⇨ 지정: M4×0.7 ⇨ 클래스 : 6H ⇨ 방향 : R ⇨ 크기 ⇨ 관통 ⇨ 깊이 : 11 ⇨ 확인

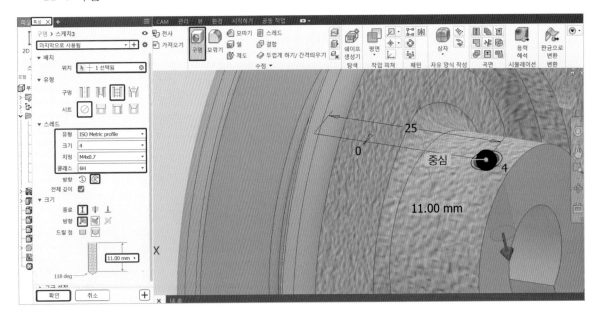

(5) 완성된 V벨트 풀리

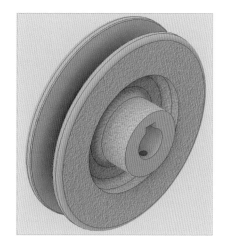

4 커버 모델링하기

(1) 회전 모델링하기

① 스케치하기

XY 평면에 스케치하고 치수와 구속조건을 입력한다.

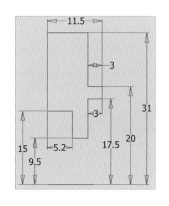

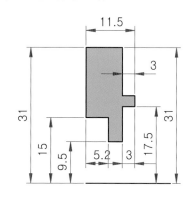

회전축도
함께 스케치한다.

② 회전하기

3D 모형 ⇨ 작성 ⇨ 회전 ⇨ 쉐이프 ⇨ 프로파일 ⇨ 축

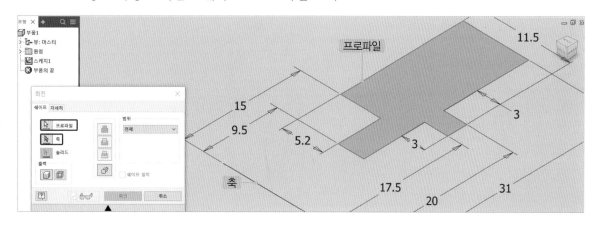

출력 ➪ 솔리드 ➪ 새 솔리드 ➪ 범위 ➪ 전체 ➪ 확인

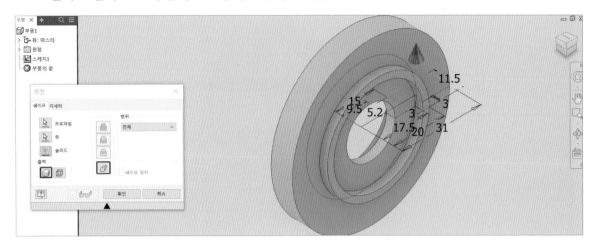

(2) 볼트머리 자리파기 및 볼트 구멍

① 스케치하기

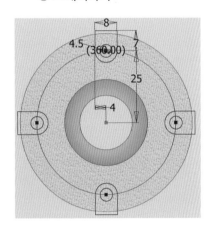

커버 좌측 단면에 스케치하고 치수와 구속조건을 입력한다.
스케치 원형 패턴으로 한다.

② 돌출 차집합하기 1

3D 모형 ➪ 작성 ➪ 돌출 ➪ 쉐이프 ➪ 프로파일 ➪ 출력 ➪ 솔리드 ➪ 차집합 ➪ 범위 ➪ 거리 10 ➪ 방향 2 ➪ 확인

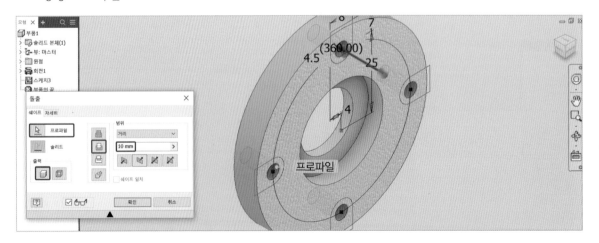

③ 돌출 차집합하기 2

3D 모형 ⇨ 작성 ⇨ 돌출 ⇨ 쉐이프 ⇨ 프로파일 ⇨ 출력 ⇨ 솔리드 ⇨ 차집합 ⇨ 범위 ⇨ 거리 4.4 ⇨ 방향 2 ⇨ 확인

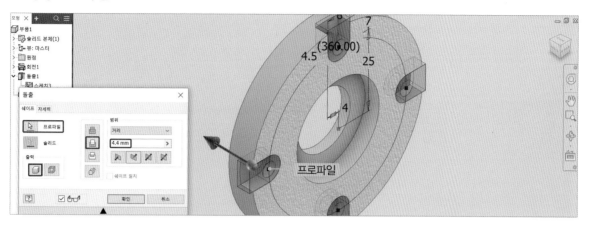

> **참고** 모형 ⇨ 돌출에서 스케치 마우스 오른쪽 버튼을 클릭하여 가시성에 ☑하면 스케치가 활성화된다.

(3) 모깎기하기

3D 모형 ⇨ 수정 ⇨ 모깎기 ⇨ 모서리 ⇨ 반지름 3 ⇨ 확인

3D 모형 ⇨ 수정 ⇨ 모깎기 ⇨ 모서리 ⇨ 반지름 0.5 ⇨ 확인

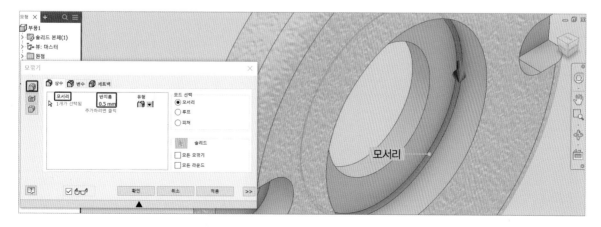

(4) 각도로 모따기하기

3D 모형 ⇨ 수정 ⇨ 모따기 ⇨ 거리 및 각도 ⇨ 면 ⇨ 모서리 ⇨ 거리 0.75 ⇨ 각도 30

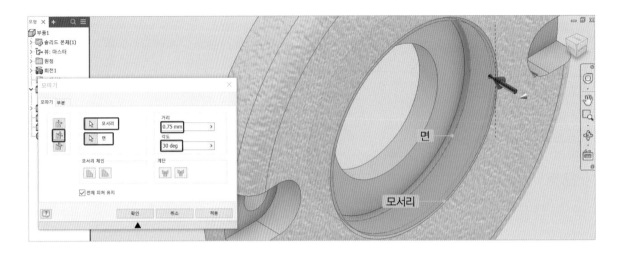

(5) 완성된 커버

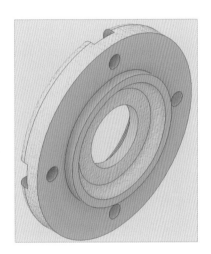
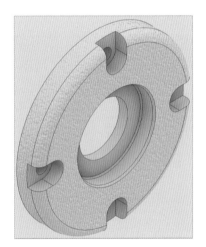

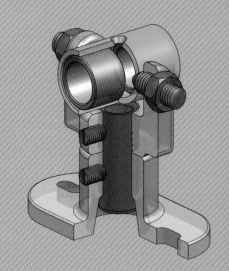

Chapter

6

도면 작성하기

도면 작성하기

도면은 설계자의 요구 사항을 제작자에게 전달하기 위하여 일정한 규칙에 따라 선, 문자, 기호, 주서 등을 사용하여 생산 제품의 구조, 디자인(형상), 크기, 재료, 가공법 등을 KS 제도 규격에 맞추어 정확하고 간단명료하게 도면으로 작성하는 것을 제도라고 한다.

:: 1 도면 시작하기

새로 만들기 ⇨ Standard.idw ⇨ 작성

도면 파일 **작성**을 클릭하면 이는 경계, 제목 블록 및 템플릿에 지정된 기타 도면 요소를 포함하는 기본 시트가 함께 열린다.

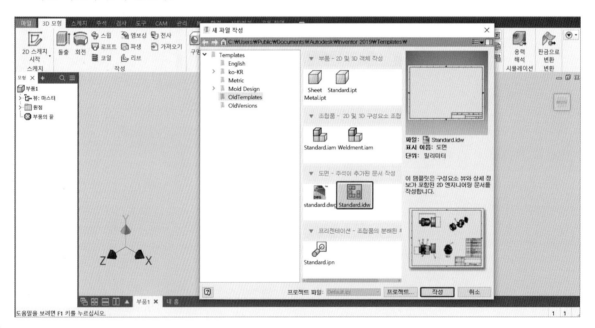

> **참고** • **Standard.dwg**는 AutoCAD에서 바로 열리는 장점이 있으나, 어느 파일인지 구별이 되지 않는 단점이 있다.
> • **Standard.idw**는 AutoCAD에서 바로 열어 볼 수가 없으며, 외부 파일 불러오기를 열어야 하는 단점이 있으나, Inventor 파일이 구별되는 장점이 있어 많이 사용한다.

작성을 클릭하면 도면 환경이 열린다.

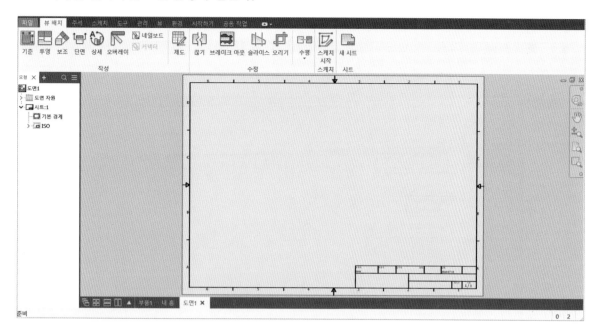

모형 ⇨ 시트 1 ⇨ 시트 편집

참고   시트 1을 선택하여 마우스 오른쪽 버튼을 클릭하면 팝업창이 나온다.

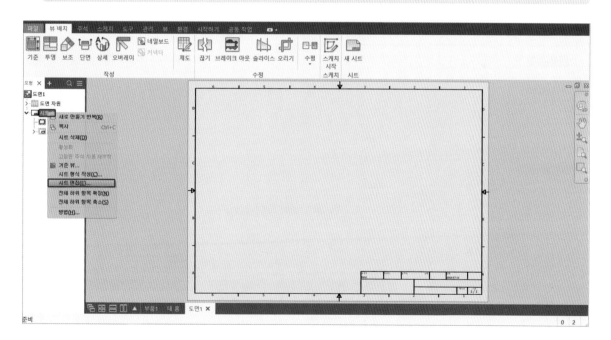

- **형식 이름** : 동력전달장치−시트 이름을 입력한다.
- **크기** : A2(높이 : 420, 폭 : 594)−제도용지의 크기를 선택한다.
- **변환** : ⦿세로 방향(P), ⦿가로 방향(L)−제도용지를 가로 또는 세로 방향으로 놓는다.

- 옵션 : 한계에서 제외 – 시트 번호에서 제외된다.

  인쇄에서 제외 – 인쇄에서 제외된다.

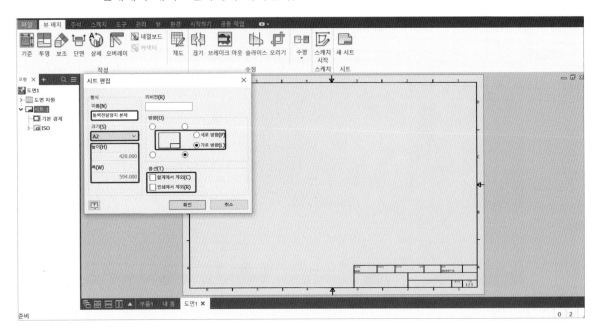

도면 환경에 대한 구성에 대해서 알아본다.

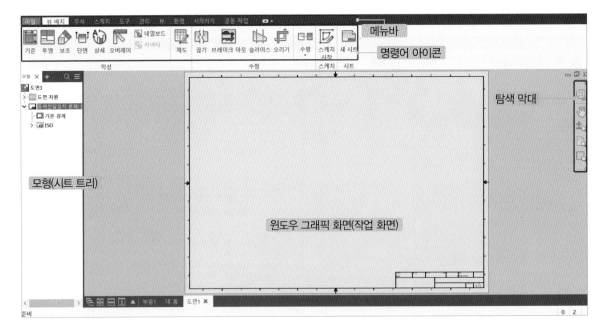

- 메뉴바 : 명령어별로 구분되어 있는 탭을 선택하여 원하는 명령어를 선택한다.
- 명령어 아이콘 : 도면에서 사용하는 명령어들을 선택하여 도면을 작성한다.
- 모형(시트 트리) : 도면의 히스토리를 나타낸다.
- 윈도우 그래픽 화면(작업 화면) : 도면 작업을 하는 작업창이다.
- 탐색 막대 : 도면 위 시점 이동이나 화면 축척에 대한 명령어를 선택한다.

2 본체 불러 배치하기

1 뷰 배치

기준 : 도면 뷰의 가장 처음 작성되는 기준이 되는 뷰이며, 기준 뷰로부터 파생되는 뷰들의 기준이 된다.

뷰 배치 ⇨ 작성 ⇨ 기준

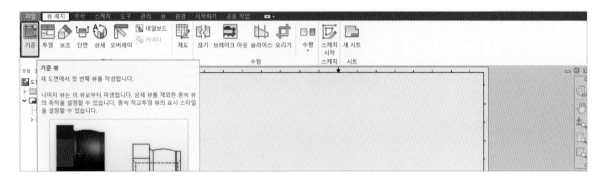

기준 파일 열기

파일 경로를 찾아 기존에 작성된 파일을 선택하여 [열기]한다.

정면도 위치에서 클릭한다.

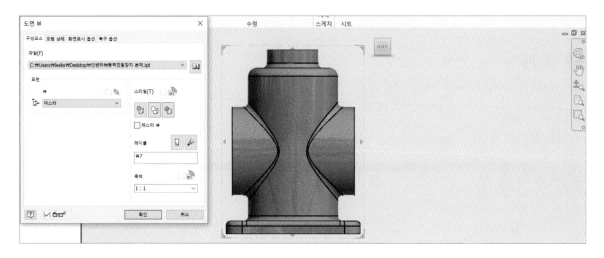

우측면도 위치에서 클릭한다.

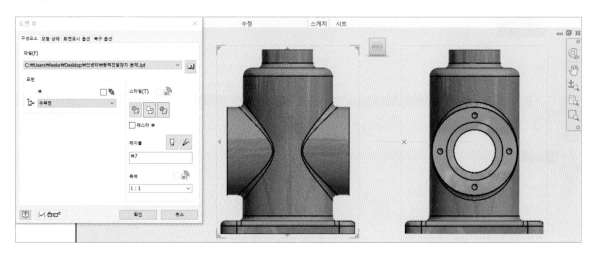

저면도를 정면도 위쪽에서 클릭한다.

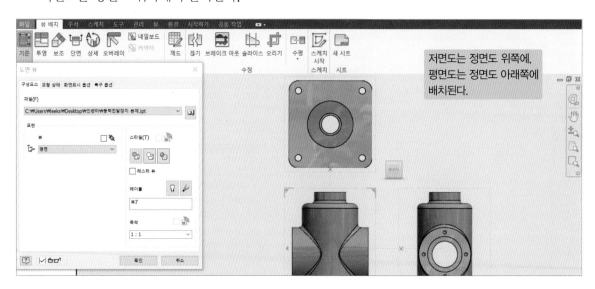

저면도는 정면도 위쪽에,
평면도는 정면도 아래쪽에
배치된다.

2 온단면도

뷰 배치 ⇨ 스케치 ⇨ 뷰 선택 ⇨ 스케치 시작

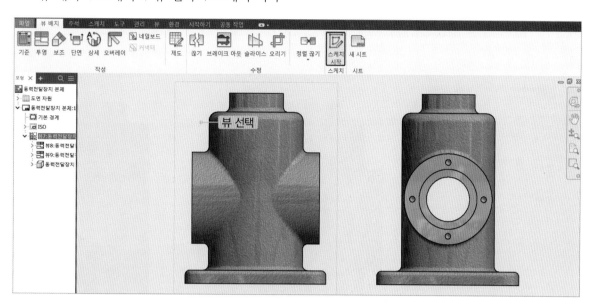

> **참고** 단면 기능으로 단면을 할 수 있으나 여기서는 브레이크 아웃(부분 단면도)으로 온 단면도를 작성하도록 한다. 이 방법은 번거로워 보이나 깔끔하여 산업 현장에서 많이 사용한다.

직사각 아이콘을 클릭하여 그림처럼 스케치한다.

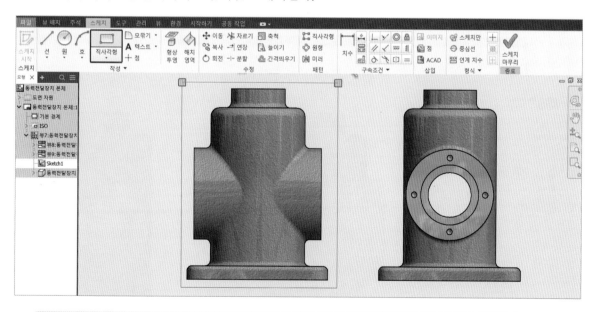

> **참고** 먼저 스케치할 뷰를 선택하고 스케치 시작을 클릭하면 스케치 탭으로 바로 넘어가고 선택된 뷰에서의 스케치가 활성화된다. 또한 스케치할 뷰를 선택하지 않고 스케치 시작을 클릭하면 스케치할 뷰를 선택해야 스케치 탭으로 넘어가며, 이 방법은 한 뷰에서가 아닌 전체 시트에 스케치가 활성화되고 구속조건이 일부 제한된다.

뷰 배치 ⇨ 수정 ⇨ 브레이크 아웃 ⇨ 경계 ⇨ 프로파일

브레이크 아웃을 먼저 선택하고, 프로파일(스케치한 직사각형)을 클릭하면 팝업창이 나타난다.

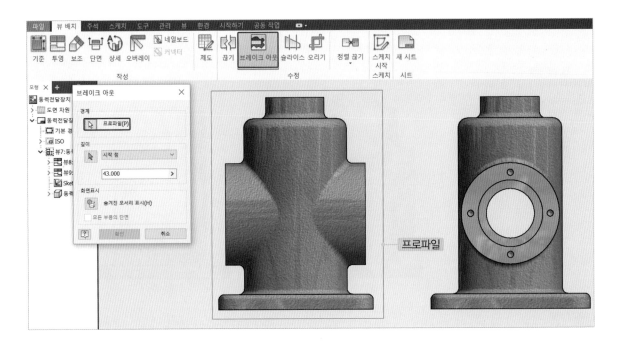

선택자 ⇨ 시작점 ⇨ 43

단면은 시작점으로부터 단면할 위치까지의 거리를 입력한다.

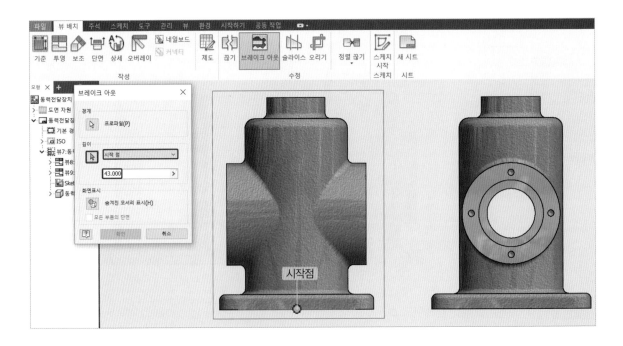

3 대칭 생략도

뷰 배치 ⇨ 스케치 ⇨ 뷰 선택 ⇨ 스케치 시작

먼저 스케치할 뷰를 선택하고 스케치 시작을 클릭한다.

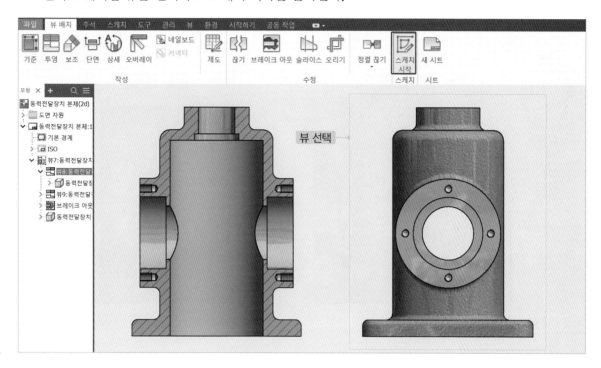

직사각 아이콘을 클릭하여 그림처럼 스케치한다.

스케치는 원의 중심점과 직선을 일치 구속한다.

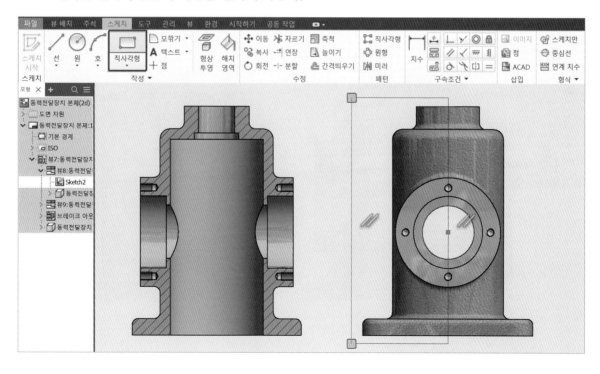

뷰 배치 ⇨ 수정 ⇨ 브레이크 아웃 ⇨ 경계 ⇨ 프로파일

브레이크 아웃을 먼저 선택하고 프로파일(직사각형)을 클릭하면 팝업창이 나타난다.

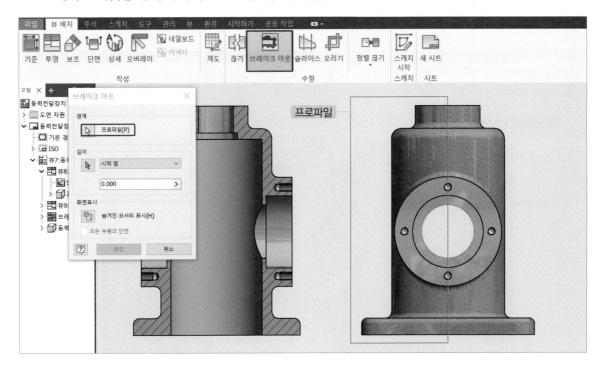

선택자 ⇨ 시작점 ⇨ 111

단면도는 시작점으로부터 거리를 입력한다.

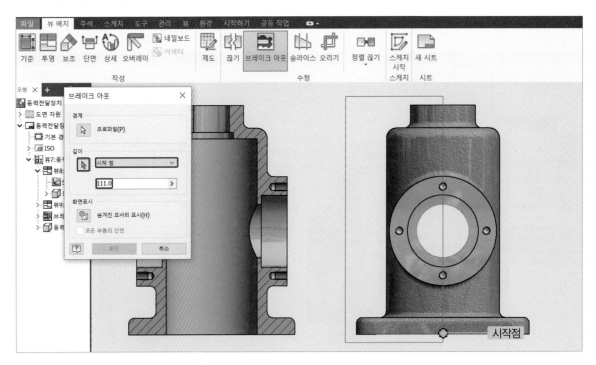

④ 부분 단면도(볼트 자리파기)

뷰 배치 ⇨ 스케치 ⇨ 뷰 선택 ⇨ 스케치 시작

먼저 스케치할 뷰를 선택하고 스케치 시작을 클릭한다.

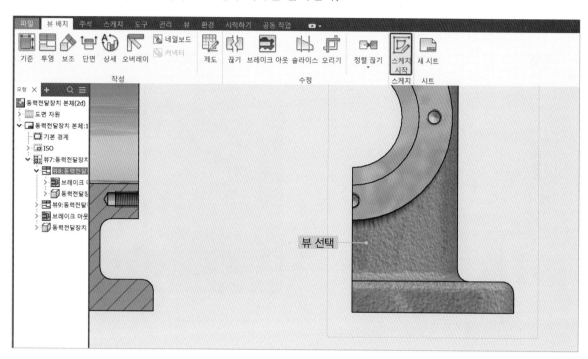

선과 스플라인 아이콘을 각각 클릭하여 그림처럼 스케치한다.

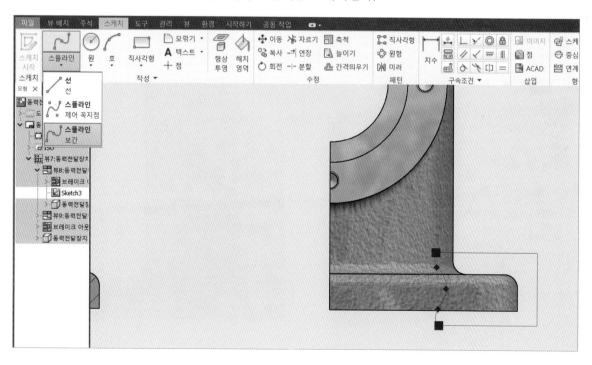

뷰 배치 ⇨ 수정 ⇨ 브레이크 아웃 ⇨ 경계 ⇨ 프로파일

브레이크 아웃을 먼저 선택하고 프로파일을 클릭하면 팝업창이 나타난다.

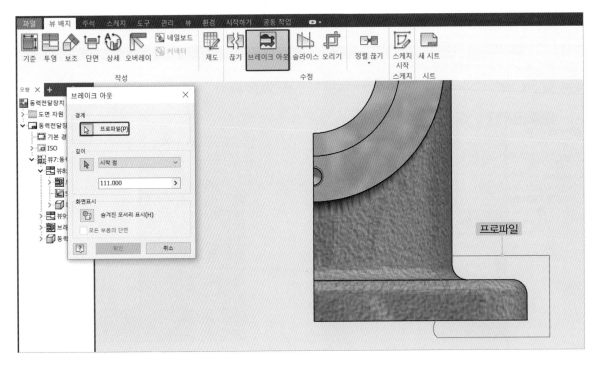

선택자 ⇨ 시작점 ⇨ 10

단면도는 시작점(직선 끝점)으로부터 거리를 입력한다.

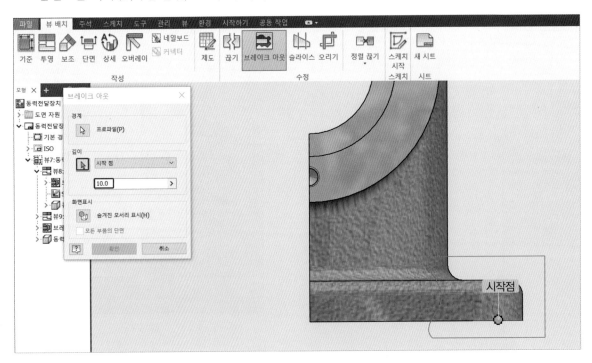

5 부분 단면도(본체 내부)

뷰 배치 ⇨ 스케치 ⇨ 뷰 선택 ⇨ 스케치 시작

먼저 스케치할 뷰를 선택하고 스케치 시작을 클릭한다.

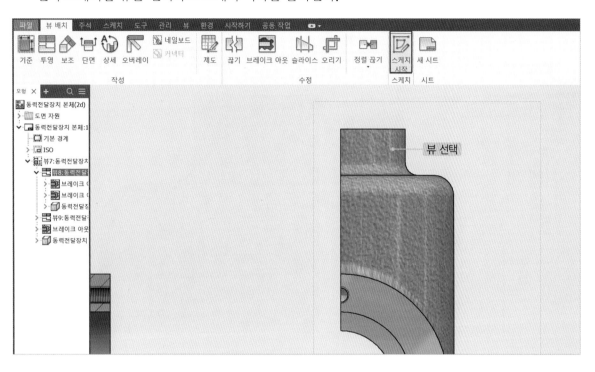

선과 스플라인 아이콘을 각각 클릭하여 그림처럼 스케치한다.

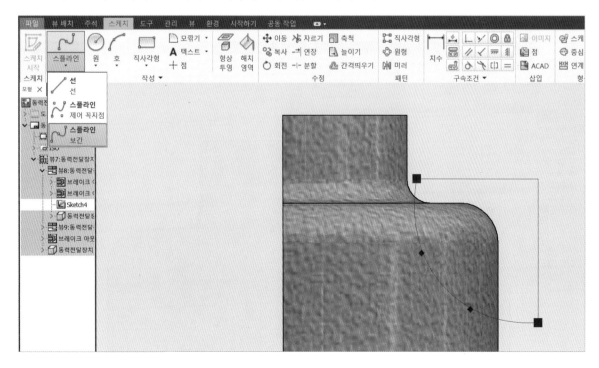

뷰 배치 ⇨ 수정 ⇨ 브레이크 아웃 ⇨ 경계 ⇨ 프로파일

브레이크 아웃을 먼저 선택하고 프로파일을 클릭하면 팝업창이 나타난다.

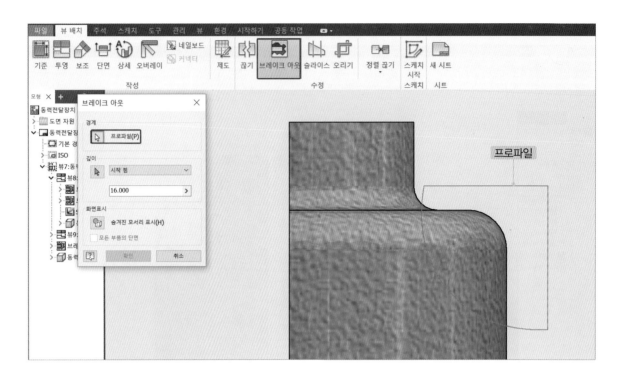

선택자 ⇨ 시작점 ⇨ 16

단면도는 시작점(직선 끝점)으로부터 거리를 입력한다.

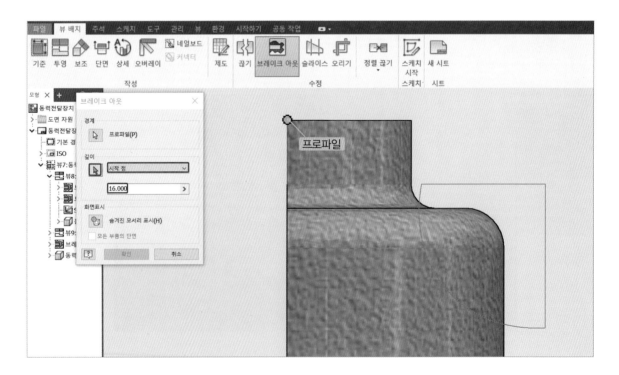

6 보조 투상도(저면도)

뷰 배치 ⇨ 스케치 ⇨ 뷰 선택 ⇨ 스케치 시작

먼저 스케치할 뷰를 선택하고 스케치 시작을 클릭한다.

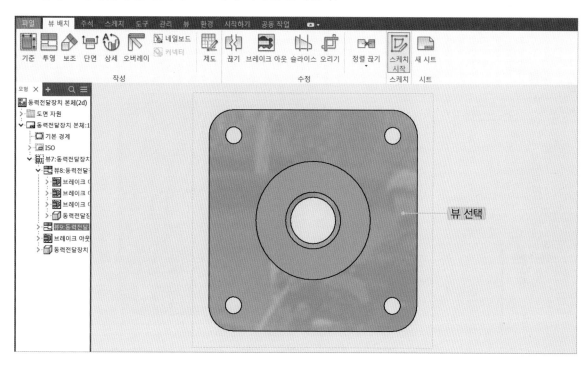

스케치할 뷰를 클릭하면 스케치 탭으로 넘어간다. 선과 스플라인 아이콘을 각각 클릭하여 그림처럼 스케치한다.

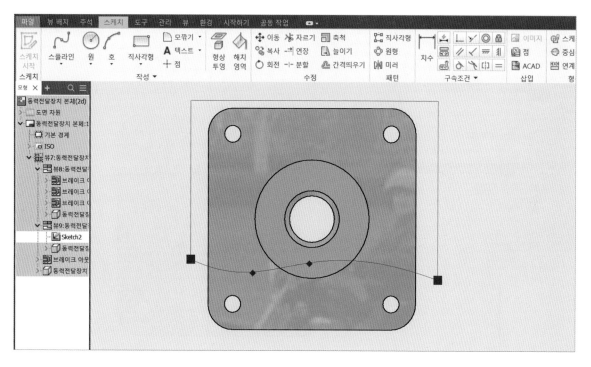

뷰 배치 ▷ 수정 ▷ 브레이크 아웃 ▷ 경계 ▷ 프로파일

브레이크 아웃을 먼저 선택하고 프로파일을 클릭하면 팝업창이 나타난다.

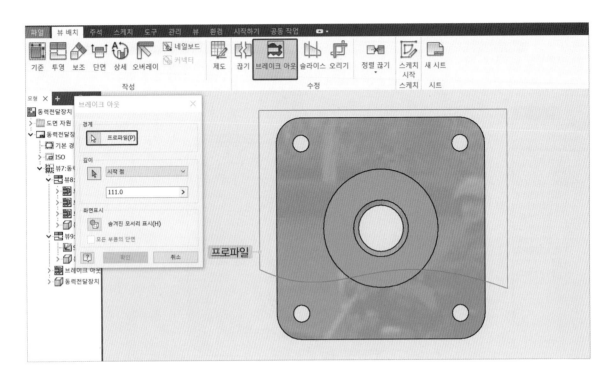

선택자 ▷ 시작점 ▷ 111

단면도는 시작점(직선 중간점)으로부터 거리를 입력한다.

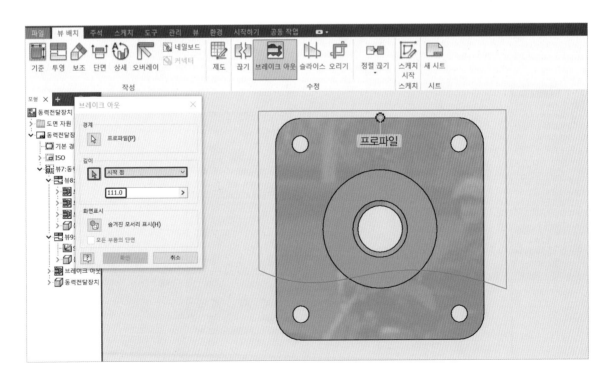

7 중심선 작도하기

주석 ⇨ 기호 ⇨ 중심선 ⇨ 시작점

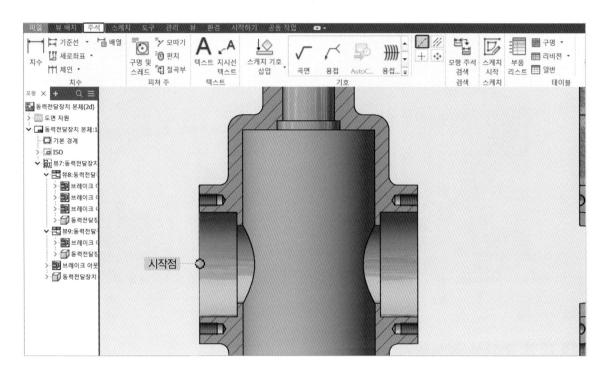

끝점

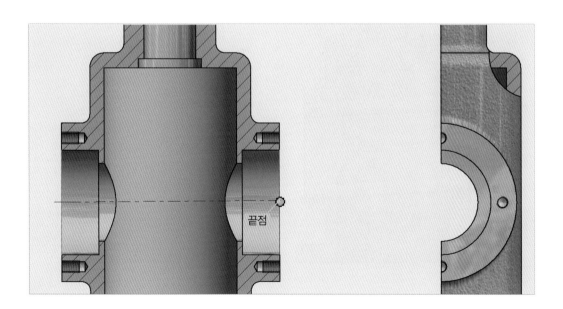

참고 같은 방법으로 나머지 모든 중심선을 작도한다.

작성

마우스 오른쪽 버튼을 클릭하여 작성을 클릭하면 중심선이 작성된다.

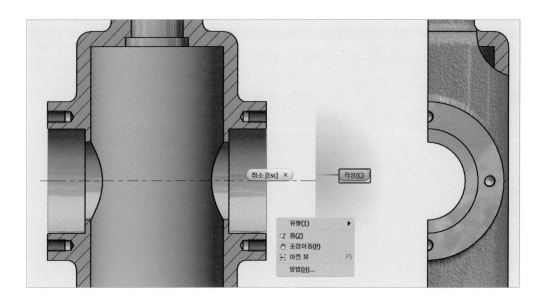

8 대칭 중심선 작성하기

선을 선택하고 마우스 오른쪽 버튼을 클릭하여 가시성에 □체크 해제하면 선이 숨겨진다.

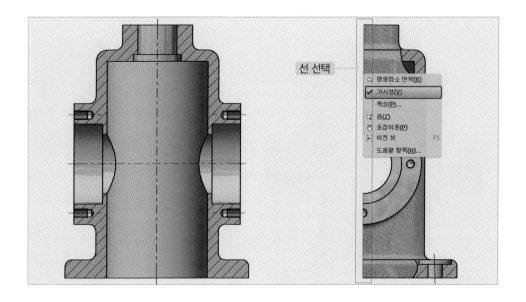

(1) 중심선 작도하기

주석 ⇨ 기호 ⇨ 중심선 ⇨ 시작점

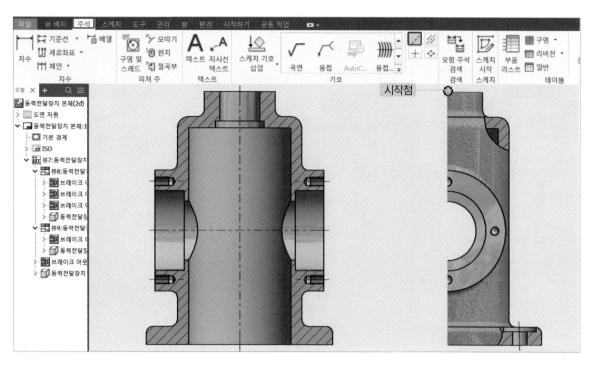

끝점

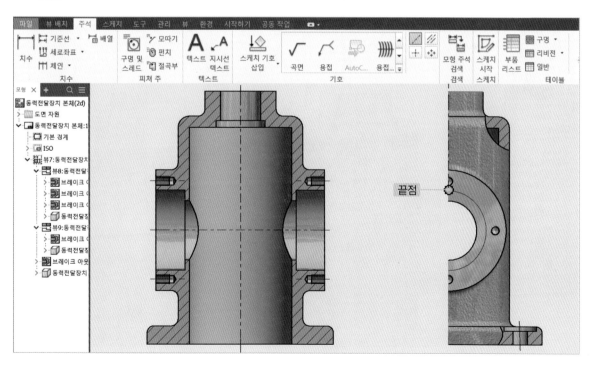

작성

마우스 오른쪽 버튼을 클릭하여 작성을 클릭하면 중심선이 작성된다.

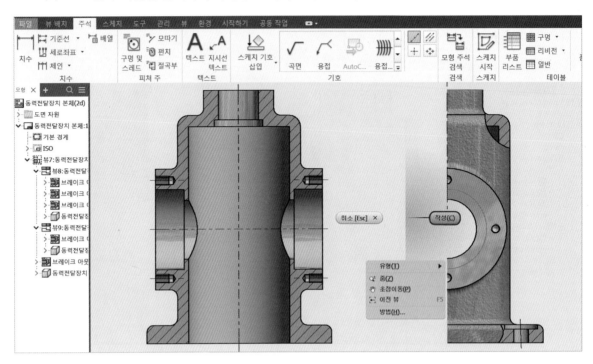

주석 ⇨ 기호 ⇨ 중심선 ⇨ 시작점

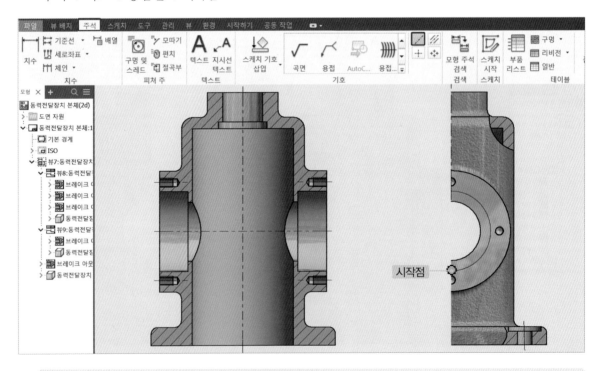

참고 중심선을 위에서 아래까지 작도하면 볼트 중심선과 중심선이 겹치게 된다.

끝점

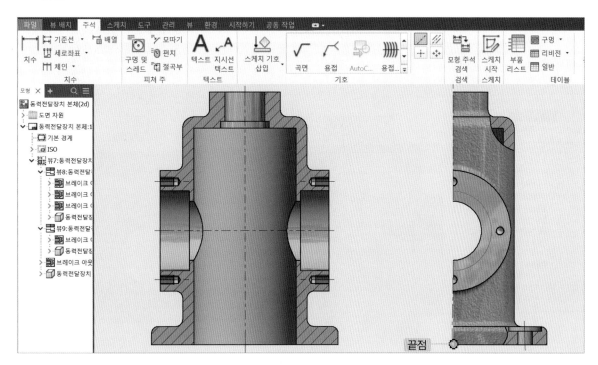

작성

마우스 오른쪽 버튼을 클릭하여 작성을 클릭하면 중심선이 작성된다.

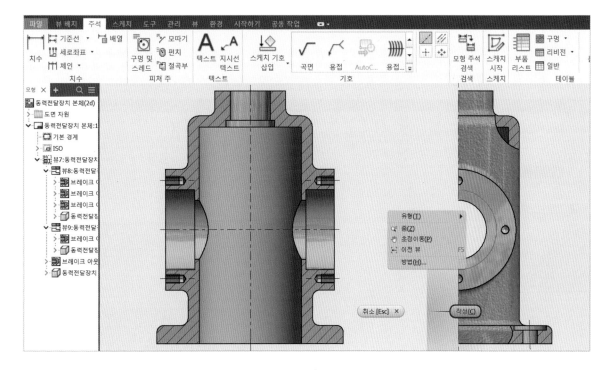

(2) 대칭 중심 마크 그리기

뷰 배치 ⇨ 스케치 ⇨ 뷰 선택 ⇨ 스케치 시작

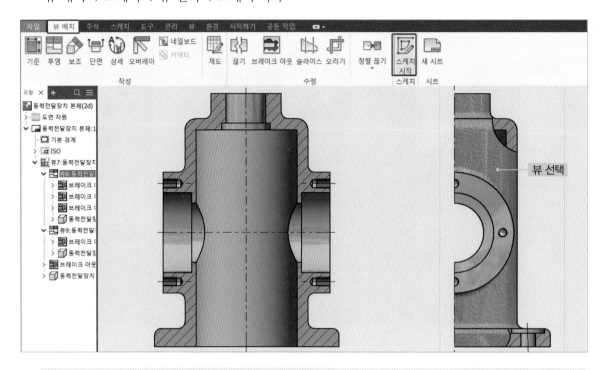

참고
- 먼저 스케치할 뷰를 선택하고 스케치 시작을 클릭한다.
- 인벤터는 대칭 중심선의 기능이 없으므로 중심선을 먼저 작도하고 대칭 중심 마크는 스케치로 그린다.

그림처럼 스케치하고 치수를 입력한다.

같은 방법으로 아래쪽에도 대칭 중심 마크를 그린다.

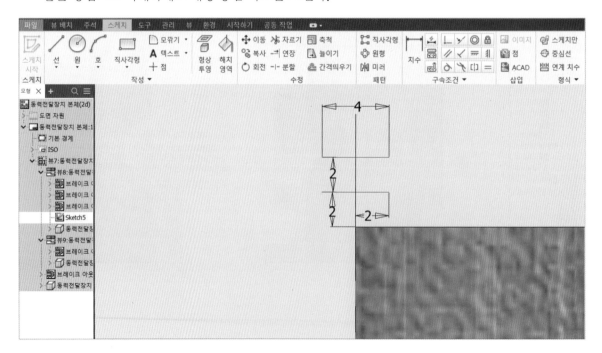

(3) 볼트 중심선 작도하기

주석 ⇨ 기호 ⇨ 중심 패턴 ⇨ 중심점

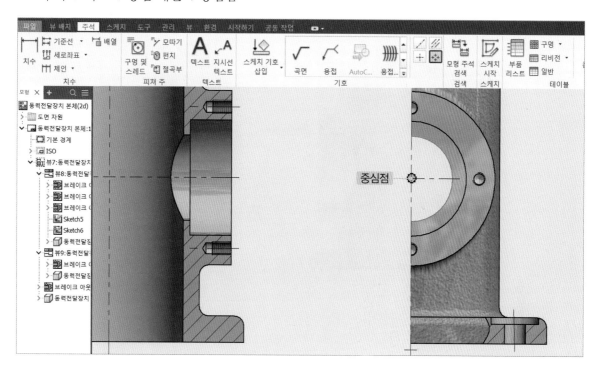

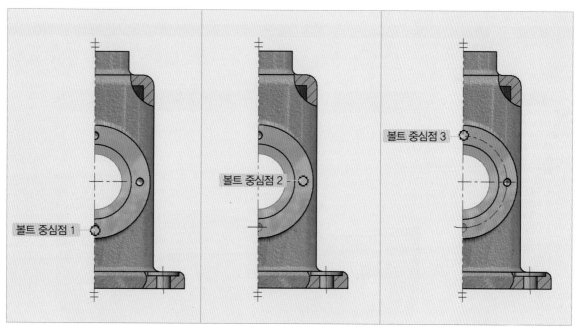

볼트 중심점 1   볼트 중심점 2   볼트 중심점 3

작성

마우스 오른쪽 버튼을 클릭하여 작성을 클릭하면 볼트 중심선이 작성된다.

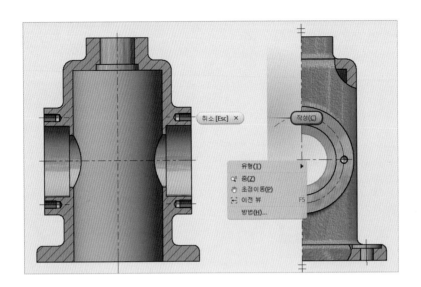

(4) 구멍 중심선 작도하기

주석 ⇨ 기호 ⇨ 중심 마크 ⇨ 중심 선택

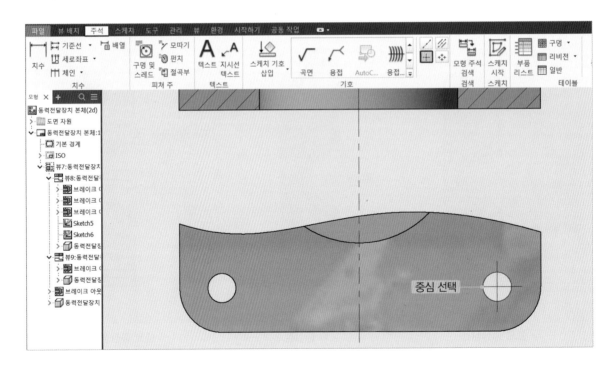

(5) 치수 기입하기

① 치수 스타일 편집기

관리 ⇨ 스타일 및 표준 편집기 ⇨ 치수 ⇨ 기본값(ISO) ⇨ 단위 ⇨ 십진 표식기 ⇨ • 마침표 ⇨ 정밀
도(P) ⇨ 0

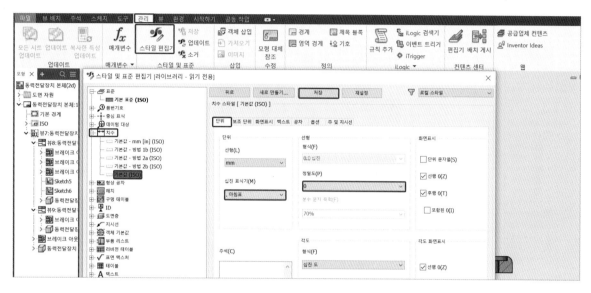

화면표시 ⇨ 색상 : 빨강 ⇨ A−연장 : 2 ⇨ B−원점 간격띄우기 : 1 ⇨ 크기 : 3 ⇨ 높이 : 1 ⇨ C−간
격 0.3

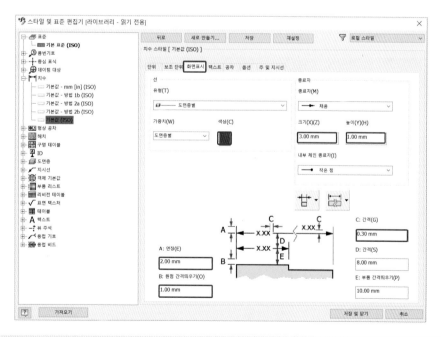

참고
- 치수선은 흰색 또는 빨간색
- 치수보조선은 치수선 넘어로 2mm 길게 작도하며, 다른 선과 구별하기 위해 원점 간격띄우기는 1mm
  로 한다.
- 화살표는 KS규격에 25도로 규정되어 있으나 3:1로 많이 사용한다.

② 선형 치수 기입하기

주석 ⇨ 치수 ⇨ 첫 번째점 ⇨ 두 번째점 ⇨ 치수 위치에 클릭

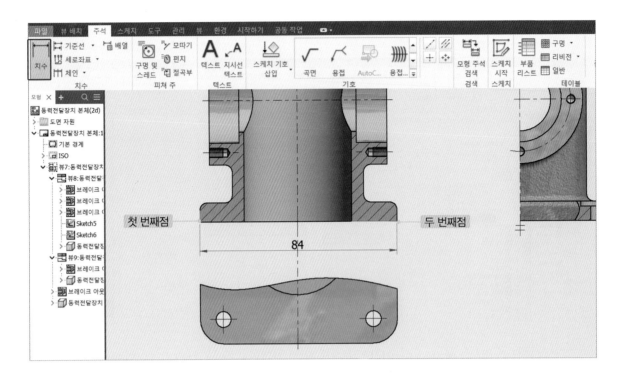

확인

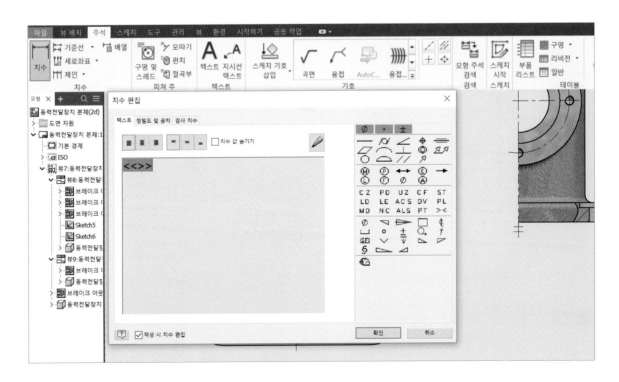

③ 원통 치수 기입하기

주석 ⇨ 치수 ⇨ 첫 번째점 ⇨ 두 번째점 ⇨ 치수 위치에 클릭

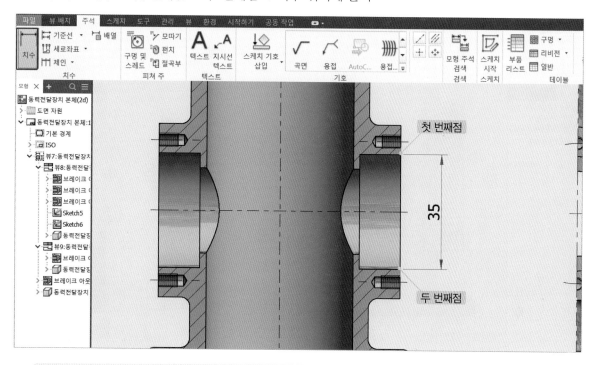

> **참고** 원통 치수는 그림처럼 두 점을 선택하여 편집하거나, 원호를 선택하면 Ø기호가 치수 앞에 오게 된다.

텍스트 ⇨ Ø＜＜＞＞H8 ⇨ 확인

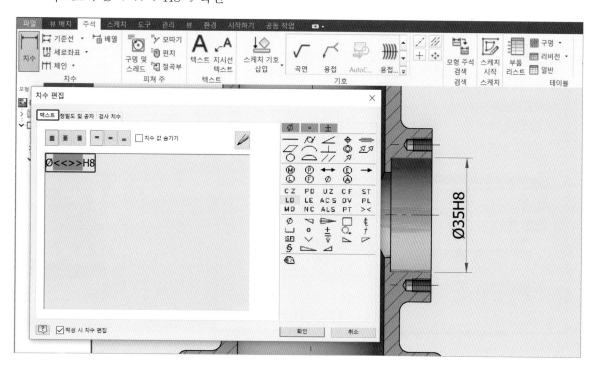

④ 대칭 공차 치수 기입하기

주석 ⇨ 치수 ⇨ 첫 번째점 ⇨ 두 번째점 ⇨ 치수 위치에 클릭

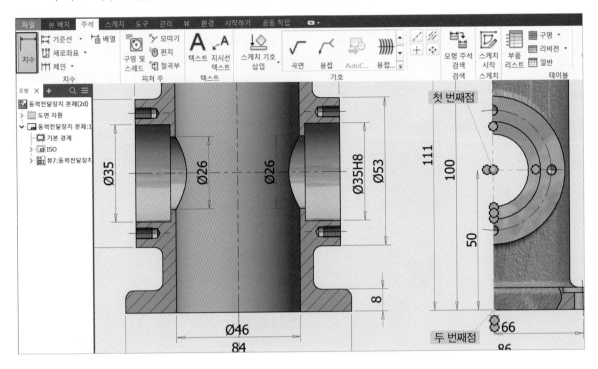

정밀도 및 공차 ⇨ 공차 방법 ⇨ 대칭 ⇨ 상한 ±0.020 ⇨ 1차 공차 : 3.123

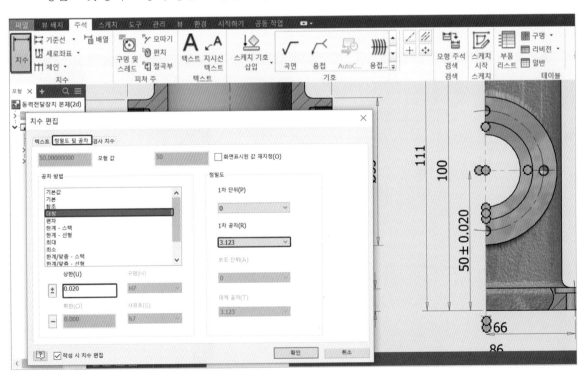

참고 1차 공차는 공차값의 자릿수이다.

⑤ 편차 공차 치수 기입하기

주석 ⇨ 치수 ⇨ 첫 번째점 ⇨ 두 번째점 ⇨ 치수 위치에 클릭

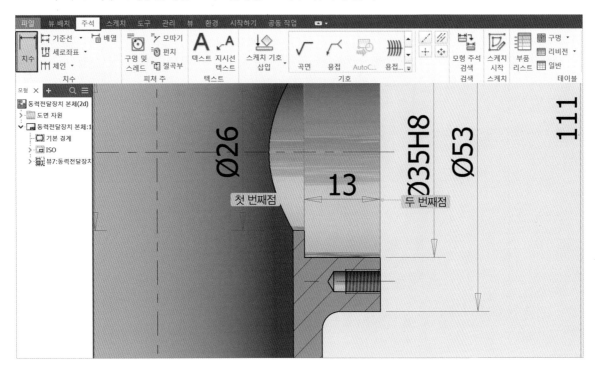

정밀도 및 공차 ⇨ 공차방법 ⇨ 편차 ⇨ 상한 +0.03 ⇨ 하한 : +0.01 ⇨ 확인

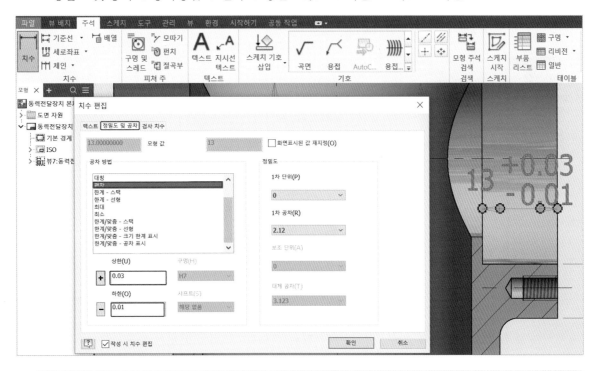

참고 +, − 부호를 클릭하면 부호가 바뀌어진다.

그림처럼 치수에 오른쪽 버튼 클릭 ⇨ 치수 스타일 편집

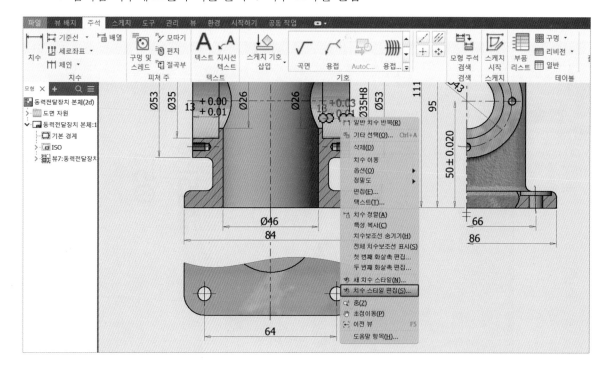

기본값(ISO) ⇨ 텍스트 ⇨ 크기 : 1.8 ⇨ 저장

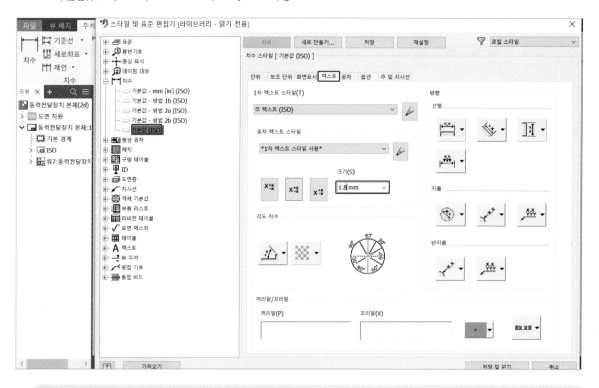

참고 • 치수에서 기본값(ISO)는 공차 치수에 관련된 것이다.
• 설정하고 저장하면 모든 공차 치수가 변경된다.

⑥ 지시선

주석 ⇨ 텍스트 ⇨ 지시선 텍스트 ⇨ 첫 번째점 ⇨ 두 번째점 ⇨ Enter↵ ⇨ 4× Ø6.6 드릴 관통. Ø15자리 파기, 깊이 2 ⇨ 확인

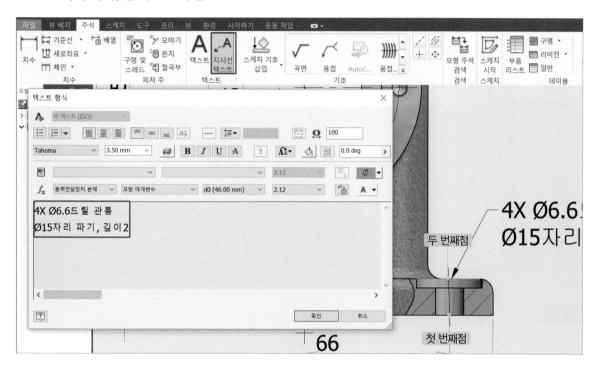

지시선에서 오른쪽 버튼 클릭 ⇨ 치수 스타일 편집

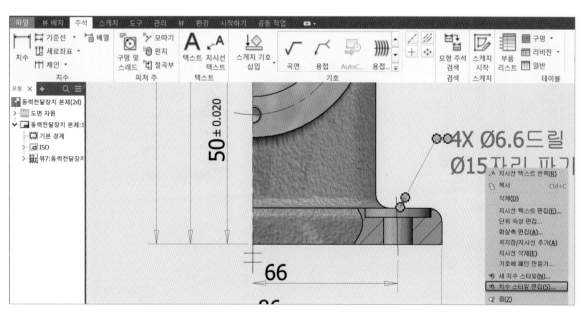

참고 │ 지시선의 각도는 수평방향에서 60°, 수직방향에서 30°로 작도하는 것이 원칙이나 60° 전후인 근사값으로 많이 작도한다.

주 및 지시선 ⇨ 착지선 위 전체 ⇨ 지시선 스타일 편집

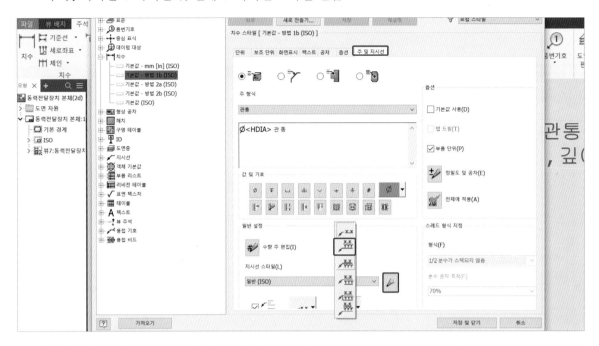

참고 지시선 밑줄은 아이콘이 있으나 스케치로 선을 작도하는 것이 좋다.

화살표 ⇨ 크기 : 3 ⇨ 높이 : 1 ⇨ 색상 : 빨강

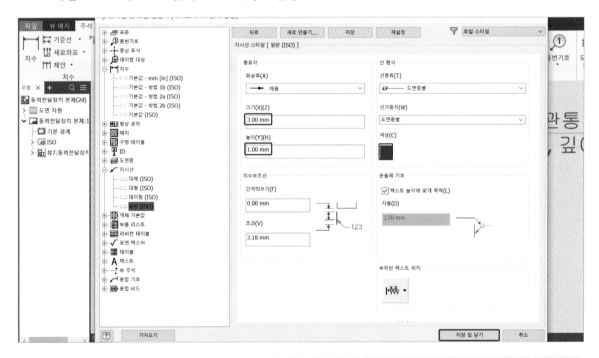

참고 지시선은 가는 실선으로 흰색 또는 빨간색이다.

뷰 배치 ⇨ 스케치 ⇨ 뷰 선택 ⇨ 스케치 시작

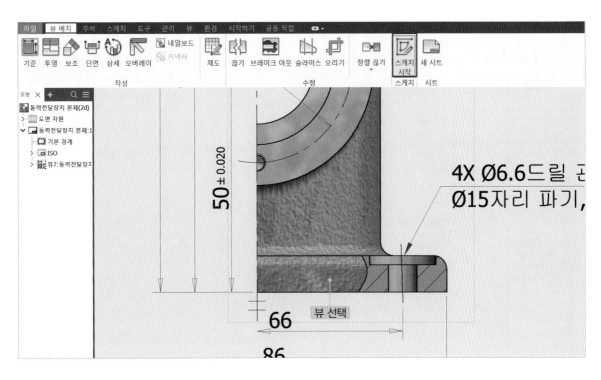

그림처럼 선을 스케치한다. ⇨ 종료 ⇨ 스케치 마무리

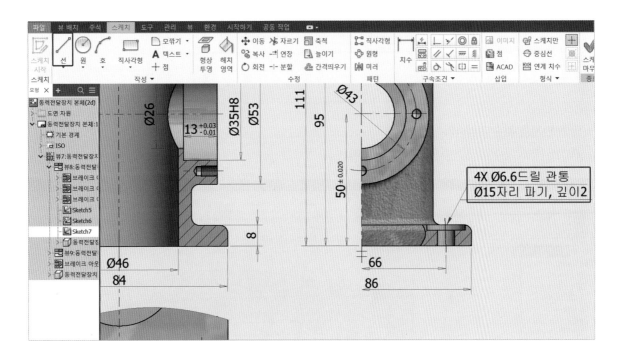

선 선택 ⇨ 마우스 오른쪽 버튼 클릭 ⇨ 특성

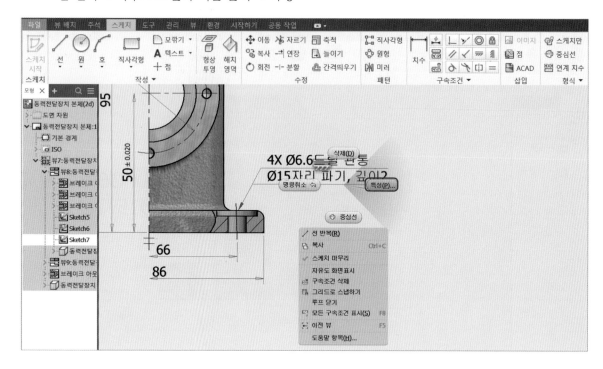

선 가중치 : 0.18 ⇨ 색상 : 빨강 ⇨ 확인

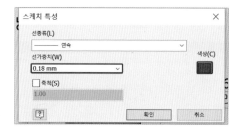

⑦ 반지름 치수 기입하기

주석 ⇨ 치수 ⇨ 첫 번째점 ⇨ 두 번째점

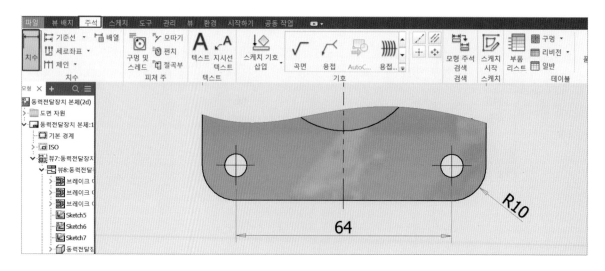

텍스트 ⇨ 4× < < > > ⇨ 확인

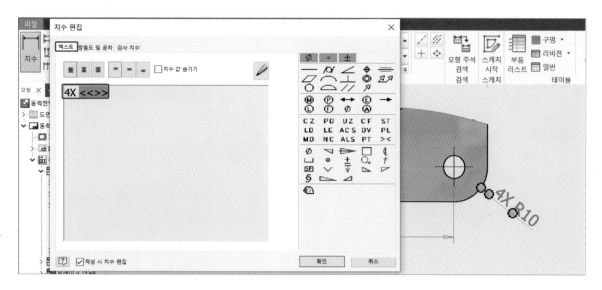

⑹ 형상공차 기입하기

① 데이텀 작도하기

주석 ⇨ 기호 ⇨ 데이텀 ⇨ 첫 번째점 ⇨ 두 번째점 ⇨ Enter↵

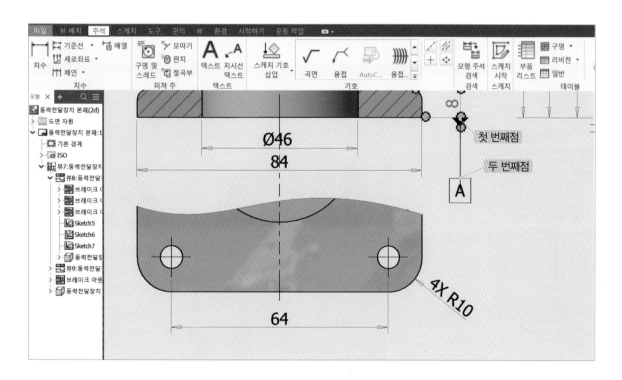

참고 데이텀 아이콘은 기호의 ▼를 클릭하면 아이콘이 펼쳐진다.

확인

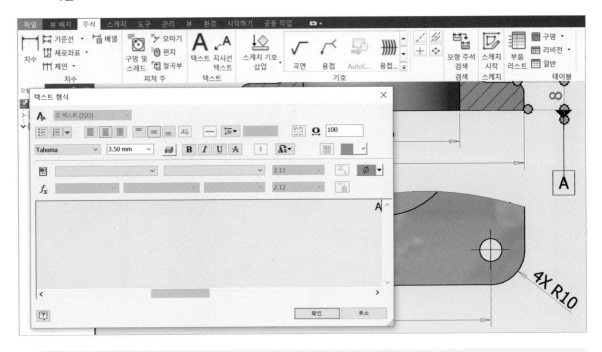

참고 대문자 A가 기본으로 설정되어 있어 확인하면 데이텀 A가 된다.

② 형상공차 작성하기

주석 ⇨ 기호 ⇨ 형상공차 ⇨ 첫 번째점 ⇨ 두 번째점 ⇨ Enter↵

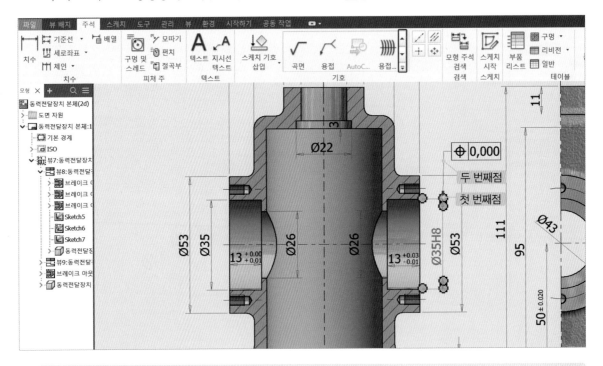

참고 데이텀 아이콘은 기호의 ▼를 클릭하면 아이콘이 펼쳐진다.

기호 : ∥ ⇨ 공차 : 0.013 ⇨ 데이텀 : A ⇨ 확인

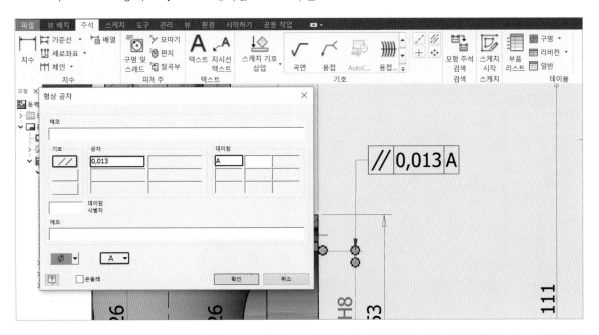

> **참고** 문자는 아래서 찾아 쓰거나 자판으로 입력한다.

(7) 표면거칠기(다듬질) 기호 작성하기

① 수평방향 다듬질 기호

주석 ⇨ 기호 ⇨ 곡면 ⇨ 다듬질 기호 위치에서 클릭

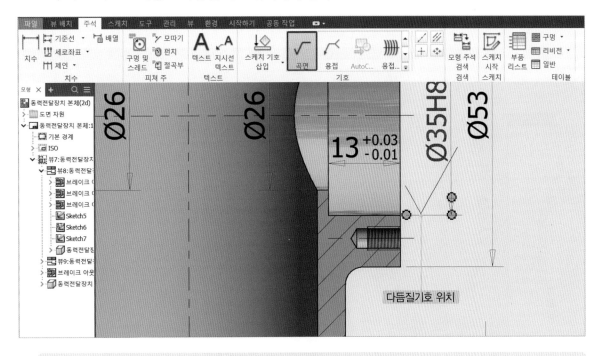

> **참고** 다듬질 기호 위치에서 클릭하고 마우스 오른쪽 버튼을 클릭하면 팝업창이 뜬다.

표면 유형 ⇨ 재질 제거가 요구됨 ⇨ 확인

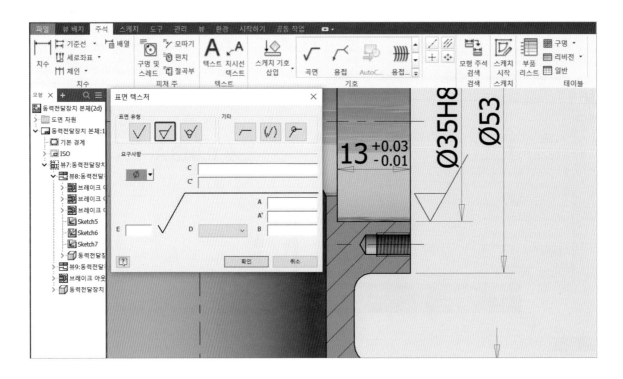

참고 | 표면거칠기 기호 문자는 기능에 없고 텍스트에서 별도로 작성한다.

주석 ⇨ 텍스트 ⇨ 텍스트 문자 위치에서 클릭

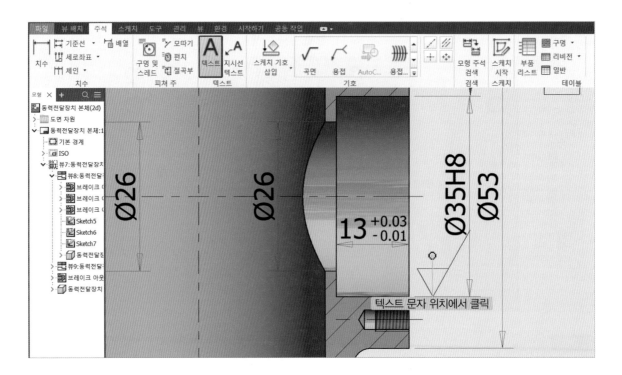

Tahoma ⇨ y ⇨ 확인

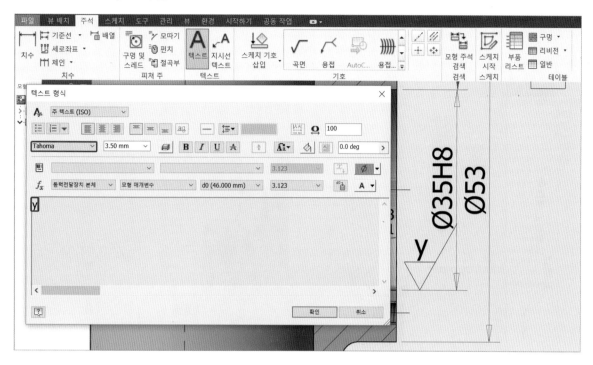

② 수직 방향 다듬질 기호

주석 ⇨ 기호 ⇨ 곡면 ⇨ 다듬질 기호 위치에서 클릭

다듬질 기호 위치에서 클릭하고 마우스 오른쪽 버튼을 클릭하면 팝업창이 뜬다.

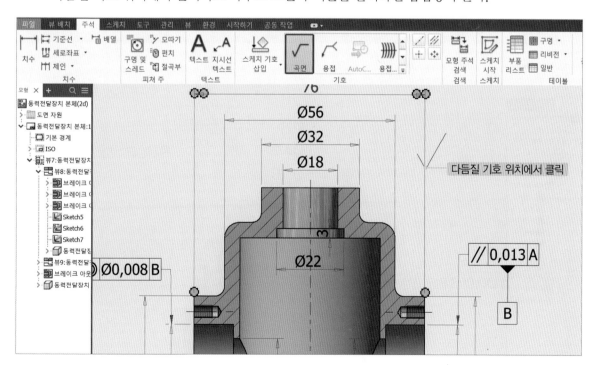

참고 다듬질 기호를 배치할 치수보조선 위치에서 클릭하면 치수보조선에 수직하게 배치된다.

표면 유형 ⇨ 재질 제거가 요구됨 ⇨ 확인

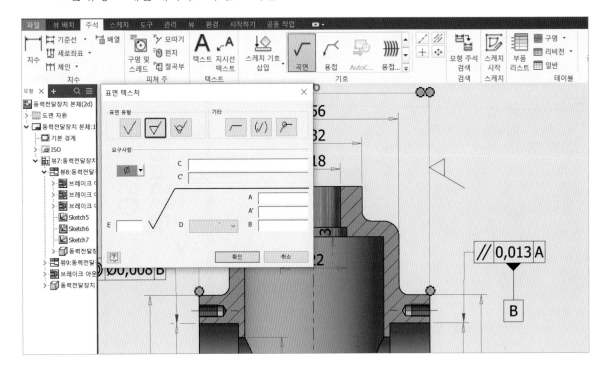

참고 표면거칠기 기호 문자는 기능에 없고 텍스트에서 별도로 작성한다.

주석 ⇨ 텍스트 ⇨ 텍스트 문자 위치에서 클릭

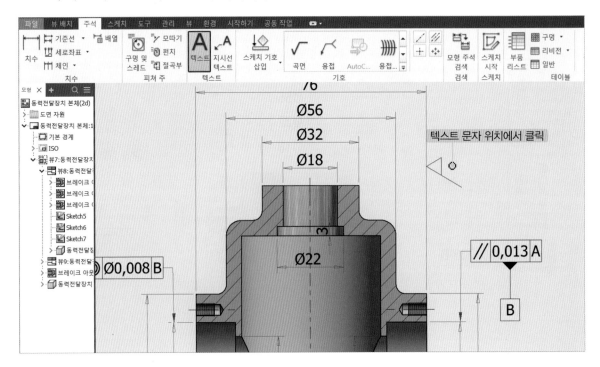

Tahoma ⇨ x ⇨ 확인

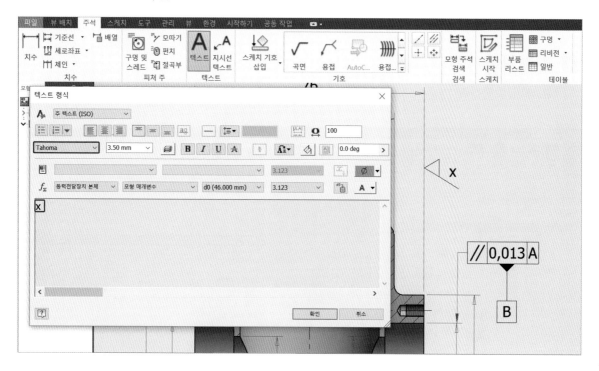

③ 문자 회전하기

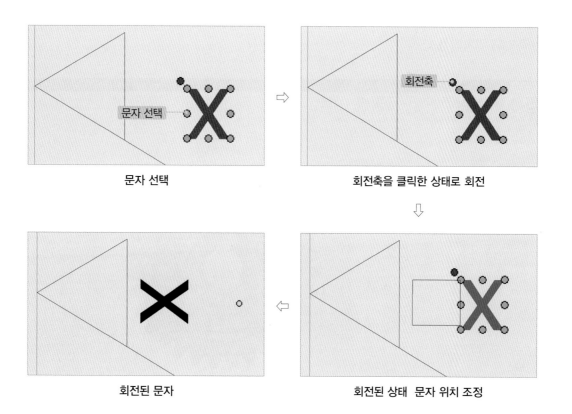

문자 선택	회전축을 클릭한 상태로 회전
회전된 문자	회전된 상태 문자 위치 조정

3 기어

1 뷰 배치하기

뷰 배치 ⇨ 작성 ⇨ 기준 ⇨ 기존 파일 열기 ⇨ 찾는 위치 : 인벤터 ⇨ 이름 : 스퍼 기어 ⇨ 열기

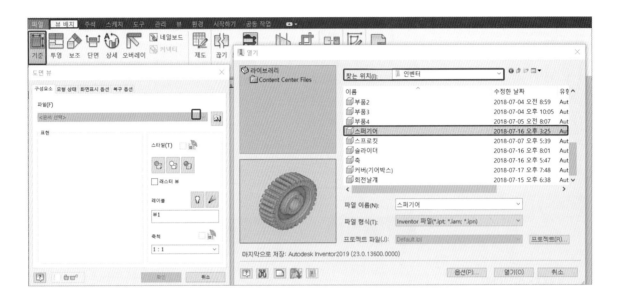

우측면도 위치에서 클릭

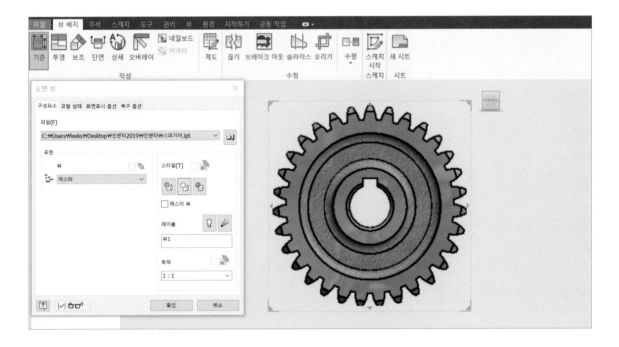

정면도 위치에서 클릭

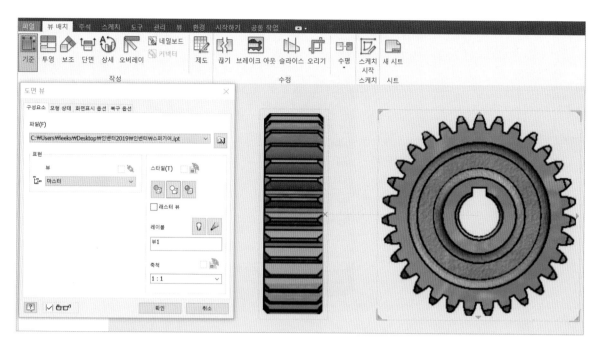

② 기어 단면도 해치하기

(1) 브레이크 아웃(부분단면도)

뷰 배치 ⇨ 스케치 ⇨ 뷰 선택 ⇨ 스케치 시작

먼저 스케치할 뷰를 선택하고 스케치 시작을 클릭한다.

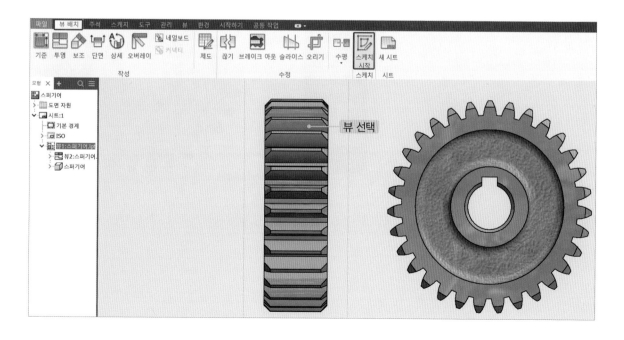

직사각형 아이콘을 클릭하여 그림처럼 스케치한다.

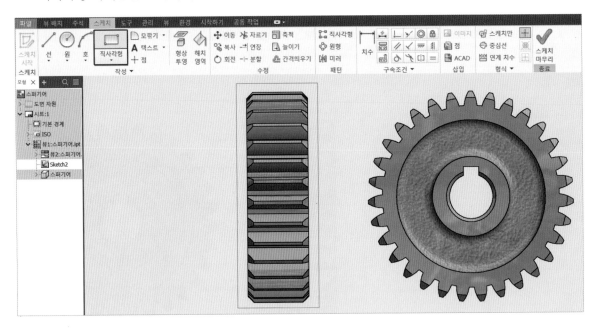

뷰 배치 ⇨ 수정 ⇨ 브레이크 아웃 ⇨ 경계 ⇨ 프로파일

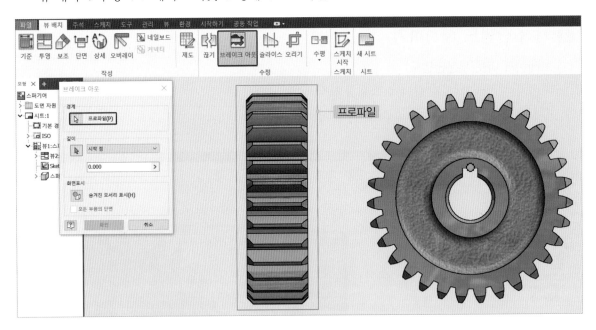

참고 브레이크 아웃을 먼저 선택하고, 프로파일(스케치한 직사각형)을 클릭하면 팝업창이 나타난다.

(2) 해칭하기

해칭 선택 ▷ 마우스 오른쪽 버튼 클릭 ▷ 숨기기

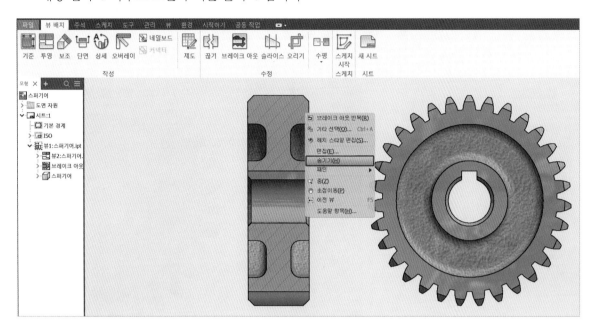

뷰 배치 ▷ 스케치 ▷ 스케치 시작 ▷ 그림처럼 이뿌리선을 스케치한다.

그림처럼 형상 투영으로 해칭할 외형선을 투영한다.

먼저 스케치할 뷰를 선택하고 스케치 시작을 클릭한다.

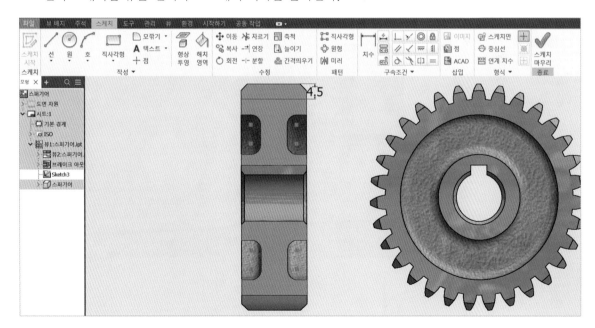

스케치 ⇨ 작성 ⇨ 해치 영역 ⇨ 해치 ⇨ 패턴 : ANSI 31 ⇨ 각도 : 45 ⇨ 축척 : 1 ⇨ 선가중치 : 도면 층별 ⇨ 확인

(3) 선 가중치 설정하기

선을 선택하고 마우스 오른쪽 버튼 클릭 ⇨ 특성

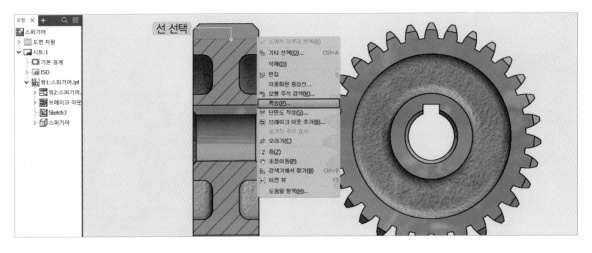

선가중치 : 0.50mm ⇨ 확인

3 오리기

뷰 배치 ⇨ 수정 ⇨ 오리기

그림처럼 마우스로 남기고자한 만큼 드래그한다.

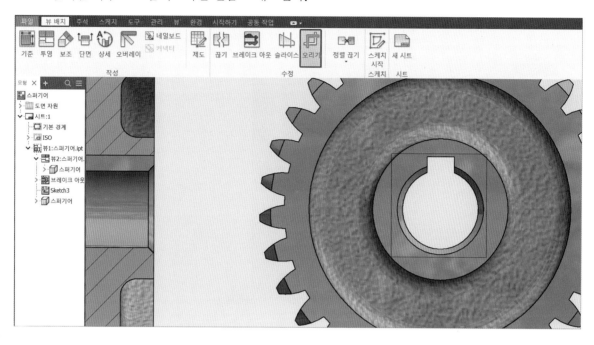

4 선 및 절단선 숨기기

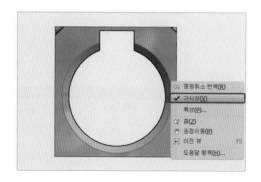

숨길 선을 선택하고 마우스 오른쪽 버튼을 클릭한다.
[가시성]에 ☑체크 해제

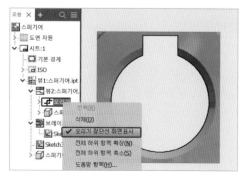

모형 ⇨ 오리기를 선택하고 마우스 오른쪽 버튼을 클릭
한다.
[오리기 절단선 화면표시]에 ☑체크 해제

5 중심선 이등분

주석 ⇨ 기호 ⇨ 중심선 이등분 ⇨ 선 선택 1 ⇨ 선 선택 2

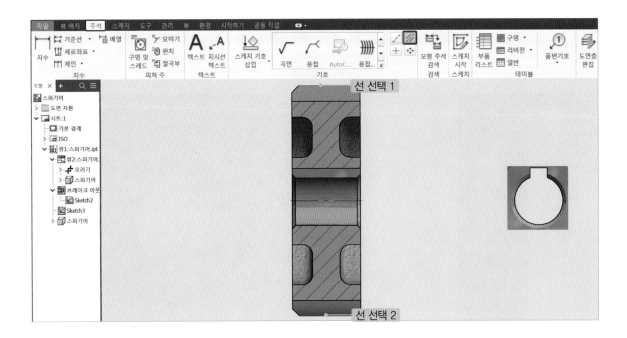

참고 키 홈이 있는 구멍의 중심선 작도는 중심선 이등분으로 작도한다.

6 피치원 선 작도하기

주석 ⇨ 기호 ⇨ 중심선 ⇨ 시작점 ⇨ 끝점

참고 피치원 표시는 모델링할 때 기어 이의 모따기를 모듈(M)의 크기로 한다.

작성

마우스 오른쪽 버튼을 클릭하여 [작성]을 클릭하면 중심선이 작성된다.

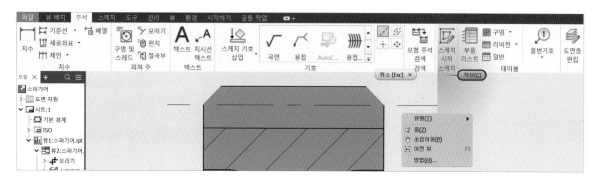

7 중심 표시

주석 ⇨ 기호 ⇨ 중심 표시 ⇨ 원 선택

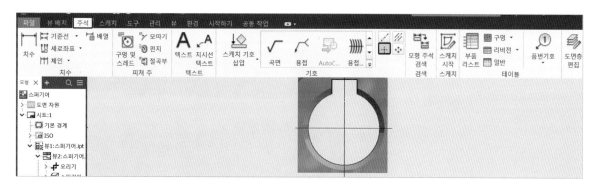

:: 4 축

1 뷰 배치하기

뷰 배치 ⇨ 작성 ⇨ 기준 ⇨ 기존 파일 열기 ⇨ 찾는 위치 : 인벤터 ⇨ 이름 : 축 ⇨ 열기

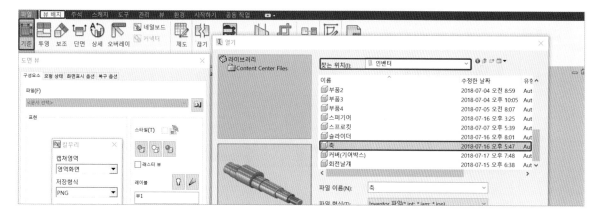

정면도 위치에서 클릭

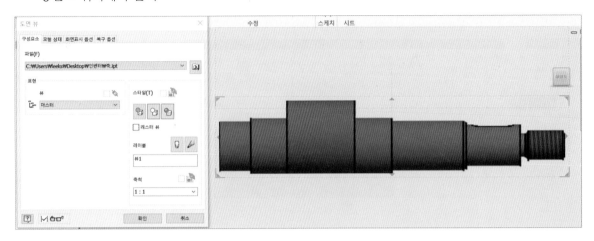

평면도 위치에서 클릭

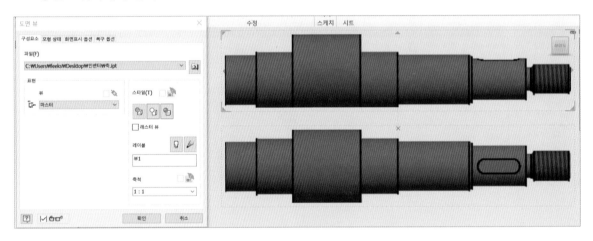

② 키 홈 부분 단면도

뷰 배치 ⇨ 스케치 ⇨ 뷰 선택 ⇨ 스케치 시작

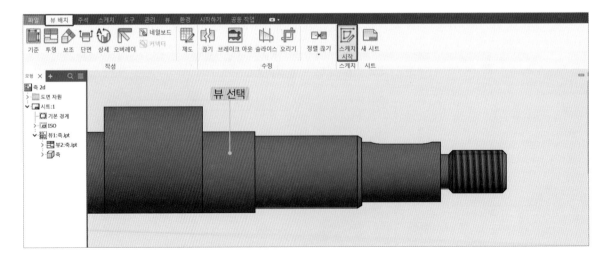

그림처럼 스케치한다.

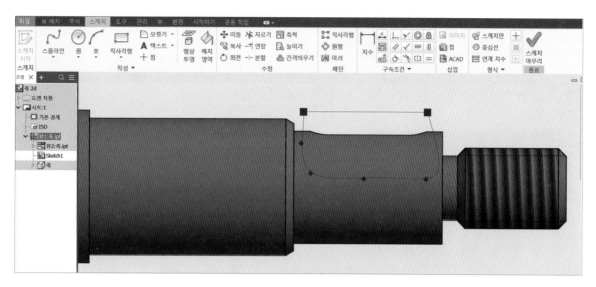

뷰 배치 ⇨ 수정 ⇨ 브레이크 아웃

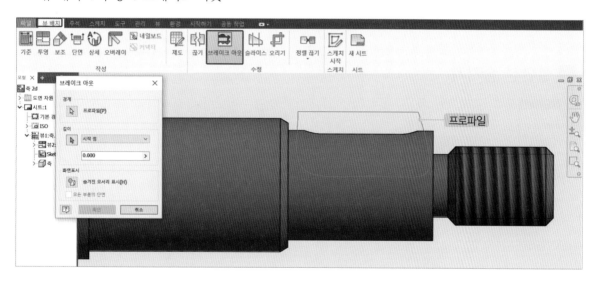

프로파일 ⇨ 기준점 ⇨ 깊이 ⇨ 시작점 : 0

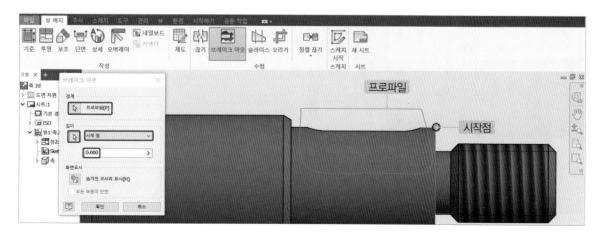

❸ 오리기

뷰 배치 ⇨ 수정 ⇨ 오리기

그림처럼 마우스로 남기고자 한 만큼 드래그한다.

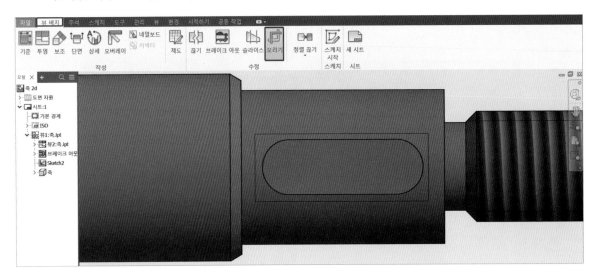

❹ 절단선 숨기기

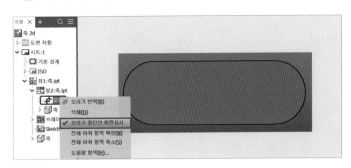

모형 ⇨ 오리기 ⇨ 오리기 절단선 화면
표시 ☑체크 해제

❺ 화살표 설정하기

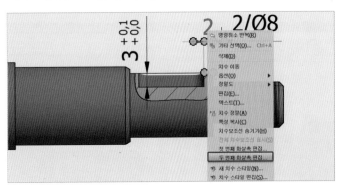

2/Ø8 치수를 선택하여 마우스 오른쪽
버튼을 클릭 ⇨ 두 번째 화살촉 편집

> **참고** 첫 번째 화살촉 편집, 두 번째 화살촉 편집은 치수 기입할 때의 순서이다.

그림처럼 · 선택 ⇨ ☑체크 클릭

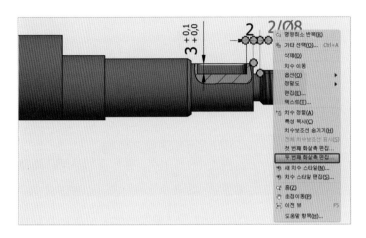

2 치수를 선택하여 마우스 오른쪽 버튼을 클릭 ⇨ 두 번째 화살촉 편집

그림처럼 · 선택 ⇨ ☑체크 클릭

6 상세도

뷰 배치 ⇨ 작성 ⇨ 상세 ⇨ 뷰 식별자 A ⇨ 축척 ⇨ 그림처럼 확대할 부분 설정

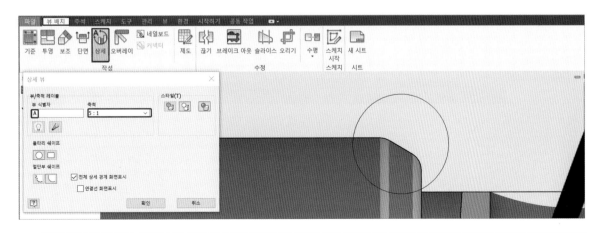

> **참고** 확대할 뷰를 클릭하면 상세뷰 팝업창이 뜬다.

절단부 쉐이프 : 모서리를 부드럽게 설계 ⇨ 상세 뷰를 배치할 위치에서 클릭한다.

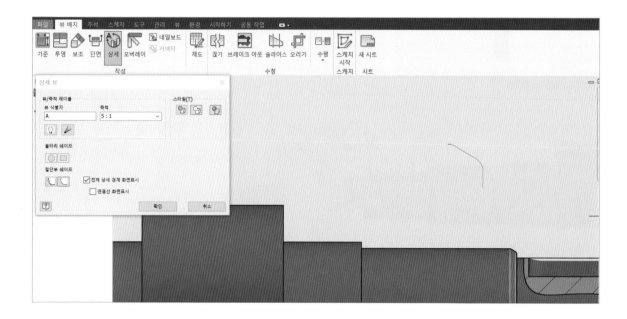

A 더블클릭 ⇨ 새굴림 ⇨ 〈뷰〉(〈축척〉)

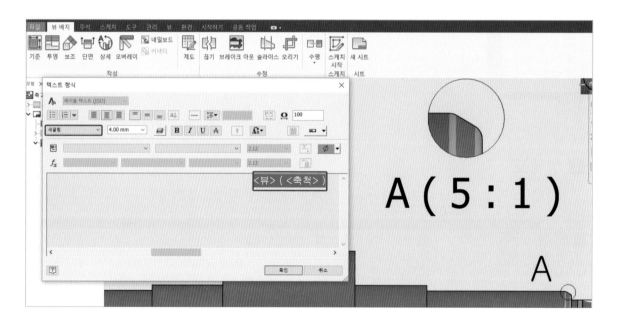

:: 5 　슬라이더

뷰 배치 ⇨ 작성 ⇨ 기준 ⇨ 기존 파일 열기 ⇨ 찾는 위치 : 인벤터 ⇨ 이름 : 슬라이더 ⇨ 열기
뷰 배치 위에서 클릭

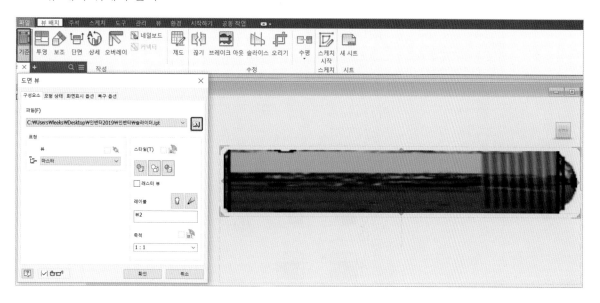

:: 6 　도면 세팅하기

1 스타일 편집기

도면의 세팅을 위해 [관리]에서 [스타일 편집기]를 선택하여 기능을 설정할 수 있다.
기본 표준(ISO) ⇨ 일반에서 단위 선의 가중치 등을 설정한다.

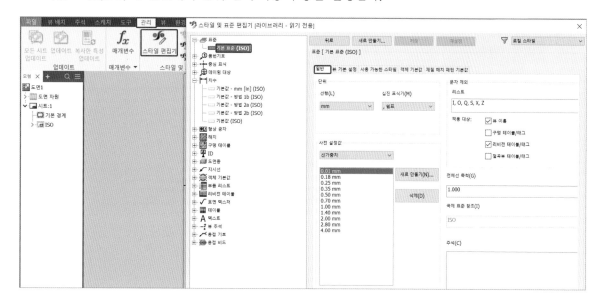

뷰 기본 설정에서 뷰 유형, 화면표시, 기본 스레드 화면표시, 투영 유형 등을 설정한다.
설정이 끝나면 [저장]한다.
[스타일 및 표준 편집기]에서 기능을 설정할 수 있다.

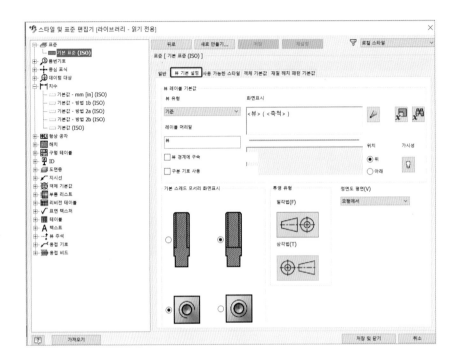

② 윤곽선 및 표제란 작도하기

모형 ⇨ 기본 경계 선택 마우스 오른쪽 버튼 클릭 ⇨ 삭제
삭제하면 윤곽선이 삭제된다.

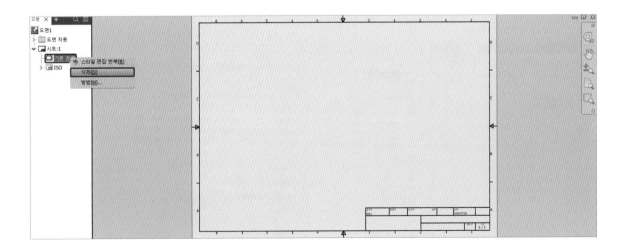

모형 ⇨ ISO 선택 마우스 오른쪽 버튼 클릭 ⇨ 삭제

삭제하면 표제란이 삭제된다.

모형 ⇨ 시트 1 선택 마우스 오른쪽 버튼 클릭 ⇨ **시트 편집**

이름, 크기(도면 규격), 도면 방향 등을 설정할 수 있다.

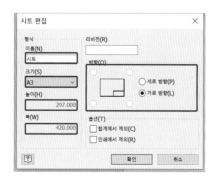

3 윤곽선 및 표제란

모형 ⇨ 경계 선택 마우스 오른쪽 버튼 클릭 ⇨ 새 경계 정의

스케치하고 그림처럼 치수를 입력한다. ⇨ 스케치 마무리

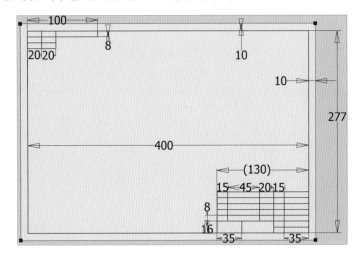

스케치 마무리를 클릭하면 팝업창이 나타난다. ⇨ 이름 : 편심구동장치 ⇨ 저장

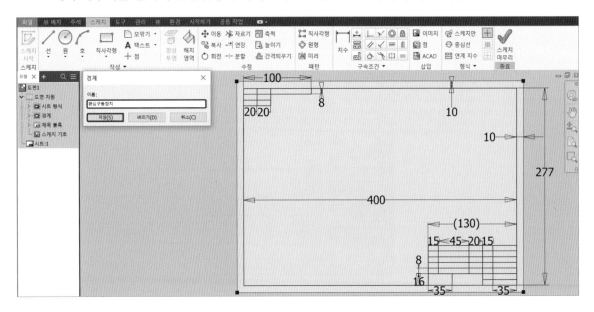

텍스트로 표제란과 부품란, 그리고 인적사항을 입력한다.

4	슬라이더	SM45C	1	
3	축	SM45C	1	
2	스퍼기어	SC49	1	
1	본체	GC200	1	
품번	품명	재질	수량	비고
작품명	편심구동장치	척도	1:1	
		각법	3각법	

수험번호	20160416	기계설계산업기사
성명	이광수	(전산응용기계제도기능사)
감독확인	(인)	

7 3D 뷰 배치하기

뷰 배치 ⇨ 작성 ⇨ 기준 ⇨ 기존 파일 열기 ⇨ 찾는 위치 : 편심구동장치 ⇨ 이름 : 본체 ⇨ 열기 ⇨ 음
영처리 ⇨ 축척 : 1:2 ⇨ 뷰 배치 위치에서 클릭

뷰 배치 위치에서 클릭 ⇨ 같은 방법으로 2, 3, 4부품을 배치한다.

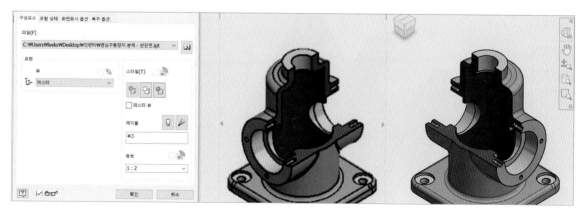

 투상 상태 표시 상자의 모서리를 클릭하면 뷰가 90° 회전하고, 면을 클릭하면 뷰가 2D 평면으
로 변환된다.

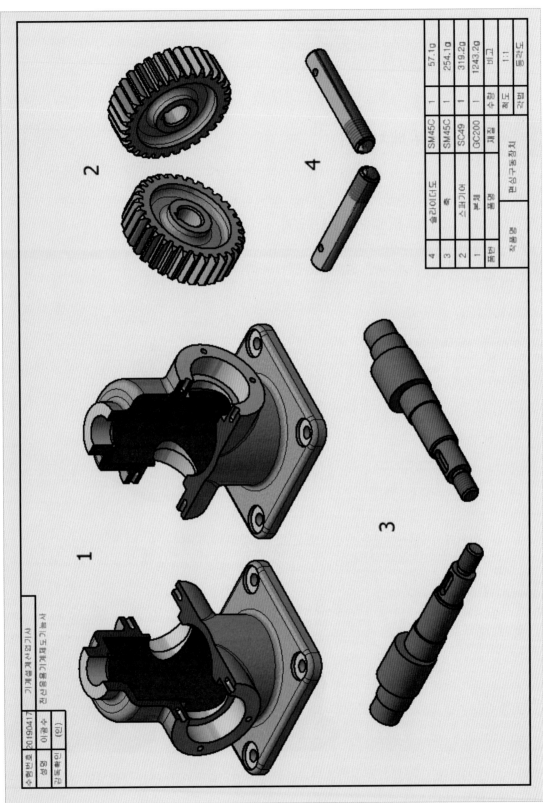

4	슬리이더		SM45C	1		57.1g
3	축		SM45C	1		254.1g
2	스퍼기어		SC49	1		319.2g
1	몸체		GC200	1		1243.2g
품번	품명		재질	수량		비고
작품명		편심구동장치		척도	1:1	
				각법	3각법	

9 도면 저장하기

큰 아이콘 ⇨ 다른 이름으로 저장 ⇨ 다른 이름으로 사본 저장

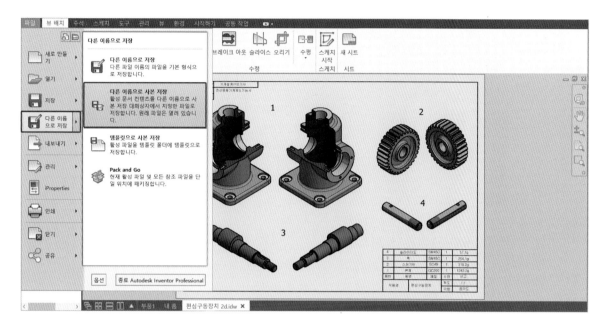

저장 위치 : 편심구동장치 ⇨ 파일 형식 ⇨ AutoCAD DWG 파일(*.dwg)

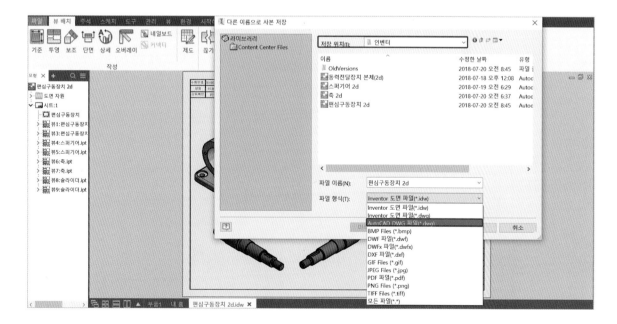

옵션

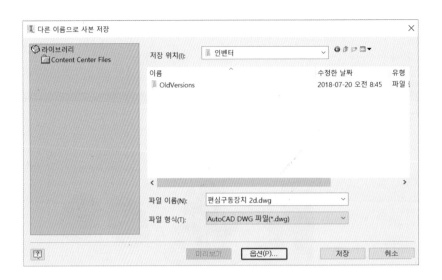

파일 버전 ⇨ AutoCAD 2007 도면 ⇨ 다음

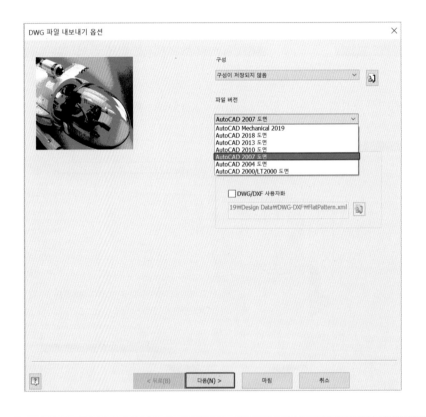

참고 선택한 버전의 상위 버전에서만 파일을 열 수 있기 때문에 가장 하위 버전으로 저장하면 AutoCAD 버전
이 다소 낮더라도 열어 작업할 수 있다.

마침

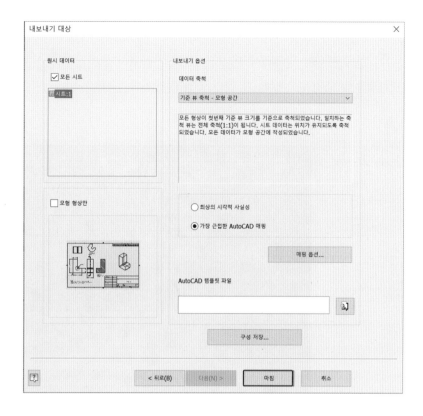

파일 이름 : 편심구동장치 3d.dwg

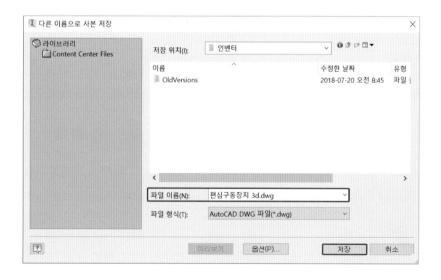

10 AutoCAD에서 도면 출력하기

도면 출력을 하기 전에 사용자 컴퓨터에 연결된 프린터, 플로터가 어떤 기종이 설치되어 있는지, 출력 제도 용지의 크기 및 축척은 어떻게 할 것인지 알고 있어야 한다.

큰 아이콘⇨ 열기

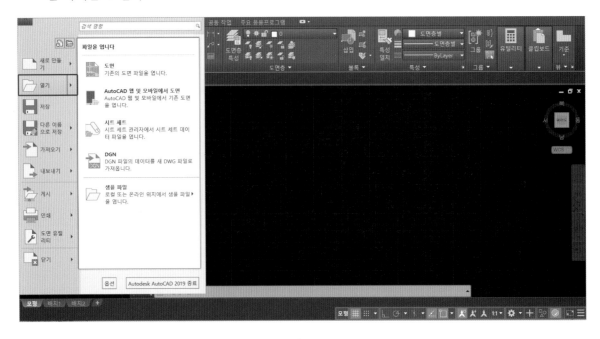

찾을 위치 : 편심구동장치 3d

명령 PLOT [Enter↵]

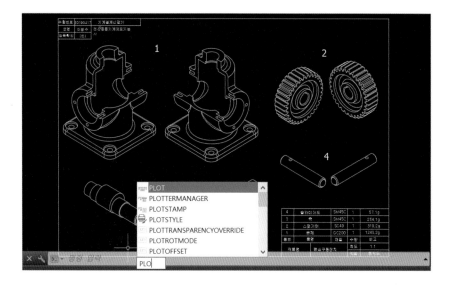

● Plot

메뉴 ⇨ 파일 ⇨ 플롯

명령 : Plot

명령 : Print

도면을 출력하는 명령

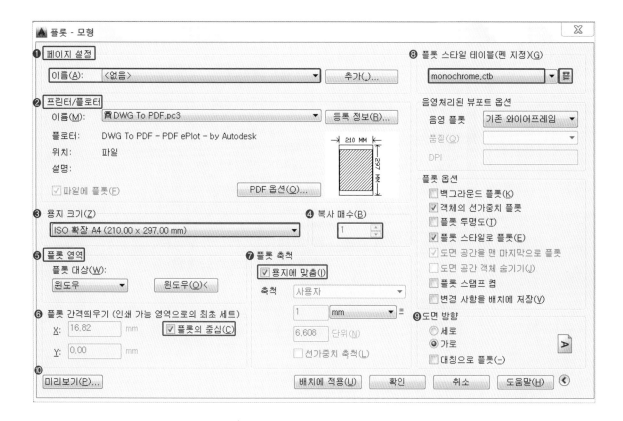

① **페이지 설정**

- 이름 : 저장된 페이지 설정을 지정하거나 이전에 사용한 페이지를 선택

- 추가 : 플롯 대화상자 각각의 항목을 따로 설정한 상태로 저장하여 사용

② **프린터/플로터**

③ **용지 크기(Z)** : 용지 크기 설정

④ **복사 매수(B)** : 출력 매수 설정

⑤ **플롯 영역** : 출력될 영역을 지정한다. 범위, 윈도우, 한계, 화면표시 등으로 영역을 선택할 수 있다. 윈도우 기능을 널리 사용한다.

- 범위 : 출력할 범위를 지정

- 윈도우 : 사용자가 출력하고 싶은 범위를 Window로 지정

- 한계 : 한계 영역 전체를 출력할 범위로 지정

- 화면표시 : 현재 작업 화면에 나타나 있는 부분을 범위로 지정

⑥ **플롯 간격 띄우기(인쇄 가능 영역으로의 최초 세트)**

- ☑ 플롯의 중심 : [플롯의 중심]에 체크하면 용지의 중앙에 위치한다.

⑦ **플롯 축척**

- ☑ 용지에 맞춤 : [용지에 맞춤]에 체크하면 척도에 상관없이 용지에 맞게 출력된다.

⑧ **플롯 스타일 테이블(펜 지정)(G)** : 출력 스타일 및 펜을 지정한다.

창에서 [monochrome.ctb]를 선택하고, 🔠를 클릭하여 선의 가중치를 적용한다.

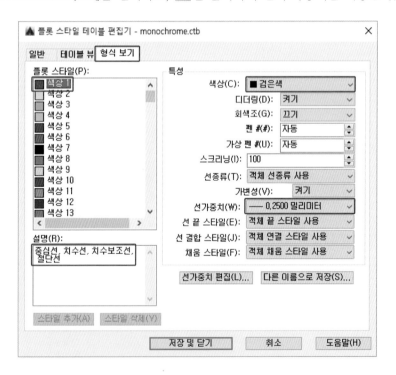

- 플롯 스타일 테이블 편집기 창의 [형식 보기] 탭에서 설정한다.

- 특성의 색상을 [검은색]으로 설정한다.

- 플롯 스타일의 [색상 1(빨간색)]을 선택하고 선가중치를 0.25mm로 설정한다.
- 설명은 사용자가 참고 사항을 기입한다.
- 사용자가 색상별로 출력될 선의 가중치를 모두 설정한다.

⑨ **도면 방향**
- 세로 : 세로 방향 출력
- 가로 : 가로 방향 출력
- 대칭으로 출력 : 상하 뒤집어서 출력

⑩ **미리보기** : 출력할 도면을 미리보기한다.

:: 11   Inventor에서 도면 출력하기

응용 프로그램 메뉴 ▷ 인쇄 ▶ ▷ 인쇄

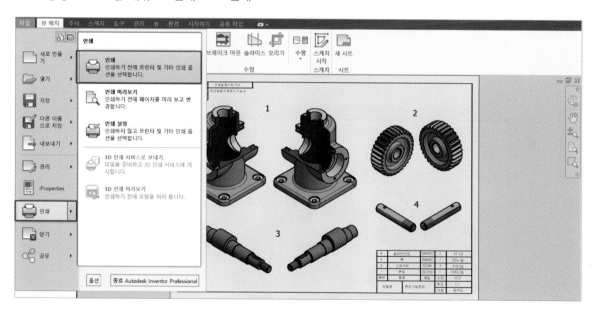

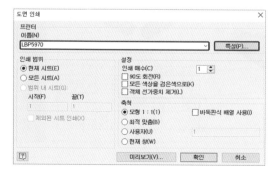

이름(설정된 프린터 선택) ▷ 특성

프린터 파일 ⇨ 기본값 설정 ⇨ 페이지 크기 : A3 ⇨ 출력 크기 : A3 ⇨ 인쇄 방향 ◉ 가로 인쇄 ⇨ 확인

인쇄

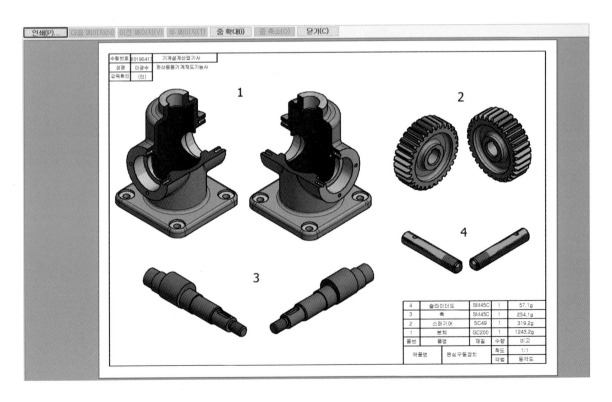

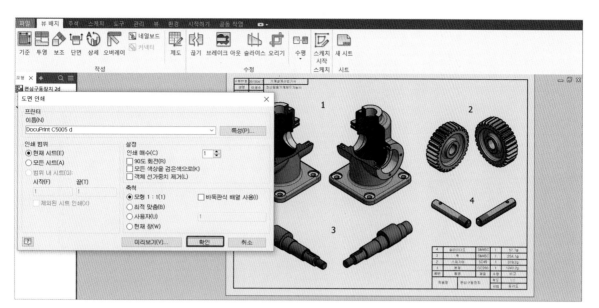

Inventor

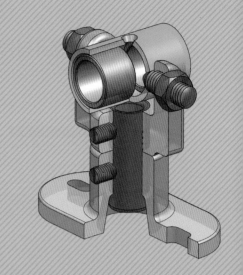

CAM 가공

CAM

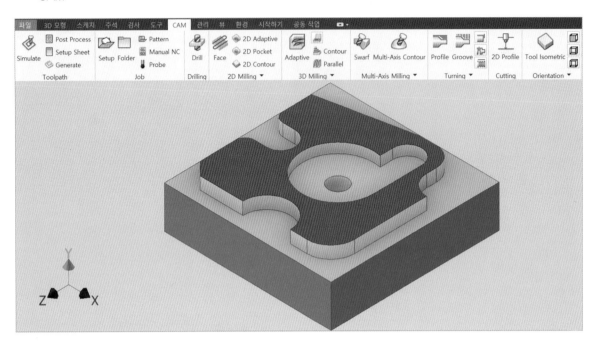

① Setup(가공 소재 생성)

CAM ▷ Jobpanel ▷ Setup

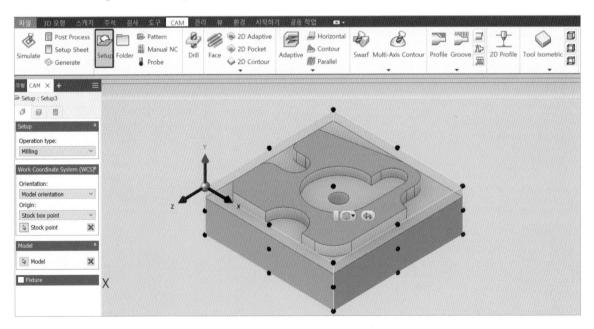

Setup : Setup 3 ⇨ Setup ⇨ Orientation ⇨ Select Z axis/plane & X axis ⇨ Z axis

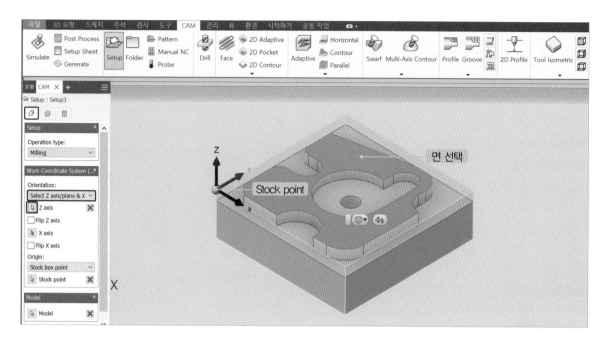

좌표계 설정을 위하여 WCS의 Orientation에서 [Select Z axis/plane & X axis]를 선택하고 Z axis를 클릭하여 평면을 선택하면 좌표계 방향을 설정한다.

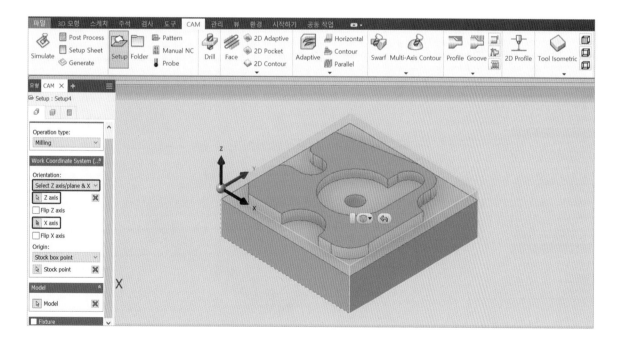

Setup ⇨ Model

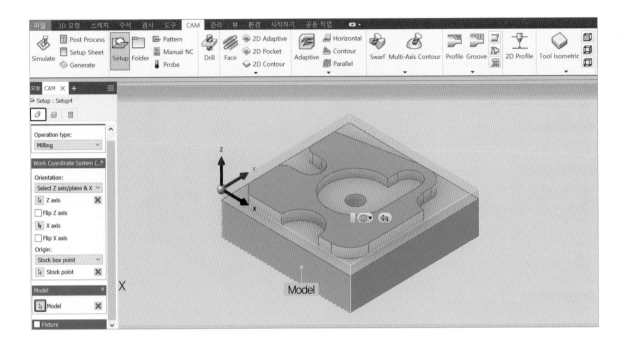

Stock ⇨ Mode ⇨ [Relative size box] ⇨ 그림처럼 오프셋 값은 0mm로 입력한다.
OK하면 가공 소재가 생성된다.(소재 70×70×22)

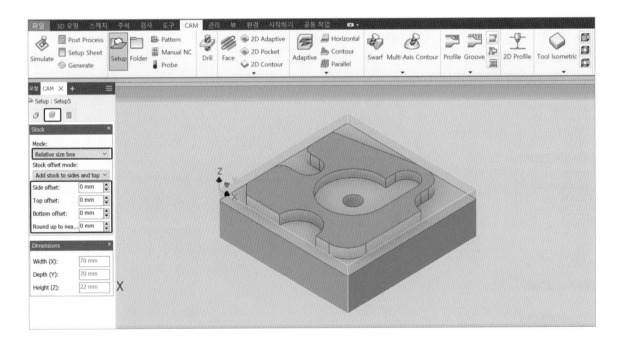

② Tool Library(공구 설정)

(1) 공구

공구 종류	공구 번호	공구 규격	공구 종류	공구 번호	공구 규격
앤드밀(FEM)	T01	∅10	탭	T04	M8
센터 드릴	T02	∅3	페이스 커터	T05	∅80
드릴	T03	∅8(산업기사∅6.8)			

(2) 공구 설정

CAM ⇨ Managepanel ⇨ **Tool Library** ⇨ New Mill Tool

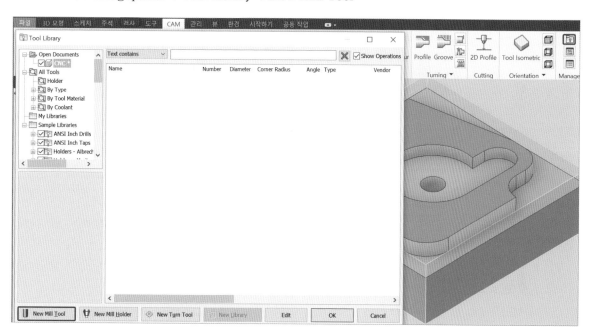

① 공구 번호 2번 센터 드릴 ∅3로 설정

General ⇨ Number : 2 ⇨ Length offset : 2 ⇨ Diameter offset : 2

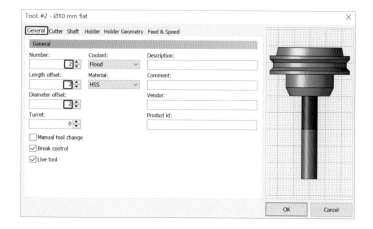

Cutter ⇨ Type ⇨ Spot Drill ⇨ Diameter : 3

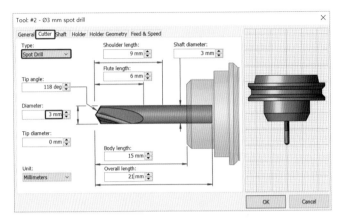

Feed & Speed ⇨ Spindle speed : 2000rpm ⇨ Plunge feedrate : 120 ⇨ OK

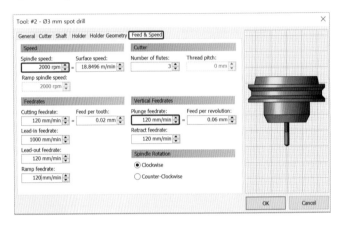

② 공구 번호 3번 드릴 Ø8로 설정

New Mill Tool

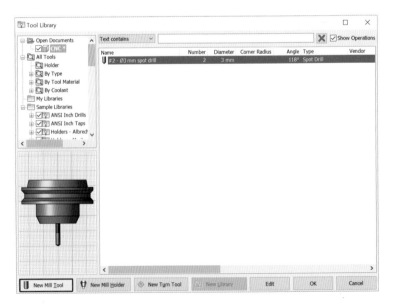

General ⇨ Number : 3 ⇨ Length offset : 3 ⇨ Diameter offset : 3

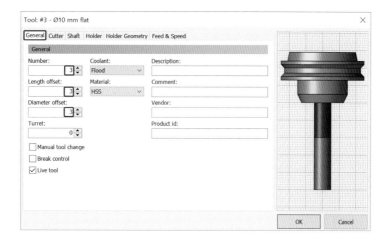

Cutter ⇨ Type ⇨ Drill ⇨ Diameter : 8

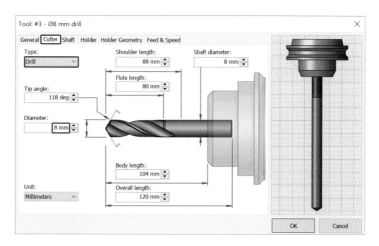

Feed & Speed ⇨ Spindle speed : 1000rpm ⇨ Plunge feedrate : 100 ⇨ OK

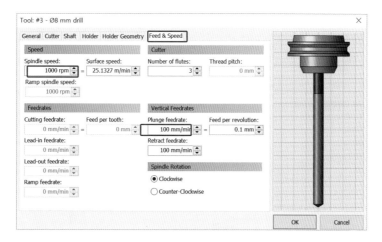

③ 공구 번호 1번 앤드밀 Ø10로 설정

New Mill Tool

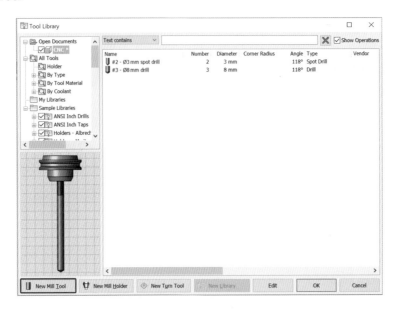

General ⇨ Number : 1 ⇨ Length offset : 1 ⇨ Diameter offset : 1

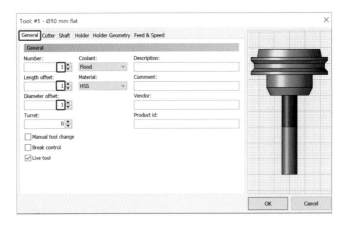

Cutter ⇨ Type ⇨ Flat Mill ⇨ Diameter : 10

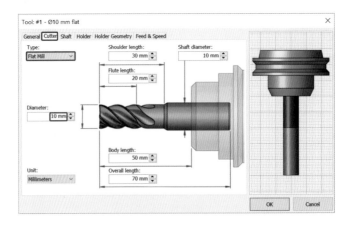

Feed & Speed ⇨ Spindle speed : 1000rpm ⇨ Cutting feedrate : 90 ⇨ OK

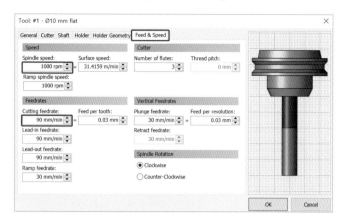

3 오퍼레이션 생성하기

(1) Spot Drilling(센터 드릴링)

CAM ⇨ Drillingpanel ⇨ **Drill** ⇨ **Tool** ⇨ **Tool tab**

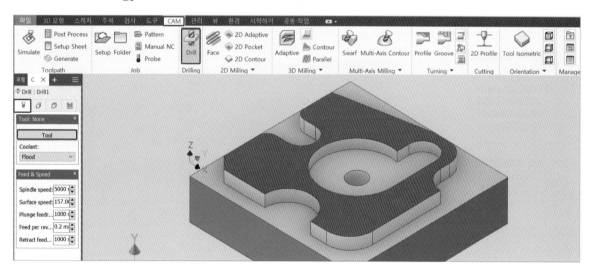

#2 – ∅3mm spot drill ⇨ Select

Select Tool에서 2번 공구를 선택하고 Select를 클릭한다.

Geometry ⇨ Hole mode ⇨ Selected faces ⇨ Hole faces

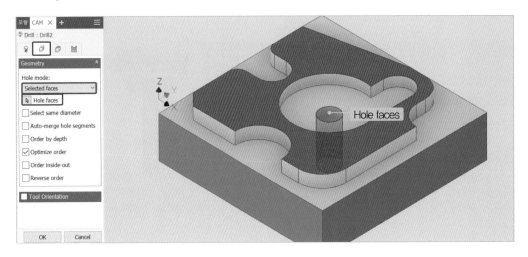

Heights ⇨ Top Height ⇨ Hole top ⇨ Top offset : 0 ⇨ Bottom Height ⇨ Hole bottom ⇨ Bottom
offset : −0.5(드릴 가공 시작 지점인 센터 구멍을 가공한다.)

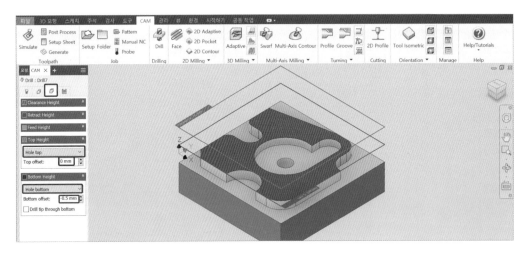

Cycle ⇨ Cycle type ⇨ Drilling – rapid out ⇨ OK

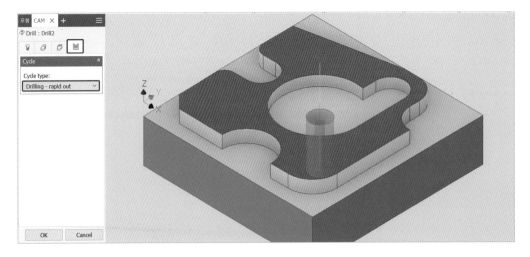

(2) Drilling(구멍 가공)

CAM ⇨ Drillingpanel ⇨ **Drill** ⇨ Tool ⇨ Tool tab

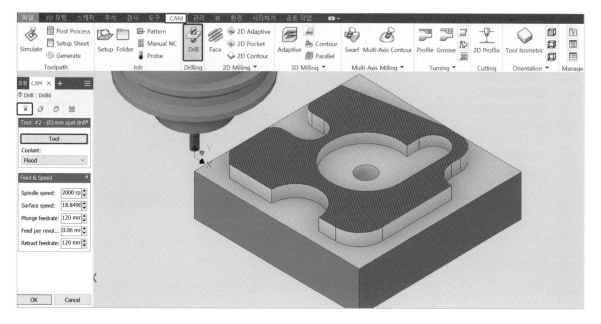

#3－∅8mm drill ⇨ Select

Select Tool에서 3번 공구를 선택하고 Select를 클릭한다.

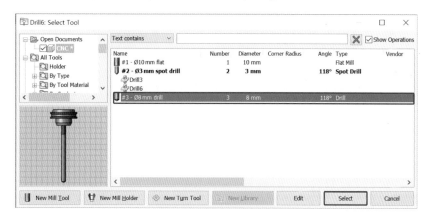

Geometry ⇨ Hole mode ⇨ Selected faces ⇨ Hole faces

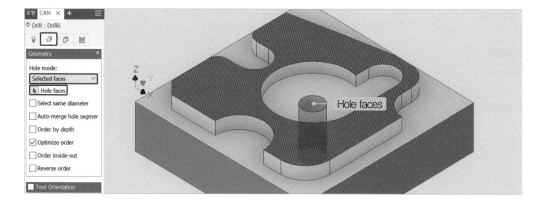

Heights ⇨ Top Height ⇨ Hole top ⇨ Top offset : 0 ⇨ Bottom Height ⇨ Bottom offset : −4 (드릴이 관통하여 4mm(0.3d 이상) 더 깊게 가공한다.)

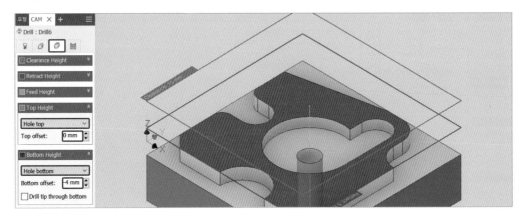

Cycle ⇨ Cycle type ⇨ Chip breaking−partial retract ⇨ Pecking depth : 3 ⇨ Chip break distance : 2 ⇨ OK

드릴링 가공 시 칩 배출을 하기 위한 설정/ Pecking depth : 3/Chip break distance : 2

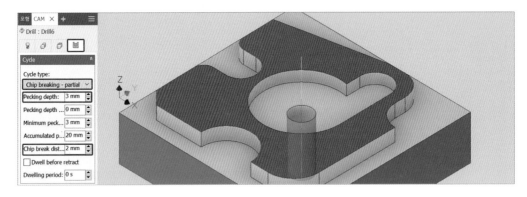

(3) Pocket Machining(포켓 가공)

CAM ⇨ 2D Milling panel ⇨ **2D Pocket** ⇨ Tool ⇨ Tool tab

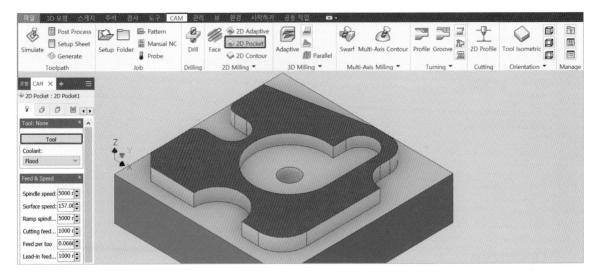

#1 – ∅ 10mm flat ⇨ Select

Select Tool에서 1번 공구를 선택하고 Select를 클릭한다.

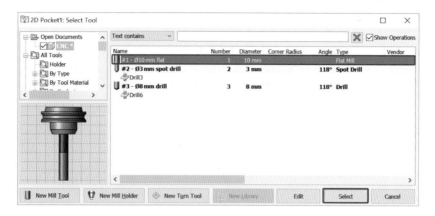

Geometry ⇨ Geometry ⇨ Pocket selection

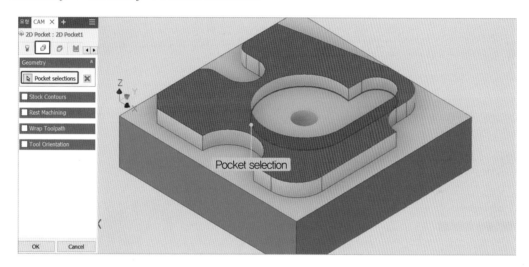

Heights ⇨ Top Height ⇨ Stock top ⇨ Top offset : 0 ⇨ Bottom Height ⇨ Selection ⇨ Bottom reference(포켓 형상 내부 모서리 근처에서 바닥면을 선택한다.)

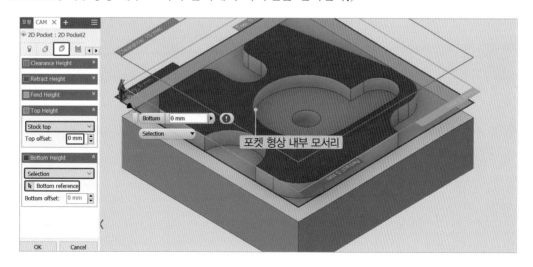

Passes ⇨ ☐Stock to Leave ☐해제

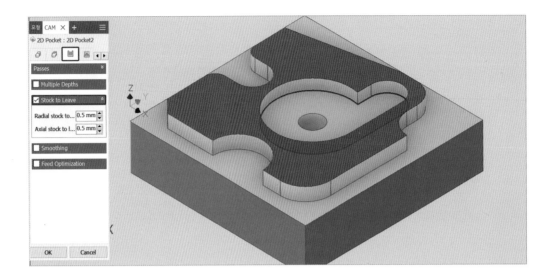

참고 Stock to Leave 체크 해제 시 잔삭 여유 없이 가공한다. ☑체크하여 잔삭 여유를 설정할 수 있다.

Linking ⇨ Ramp type ⇨ Plunge ⇨ positions ⇨ Predrill positions ⇨ OK

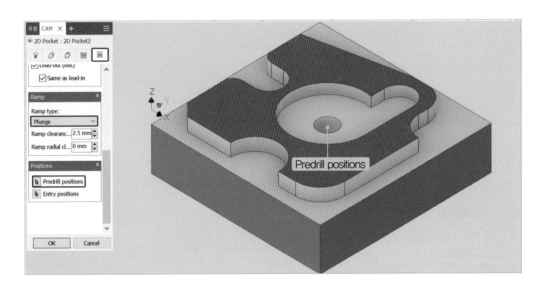

참고 [Linking], [Leads & Transitions] 그룹은 기본값을 사용하고, [Positions] 그룹의 Predrill positions에서 공구의 진입 시작 지점을 그림과 같이 구멍의 중심점을 선택한다.

(4) Contour(윤곽 가공)

CAM ⇨ 2D Milling panel ⇨ **2D Contour** ⇨ Tool ⇨ Tool tab

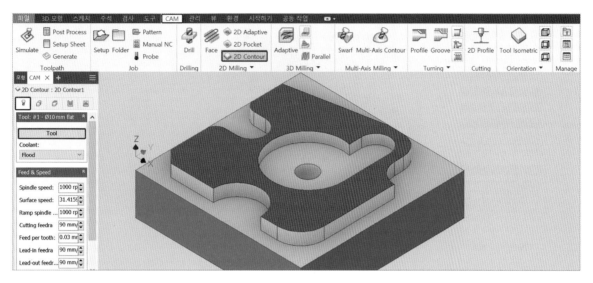

#1 - ∅10mm flat ⇨ Select

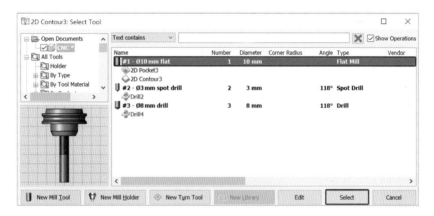

Geometry ⇨ Geometry ⇨ Contour selection

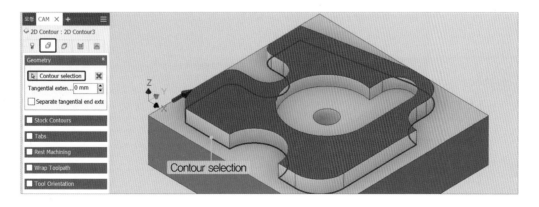

참고 형상의 모깎기 중간 부분 모서리를 선택한다. 선택한 모서리의 방향 변경은 화살표를 선택하여 방향을 반전할 수 있다.

Heights ⇨ Top Height ⇨ Stock top ⇨ Top offset : 0 ⇨ Bottom Height ⇨ Selection ⇨ Bottom reference

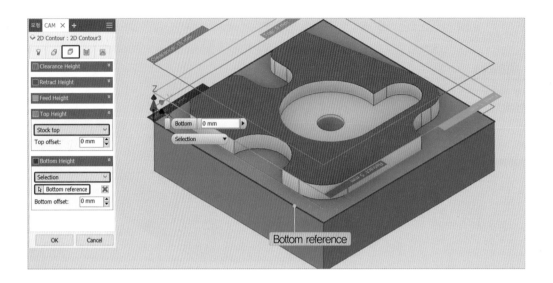

참고 ┊ 모깎기 부분 형상 아랫면을 선택한다.

Passes ⇨ ☑ Multiple Depths ⇨ ☐ Stock to Leave (☐ 체크 해제)

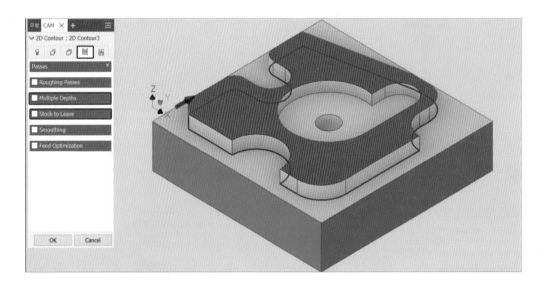

참고 ┊ • ☑Multiple Depths는 ☑ 체크를 해제한다.
       • ☐Stock to Leave는 ☐ 체크를 해제한다. 체크 해제 시 잔삭 여유 없이 가공한다.

Linking ⇨ OK

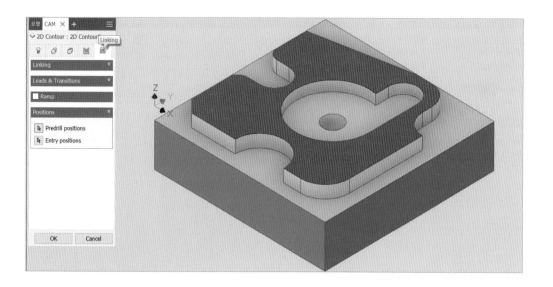

참고 [Linking], [Leads & Transitions]은 기본값을 사용한다.

4 NC 데이터 생성하기

CAM ⇨ Toolpath ⇨ Simulate ⇨ Play

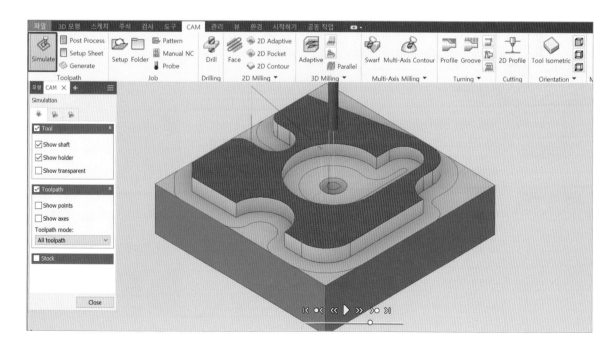

Setup10 ⇨ Toolpath ⇨ Post Process

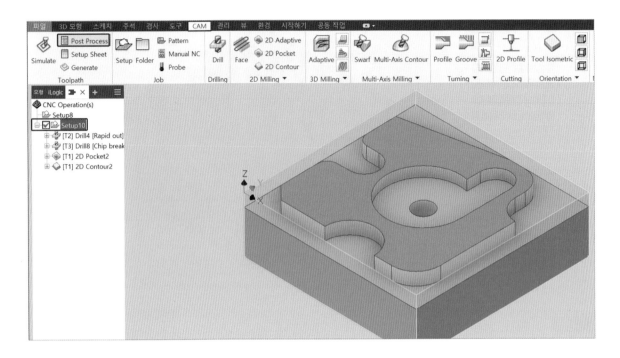

Post Process ⇨ Post Configuration : All : Fanuc ⇨ Output folder D ⇨ NC extenston : .NC
⇨ Program name or number : 1001 ⇨ Post

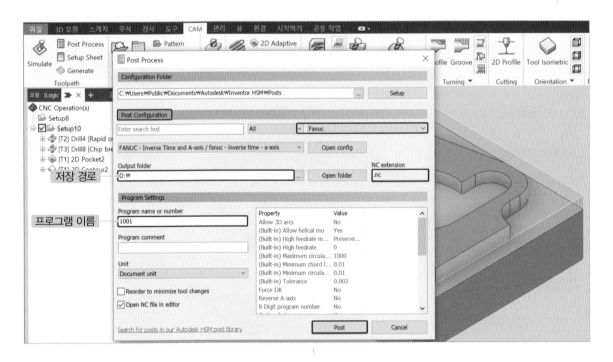

참고   컨트롤러 : fanuc.cps – Generic FANUC

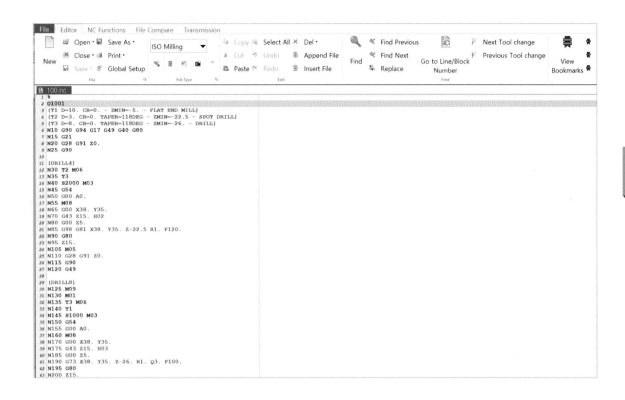

CAM

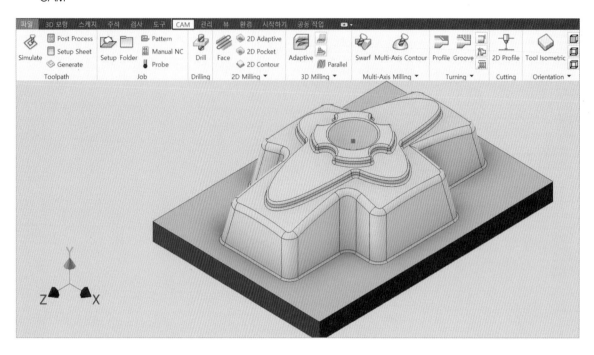

1 Setup(가공 소재 생성)

CAM ⇨ Jobpanel ⇨ Setup

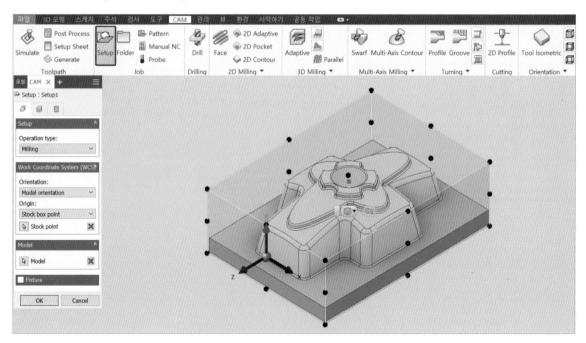

Setup : Setup 2 ⇨ Setup ⇨ Origin ⇨ Selected point ⇨ WCS origin

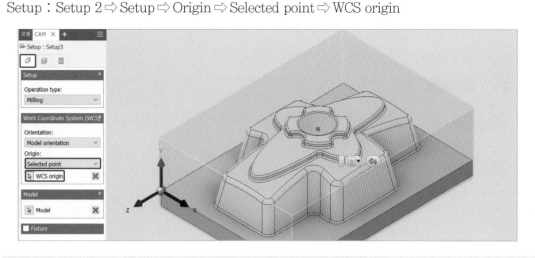

참고　Work Coordinate System (WCS) 그룹에서 [Selected point]를 선택하면 [WCS origin]으로 이동한다.

　　좌표계 설정을 위하여 WCS의 Orientation에서 [Select Z axis/plane & X axis]를 선택하고 axis 를 클릭하여 모서리를 선택하면 좌표계 방향을 설정한다.

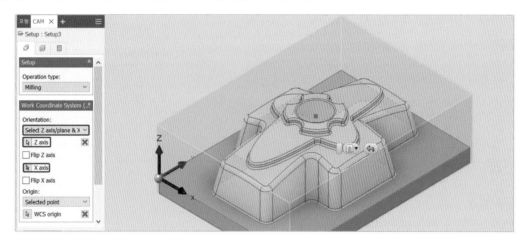

Model

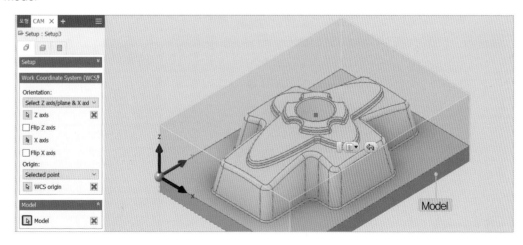

Stock ⇨ Mode ⇨ [Relative size box] ⇨ Top offset : 5 ⇨ 그림처럼 오프셋값은 0mm로 입력하고 OK하면 가공 소재가 생성된다. Top offset의 5는 모델링보다 소재가 Z방향으로 5mm 크다. (소재 : 100×140×48.8235, 소재 높이는 Z값으로 설정한다.)

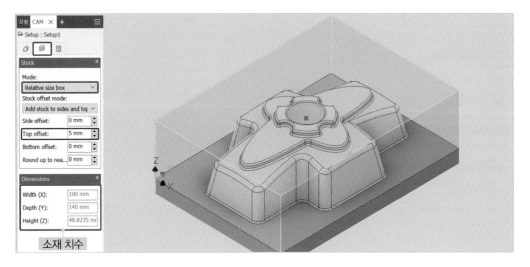

2 Tool Library(공구 설정)

(1) 공구

공구 종류	공구 번호	공구 규격
평 앤드밀(Flat Mill)	T01	∅12
볼 앤드밀(Ball Mill)	T02	∅4
볼 앤드밀(Ball Mill)	T03	∅2

(2) 공구 설정

CAM ⇨ Managepanel ⇨ **Tool Library** ⇨ New Mill Tool

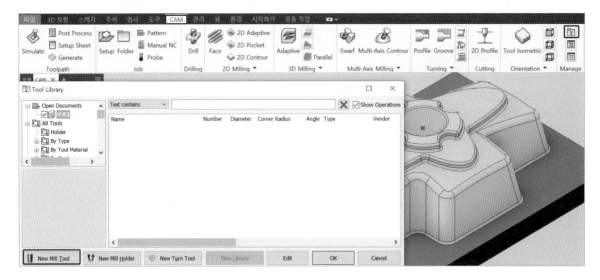

① 공구 번호 1번 평 앤드밀 Ø12로 설정

General ⇨ Number : 1 ⇨ Length offset : 1 ⇨ Diameter offset : 1

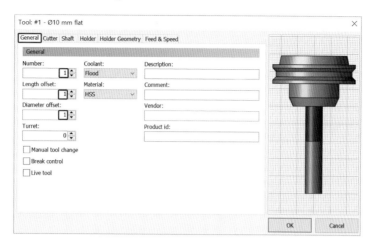

Cutter ⇨ Type ⇨ Flat Mill ⇨ Diameter : 12

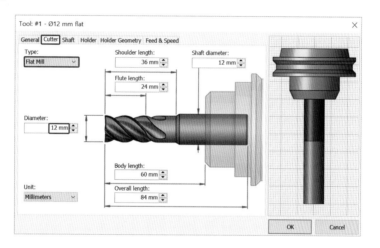

Feed & Speed ⇨ Spindle speed : 1400rpm ⇨ Cutting feedrate : 110 ⇨ OK

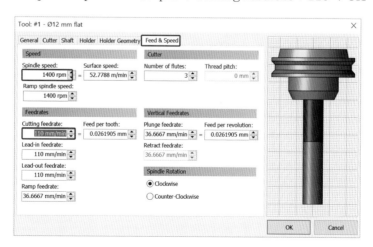

② 공구 번호 2번 볼 앤드밀 Ø4로 설정

New Mill Tool

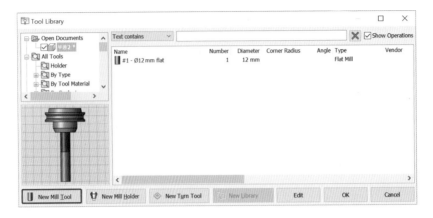

General ⇨ Number : 2 ⇨ Length offset : 2 ⇨ Diameter offset : 2

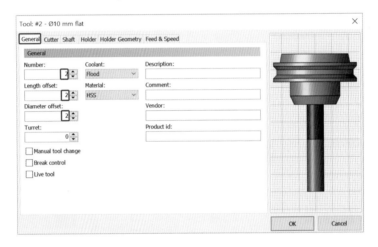

Cutter ⇨ Type ⇨ Ball Mill ⇨ Diameter : 4

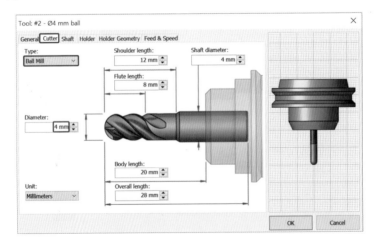

Feed & Speed ⇨ Spindle speed : 1800rpm ⇨ Cutting feedrate : 90 ⇨ OK

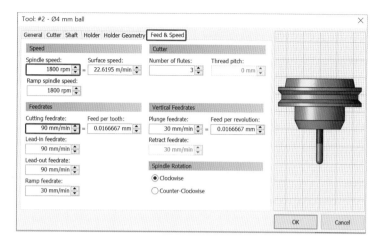

③ 공구 번호 3번 앤드밀 ∅2로 설정

New Mill Tool

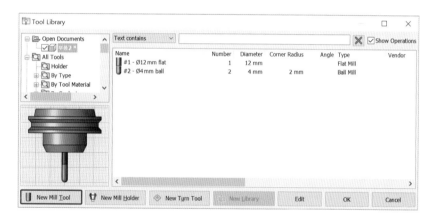

General ⇨ Number : 3 ⇨ Length offset : 3 ⇨ Diameter offset : 3

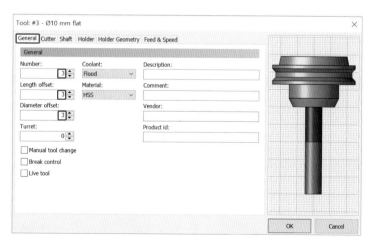

Cutter ⇨ Type ⇨ Ball Mill ⇨ Diameter : 2

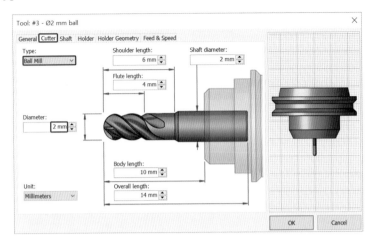

Feed & Speed ⇨ Spindle speed : 3700rpm ⇨ Cutting feedrate : 80 ⇨ OK

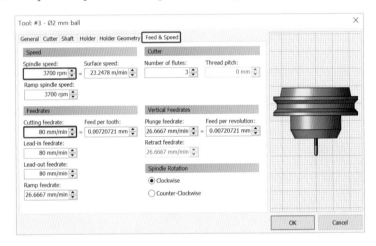

❸ 오퍼레이션 생성하기

(1) 3D Pocket(황삭 가공)

CAM ⇨ 3D Milling ⇨ Pocket ⇨ Tool ⇨ Tool tab

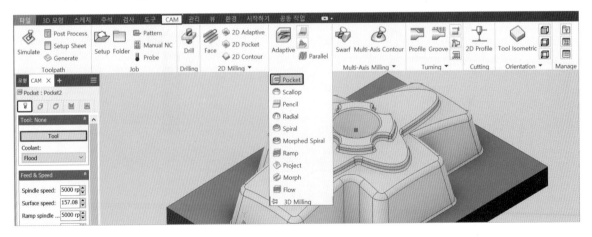

#1 − ∅12mm flat ⇨ Select

Select Tool에서 1번 공구를 선택하고 Select를 클릭한다.

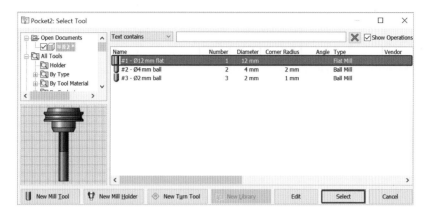

Geometrytab

그림처럼 기본값 변경없이 Heights tab으로 넘어간다.

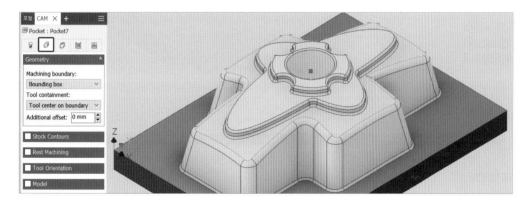

Heights ⇨ Top Height ⇨ Stock top ⇨ Top offset : 0 ⇨ Bottom Height ⇨ Model Bottom ⇨ Bottom offset : 0.5

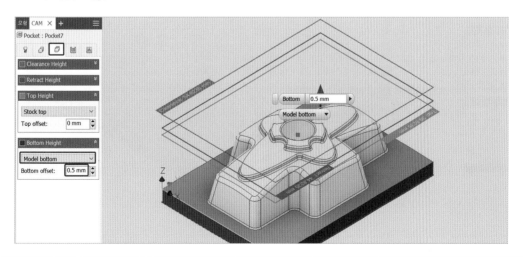

참고 Retract height offset의 0.5mm는 바닥면 가공 여유 0.5mm 남김

Passes ⇨ Climb ⇨ Smoothing deviation : 1mm ⇨ Maximum roughing stepdown : 5mm ⇨ ☑Flat area detection(☑체크) ⇨ ☑Stock to Leave (☑체크) ⇨ Radial stock to leave : 0.5 mm ⇨ Axial stock to leave : 0.5mm

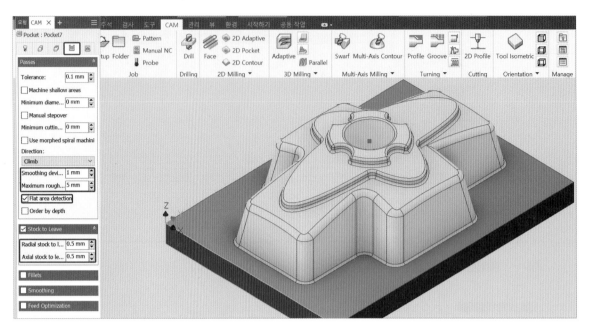

Linking ⇨ Retraction policy ⇨ Full retraction ⇨ Ramp ⇨ Ramp type ⇨ Plunge ⇨ OK

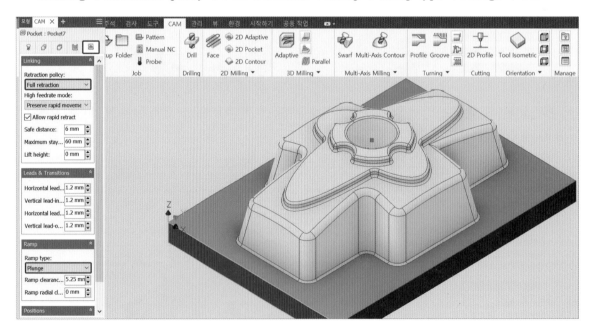

황삭 가공 완료

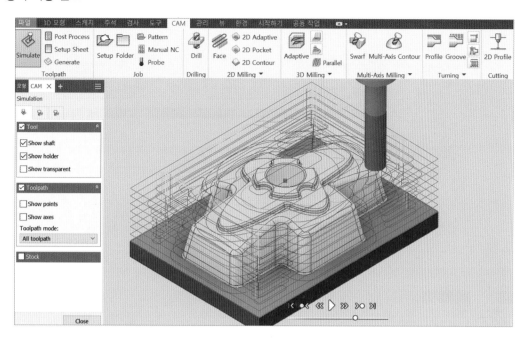

(2) Parallel(정삭)

CAM ⇨ 3D Milling ⇨ **Parallel** ⇨ Tool ⇨ Tool tab

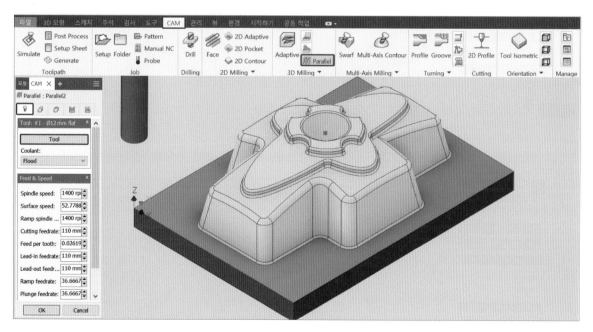

#2 − ∅ 4mm ball ⇨ Select

Select Tool에서 2번 공구를 선택하고 Select를 클릭한다.

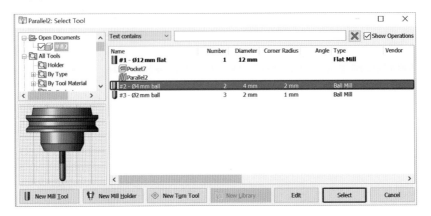

Geometry ⇨ Machining boundary ⇨ Silhouette ⇨ Contact only □ 체크 해제

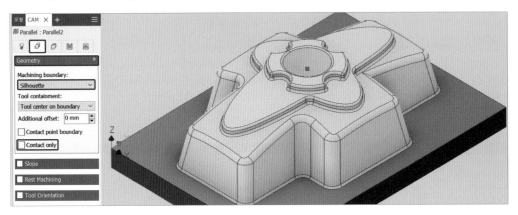

참고 **Contact only** : 경계 영역 안에 가공면에 대한 공구 경로가 생성되는지 여부를 결정하는 옵션이다.

Heightstab ⇨ Bottom Height ⇨ Selection ⇨ Bottom reference ⇨ **Retract heightoffset** : 0

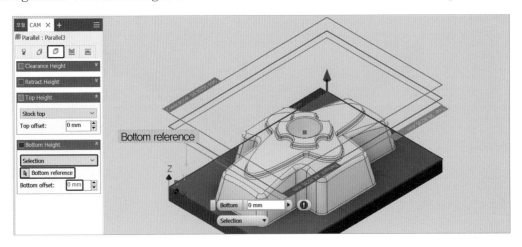

참고 Bottom Height는 바닥면을 지정한다.

Passes ⇨ Pass **direction** : 45 deg ⇨ Stepover : 1mm(피치 1mm)

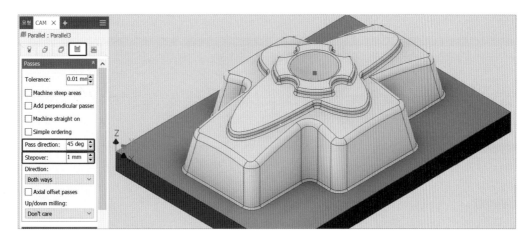

Linking ⇨ Retraction policy ⇨ Full retraction ⇨ OK

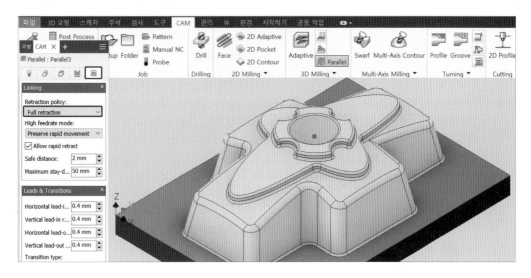

정삭 가공 완료

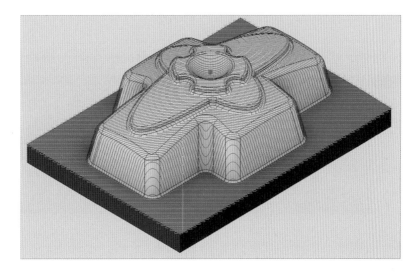

(3) Pencil(잔삭)

CAM ⇨ 3D Milling ⇨ Pencil ⇨ Tool ⇨ Tool tab

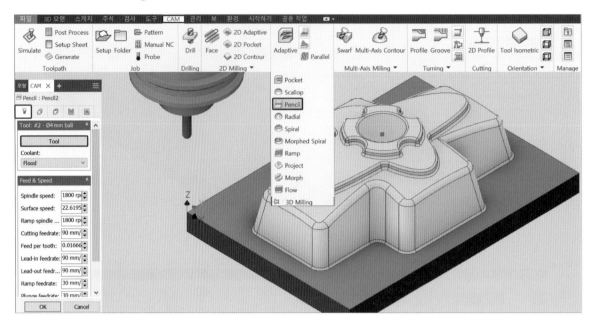

#3 − ∅2mm ball ⇨ Select

Select Tool에서 3번 공구를 선택하고 Select를 클릭한다.

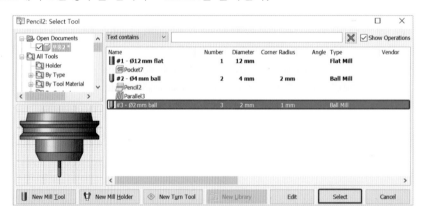

Geometry

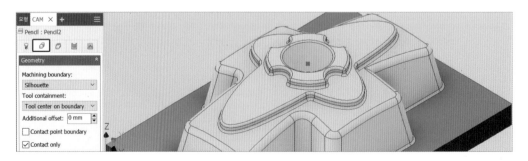

참고 Geometry는 그림처럼 기본값 변경 없이 Heights로 넘어간다.

Heightstab ⇨ Bottom Height ⇨ Selection ⇨ Bottom reference ⇨ Retract height offset ： 0

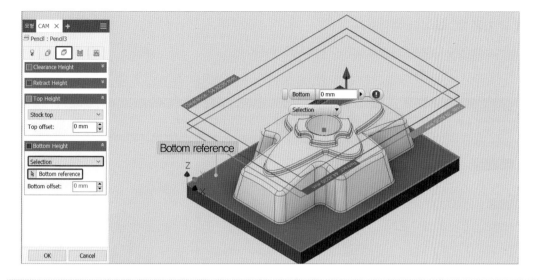

참고   Bottom Height은 바닥면을 지정한다.

Passes ⇨ Outside -〉 in ⇨ Stepover ： 1 mm

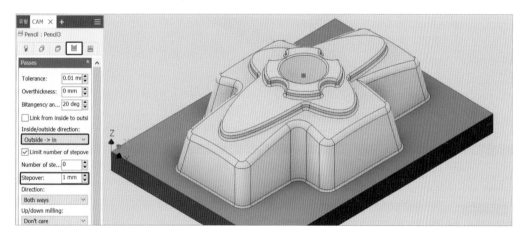

Linking ⇨ Retraction policy ⇨ Full retraction ⇨ OK

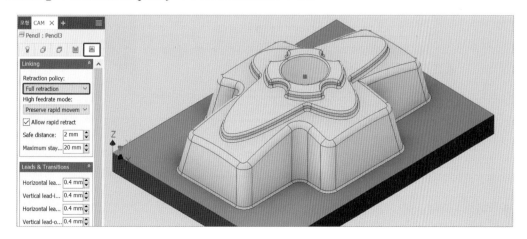

◢ Post Process(포스트 프로세스)

(1) 황삭 가공 NC 데이터 생성하기

[T1]Pocket7 ⇨ CAM ⇨ Toolpath ⇨ Post Process

먼저 Pocket7을 선택하고 Post Process를 클릭하면 그림처럼 팝업창이 나타난다.

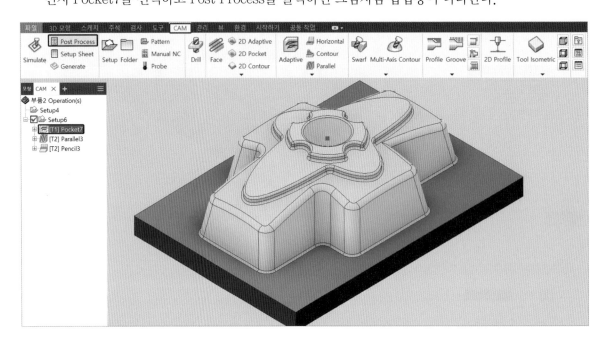

Post Process ⇨ Post Configuration : All : Fanuc ⇨ Output folder D ⇨ NC extenston : .NC ⇨
Program name or number : 1001 ⇨ Post

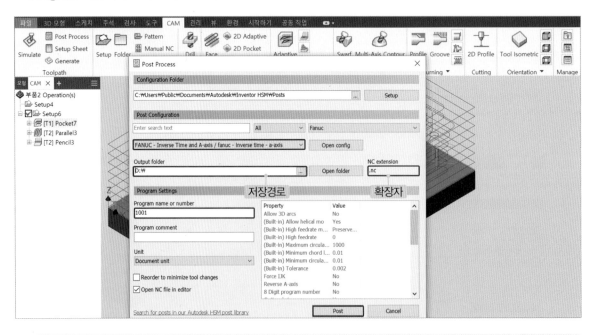

참고   컨트롤러: fanuc.cps – Generic FANUC

저장 경로 ⇨ 파일 이름 : 1001 [저장]한다.

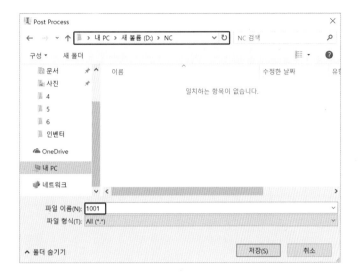

황삭 NC 데이터

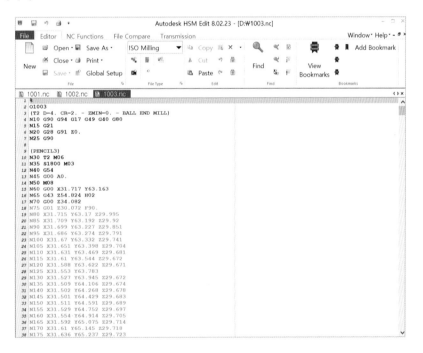

(2) 같은 방법으로 정삭 잔삭

[T2]Parallel3 ⇨ CAM ⇨ Toolpath ⇨ Post Process

먼저 Parallel3을 선택하고 Post Process를 클릭하면 Post Process 팝업창으로 넘어간다.

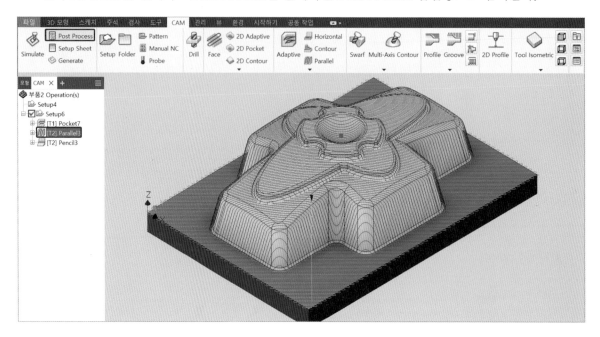

Post Process ⇨ Post Configuration : All : Fanuc ⇨ Output folder D ⇨ NC extenston : .NC
⇨ Program name or number : 1002 ⇨ Post

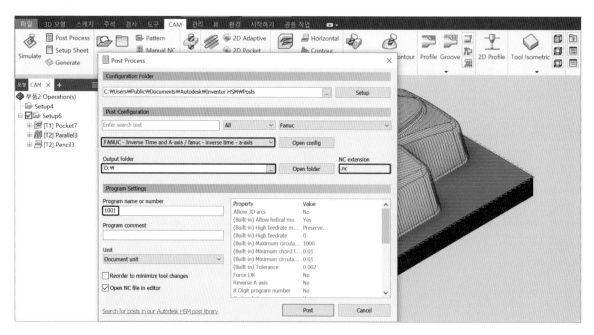

저장 경로 ⇨ 파일 이름 : 1002 [저장]한다.

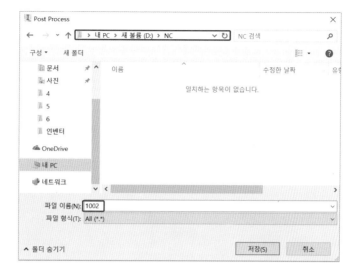

정삭 NC 데이터

```
1002.nc
1
2 O1002
3 (T2  D=4.  CR=2.  -  ZMIN=0.  -  BALL END MILL)
4 N10 G90 G94 G17 G49 G40 G80
5 N15 G21
6 N20 G28 G91 Z0.
7 N25 G90
8
9 (PARALLEL3)
10 N30  T2 M06
11 N35  S1800 M03
12 N40  G54
13 N45  G00 A0.
14 N50  M08
15 N60  G00 X100.293 Y1.703
16 N65  G43 Z54.824 H02
17 N70  G00 Z1.989
18 N75  G01 Z0.4 F90.
19 N80  X100.287 Y1.698 Z0.322
20 N85  X100.271 Y1.682 Z0.247
21 N90  X100.245 Y1.655 Z0.178
22 N95  X100.21 Y1.62 Z0.117
23 N100  X100.167 Y1.577 Z0.067
24 N105  X100.118 Y1.528 Z0.03
25 N110  X100.065 Y1.475 Z0.008
26 N115  X100.01 Y1.42 Z0.
27 N120  X98.58 Y-0.01
28 N125  X98.548 Y-0.042 Z0.005
29 N130  X98.518 Y-0.072 Z0.02
30 N135  X98.487 Y-0.103 Z0.036
31 N140  X98.455 Y-0.134 Z0.041
32 N145  X97.748 Y-0.842
33 N150  G02 X97.041 Y-0.134 I-0.354 J0.354
34 N155  G01 X97.073 Y-0.103 Z0.036
35 N160  X97.103 Y-0.072 Z0.02
36 N165  X97.134 Y-0.042 Z0.005
37 N170  X97.166 Y-0.01 Z0.
38 N175  X100.01 Y2.834
39 N180  X100.042 Y2.866 Z0.005
40 N185  X100.072 Y2.897 Z0.02
41 N190  X100.103 Y2.927 Z0.036
42 N195  X100.134 Y2.959 Z0.041
43 N200  X100.842 Y3.666
```

(3) 잔삭 가공 NC 데이터 생성하기

[T3]Parallel3 ⇨ CAM ⇨ Toolpath ⇨ Post Process

먼저 Parallel3을 선택하고 Post Process를 클릭하면 Post Process 팝업창으로 넘어간다.

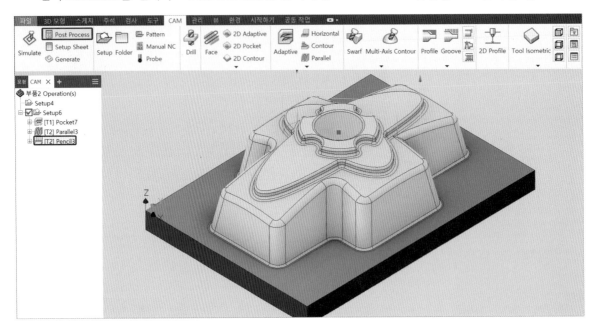

Post Process ⇨ Post Configuration : All : Fanuc ⇨ Output folder D ⇨ NC extenston : .NC
⇨ Program name or number : 1003 ⇨ Post

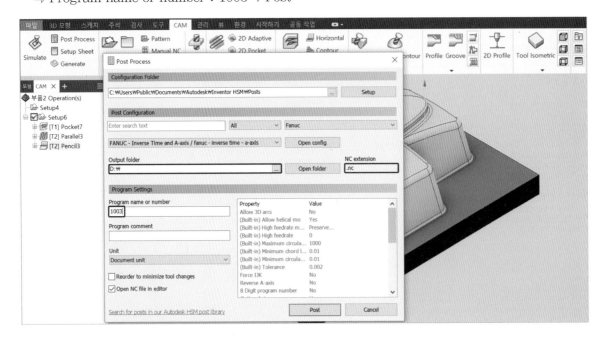

저장 경로 ⇨ 파일 이름 : 1003 [저장]한다.

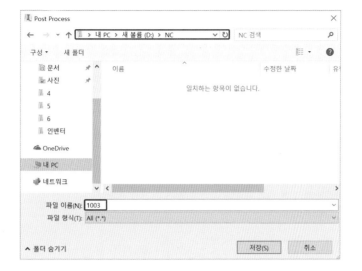

잔삭 NC 데이터

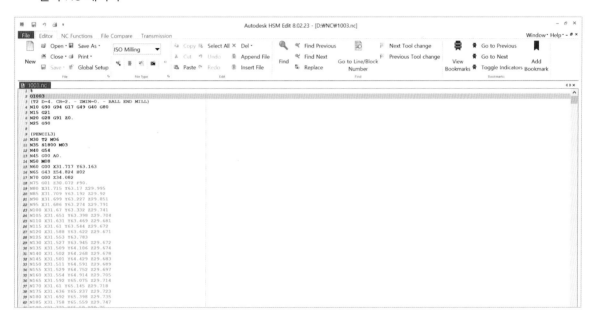

(4) NC 데이터 파일명 수정

1001, 1002, 1003의 파일명을 07황삭, 07정삭, 07잔삭으로 수정하여 제출한다(검정에서 비 번호를 07번으로 주어졌을 경우).

Inventor

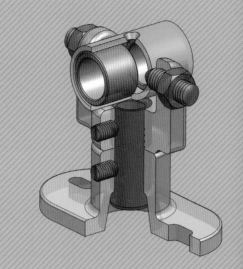

Chapter

8

종합 평가

과제1 V 블록 클램프

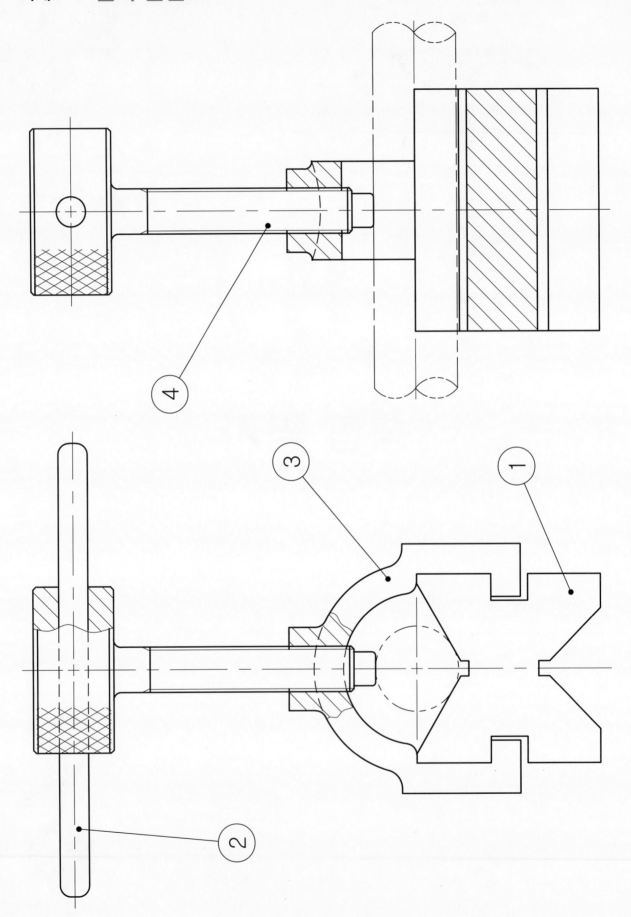

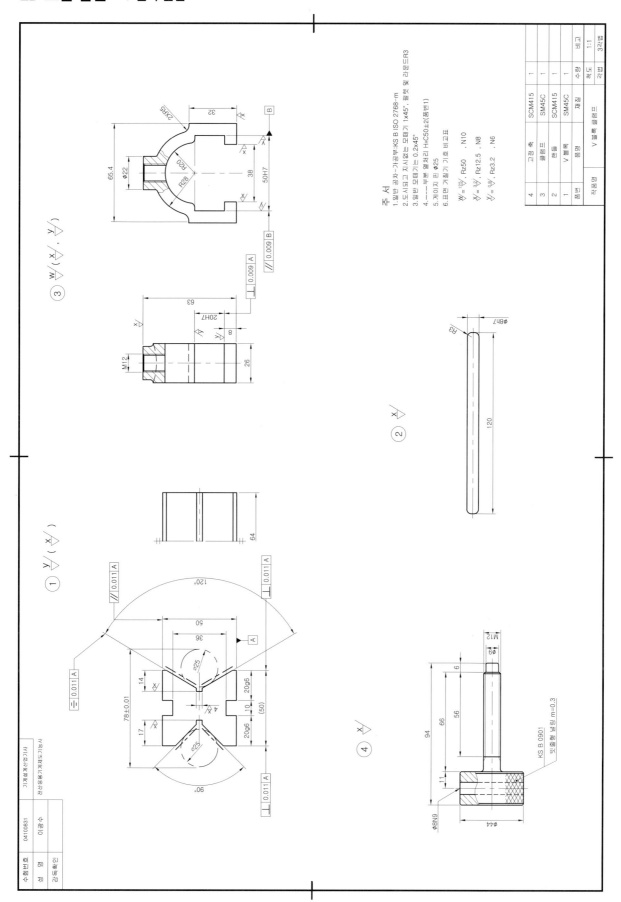

주 서

1. 일반 공차 – 가공부 : KS B ISO 2768-m
2. 도시되고 지시없는 모떼기 1x45°, 필렛 및 라운드 R3
3. 일반 모떼기는 0.2x45°
4. ──── 부분 열 처리 (HₐC50±2(품번1))
5. 게이지 핀 Φ25
6. 표면 거칠기 기호 비교표

$\overset{W}{\nabla} = \overset{12.5}{\nabla}$, Rz50 , N10

$\overset{X}{\nabla} = \overset{3}{\nabla}$, Rz12.5 , N8

$\overset{Y}{\nabla} = \overset{0.8}{\nabla}$, Rz3.2 , N6

4	고정 축	SCM415	1	
3	클램프	SM45C	1	
2	핸들	SCM415	1	
1	V 블록	SM45C	1	
품번	품명	재질	수량	비고

작품명	V 블록 클램프	척도	1:1
		각법	3각법

수험번호	04100831		기계설계산업기사
성 명	이광아	시험명	전산응용기계제도기능사
감독확인			

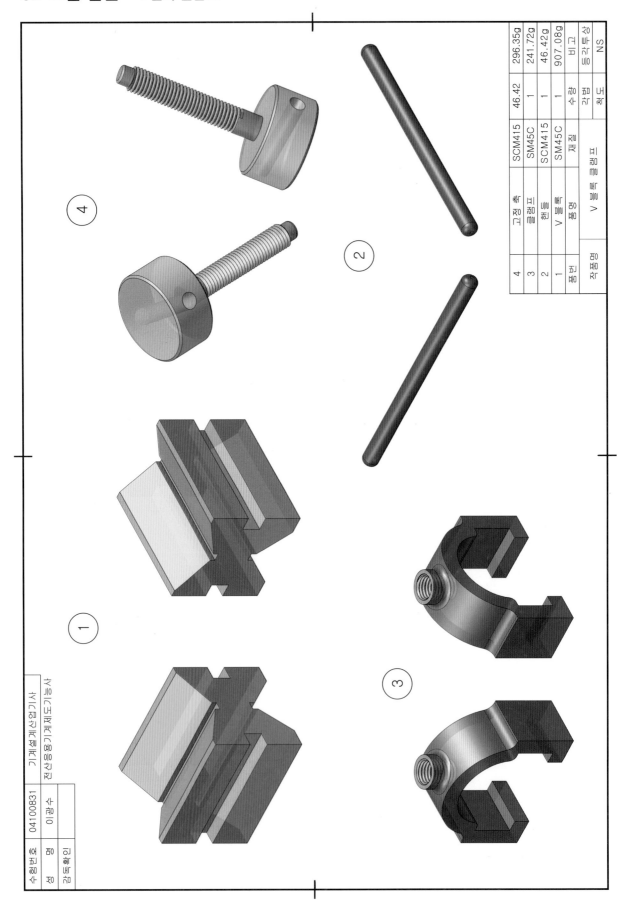

품번	품명	재질	수량	비고
4	고정축	SCM415	46.42	296.35g
3	클램프	SM45C	1	241.72g
2	핸들	SCM415	1	46.42g
1	V블록	SM45C	1	907.08g
품번	품명	재질	수량	비고

작품명	V 블록 클램프		척도	NS
			각법	3각투상

수험번호	04100831	기계설계산업기사
성명	이광수	전산응용기계제도기능사
감독확인		

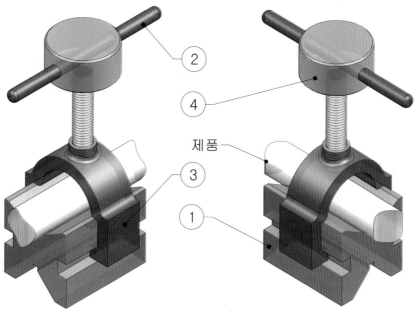

제 품

V 블록 클램프 조립도

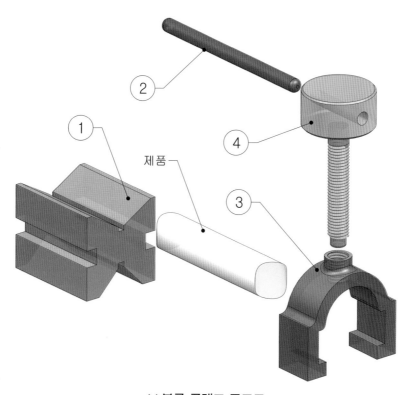

제 품

V 블록 클램프 구조도

과제2 샤프트 서포트

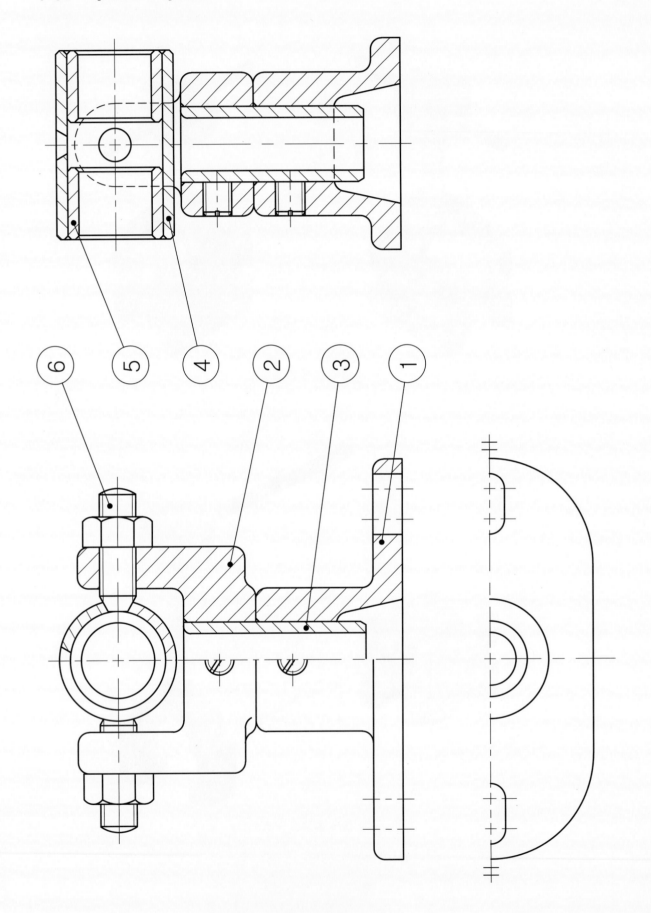

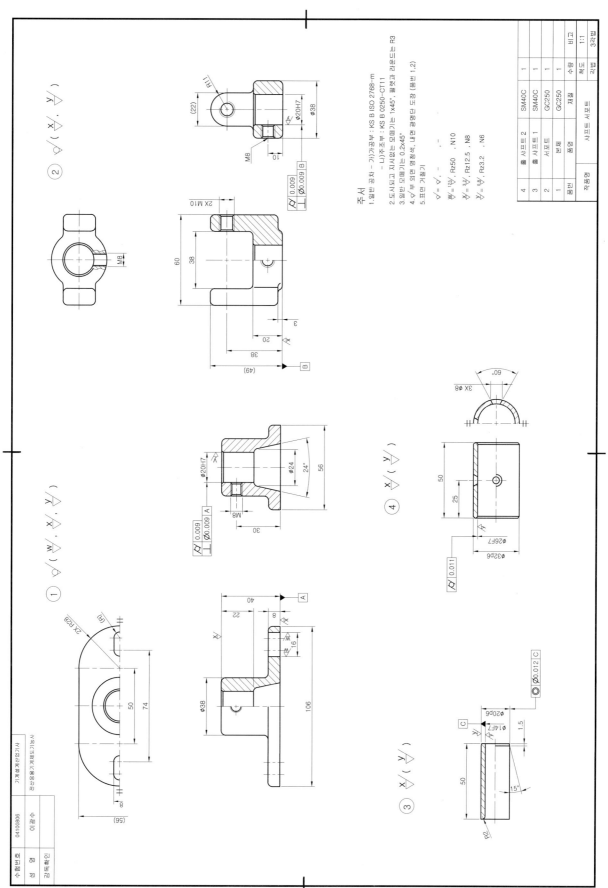

주서
1. 일반 공차 – 가) 가공부 : KS B ISO 2768-m
– 나) 주조부 : KS B 0250-CT11
2. 도시되고 지시없는 모떼기는 1x45°, 필렛과 라운드는 R3
3. 일반 모떼기는 0.2x45°
4. ◁부 외면 명청색, 내면 광명단 도장 (품번 1,2)
5. 표면 거칠기

$\sqrt{} = \sqrt[x]{}$, $\cdot$, $\cdot$
$\overset{W}{\nabla} = \overset{12.5}{\nabla}$, Rz50 , N10
$\overset{X}{\nabla} = \overset{3.2}{\nabla}$, Rz12.5 , N8
$\overset{Y}{\nabla} = \overset{0.8}{\nabla}$, Rz3.2 , N6

4	萱 샤프트 2	SM40C	1	
3	萱 샤프트 1	SM40C	1	
2	서포트	GC250	1	
1	본체	GC250	1	
품번	품명	재질	수량	비고
작품명	샤프트 서포트	척도	1:1	
		각법	3각법	

수험번호 04100806
성 명 이광수
감독확인

기계설계산업기사
전산응용기계제도기능사

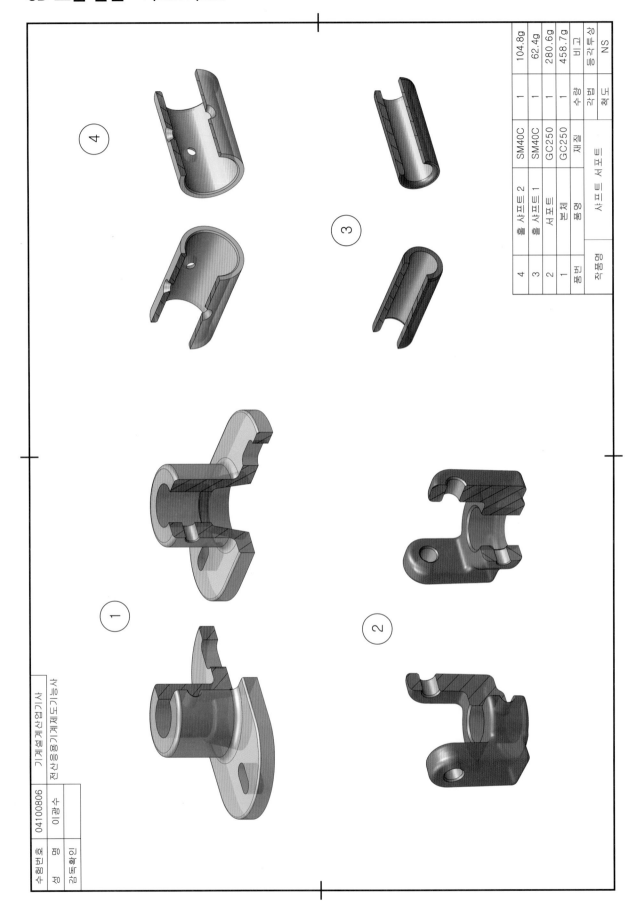

품번		품명	재질	수량	비고
4		홈 샤프트 2	SM40C	1	104.8g
3		홈 샤프트 1	SM40C	1	62.4g
2		서포트	GC250	1	280.6g
1		본체	GC250	1	458.7g
품번		품명	재질	수량	비고
작품명		샤프트 서포트		각법	등각투상
				척도	NS

수험번호	04100806	기계설계산업기사
성명	이광수	전산응용기계제도기능사
감독확인		

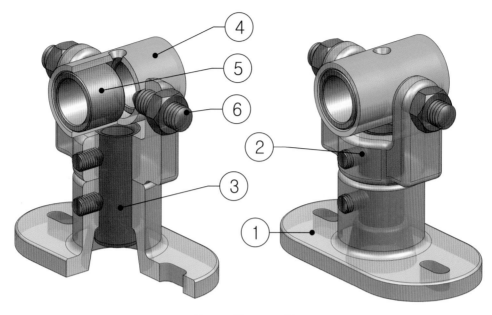

샤프트 서포트 조립도

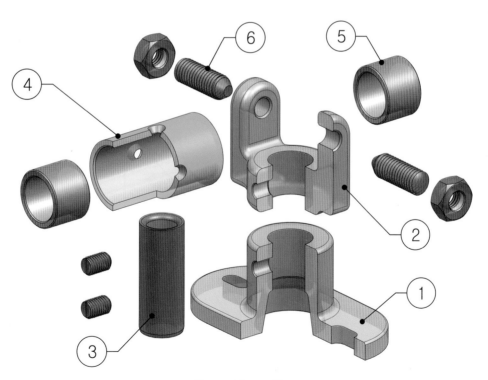

샤프트 서포트 구조도

과제3 벨트 타이트너

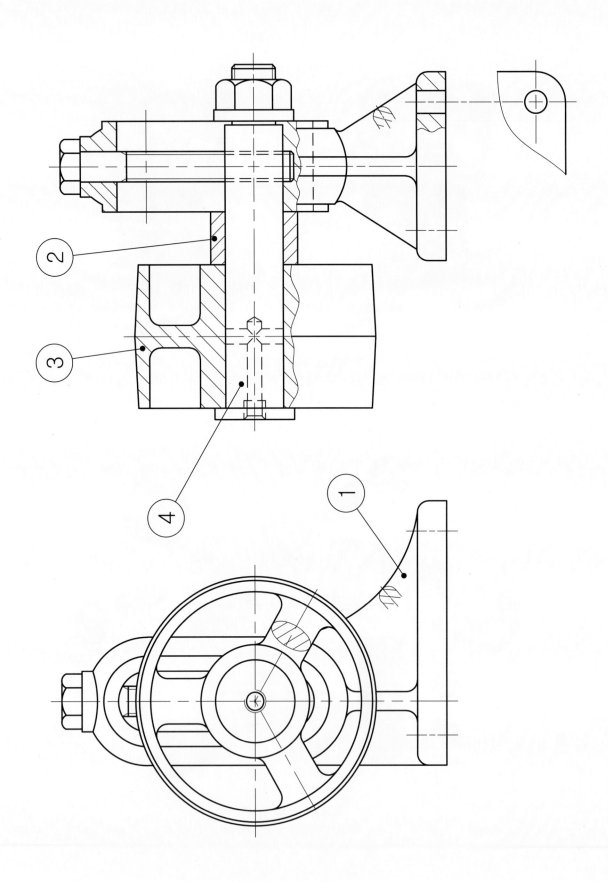

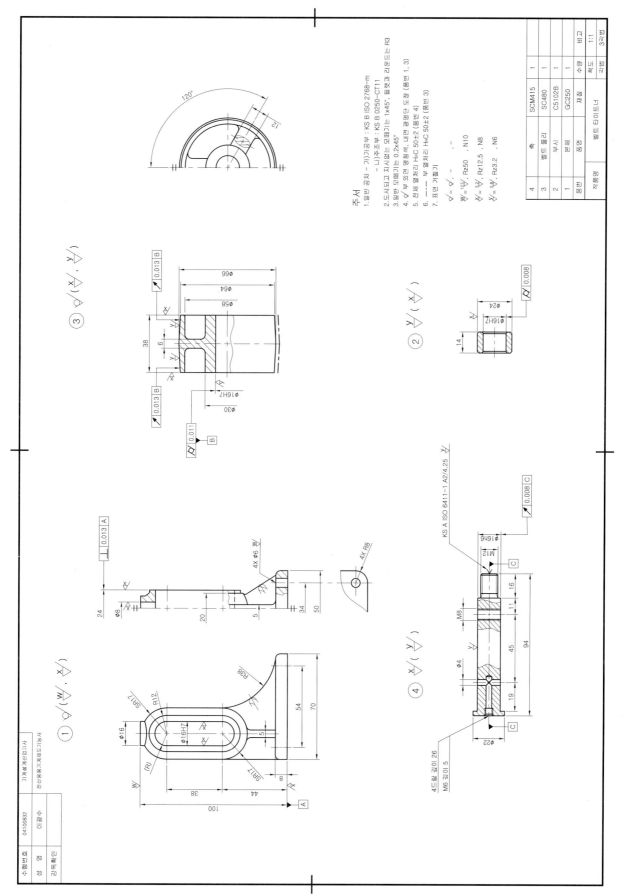

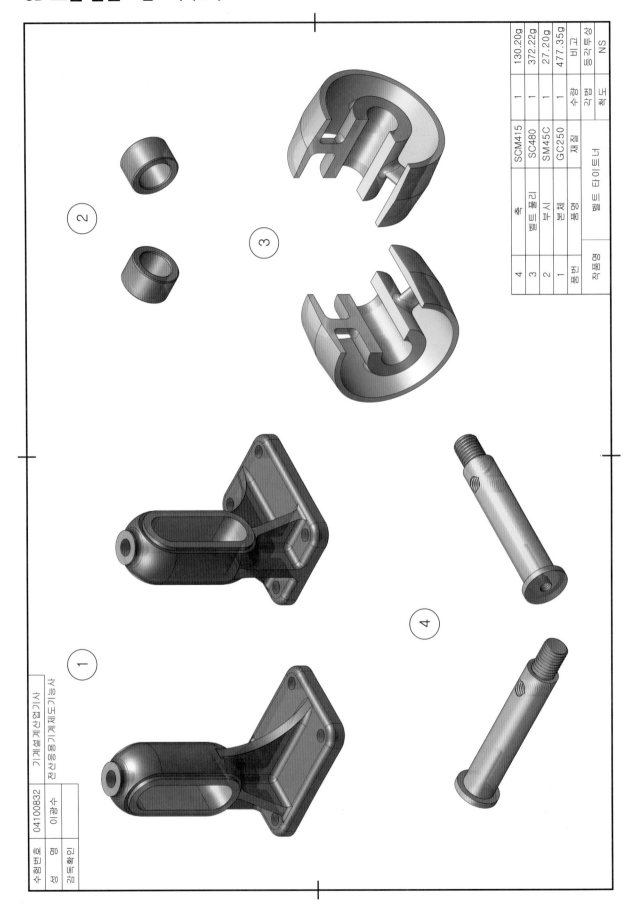

품번	품명	재질	수량	척도	비고
4	축	SCM415	1		130.20g
3	벨트 풀리	SC480	1		372.22g
2	부시	SM45C	1		27.20g
1	본체	GC250	1		477.35g
품번	품명	재질	수량	척도	비고

	작품명	벨트 타이트너	각법	NS

수험번호	04100832	기계설계산업기사
성 명	이광수	전산응용기계제도기능사
감독확인		

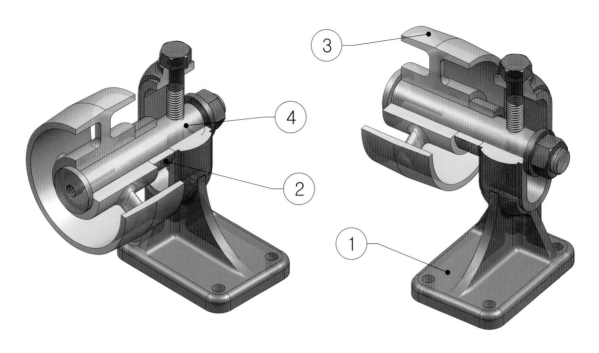

벨트 타이트너 조립도

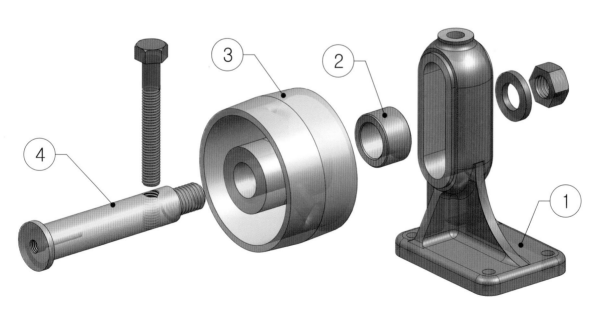

벨트 타이트너 구조도

과제4 기어 박스

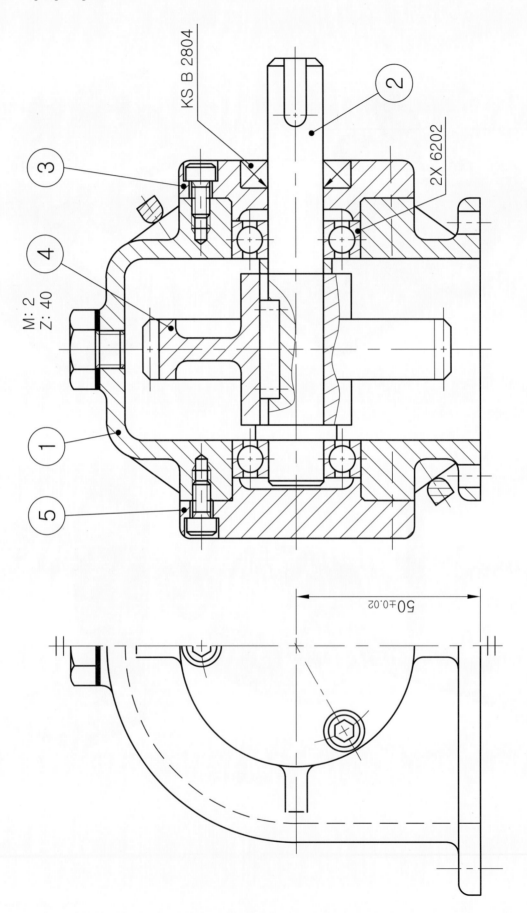

2D 모범 답안 – 기어 박스

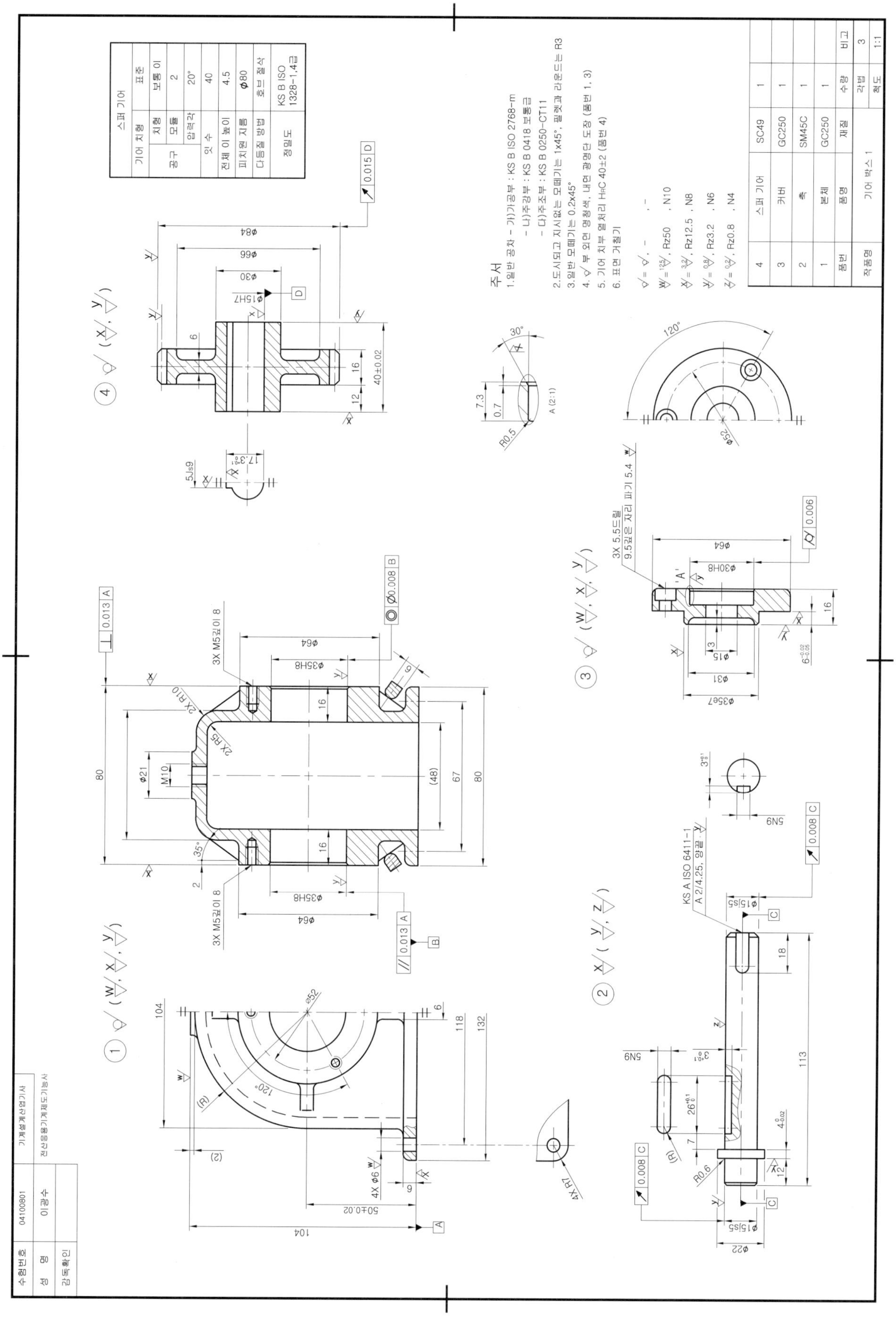

스퍼 기어
기어 치형 표준
공구 치형 보통 이
모듈 2
압력각 20°
잇 수 40
전체 이 높이 4.5
피치원 지름 Φ80
다듬질 방법 호브 절삭
정밀도 KS B ISO 1328-1,4급
주서
1.일반 공차 - 가)가공부 : KS B ISO 2768-m
- 나)주강부 : KS B 0418 보통급
- 다)주조부 : KS B 0250-CT11
2.도시되고 지시없는 모떼기는 1x45°, 필렛과 라운드는 R3
3.일반 모떼기는 0.2x45°
4. 부 외면 명청색, 내면 광명단 도장 (품번 1, 3)
5. 기어 치부 열처리 HRC 40±2 (품번 4)
6. 표면 거칠기
4 스퍼 기어 SC49 1
3 커버 GC250 1
2 축 SM45C 1
1 본체 GC250 1
품번 품명 재질 수량 비고
작품명 기어 박스 1 각법 3 척도 1:1
수험번호 04100801 기계설계산업기사
성 명 이광수 전산응용기계제도기능사
감독확인

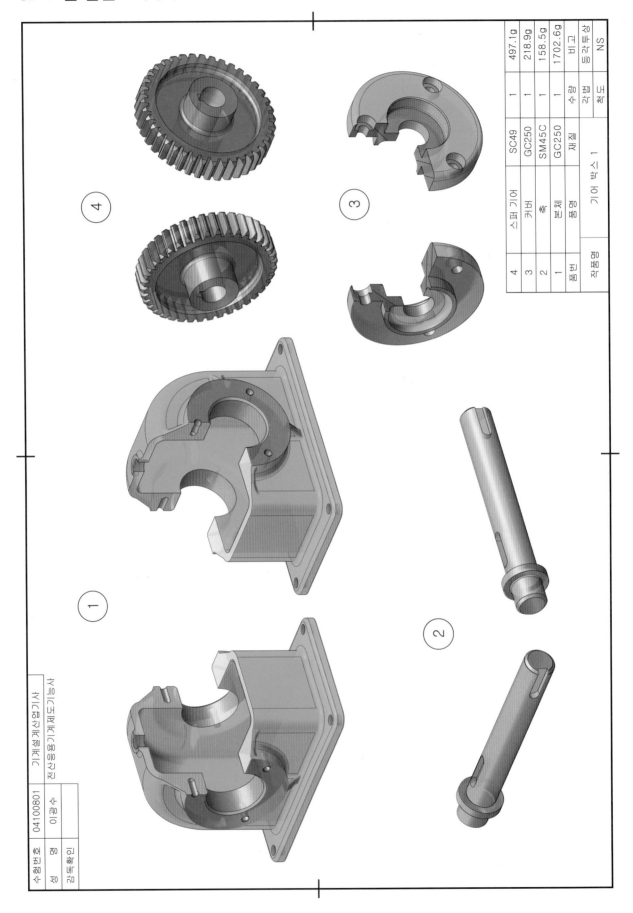

품번	품명	재질	수량	비고
4	스퍼 기어	SC49	1	497.1g
3	커버	GC250	1	218.9g
2	축	SM45C	1	158.5g
1	본체	GC250	1	1702.6g

품명	기어 박스 1
작품명	각투상	NS
	척도	

수험번호	04100801
성 명	이광수
감독확인	

기계설계산업기사

전산응용기계제도기능사

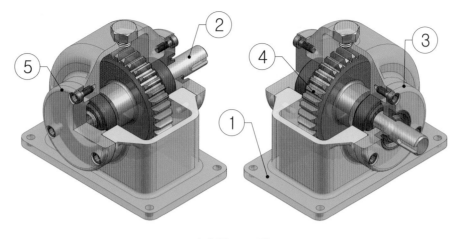

기어 박스 조립도

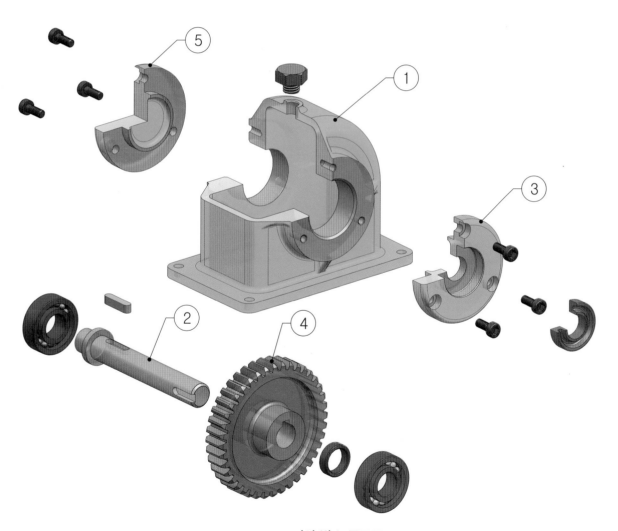

기어 박스 구조도

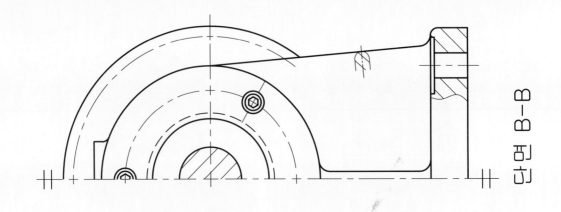

단면 B-B

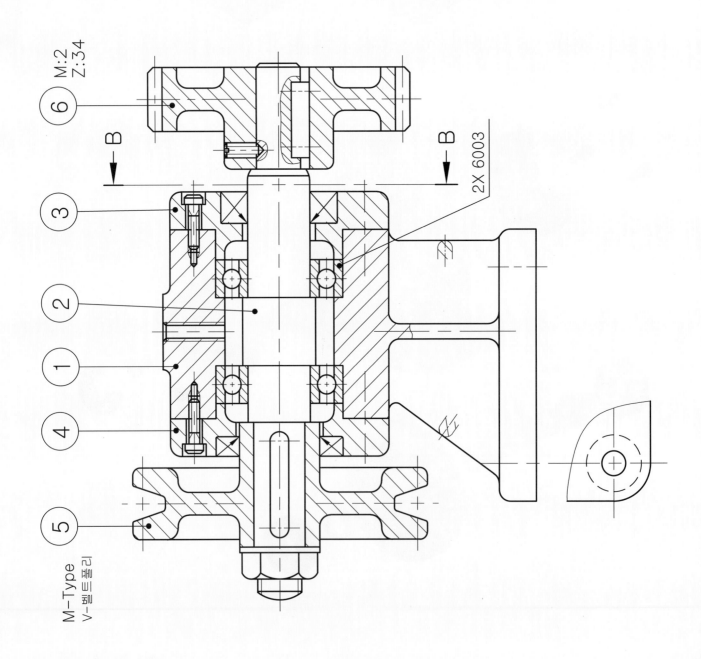

M:2
Z:34

⑥

B

B

2X 6003

③

②

①

④

⑤

M-Type
V-벨트풀리

2D 모범 답안 – 동력 전달 장치

주 서

1. 일반공차 – 가) 가공부 : KS B ISO 2768-m
   - 나) 주조부 : KS B ISO 0250 CT-11
   - 다) 주강부 : KS B 0418 보통급
2. 도시되고 지시없는 모떼기는 1x45°, 필렛과 라운드는 R3
3. 일반 모떼기는 0.2x45°
4. ✓부 외면 명청색, 내면 광명단 도장 (품번 1,4번)
5. 전체 열처리 HₐC50±2 (품번2번)
6. ---- 부 열처리 HₐC50±2 (품번5번)
7. 표면 거칠기 기호 비교표

✓ = ✓	, - , -
W = ¹²✓ , Rz50 , N10
X = ³✓ , Rz12.5 , N8
Y = ⁰·⁸✓ , Rz3.2 , N6
Z = ⁰·²✓ , Rz0.8 , N4

5		V 벨트 폴리		SC49	1	비고
4		커버		GC200	1	
2		축		SCM415	1	
1		본체		GC200	1	
품번		품명		재질	수량	

동력 전달 장치 3 | 3각법 | 1:1
작품명 | 척도

⑤ ✓ (X , Y , Z)

④ ✓ (W , X , Y)

① ✓ (W , X , Y)

② X (Y , Z)

수험번호 04100813
성 명 이광수
감독확인

기계제작산업기사
전산응용기계제도기능사

과제5 동력 전달 장치 397

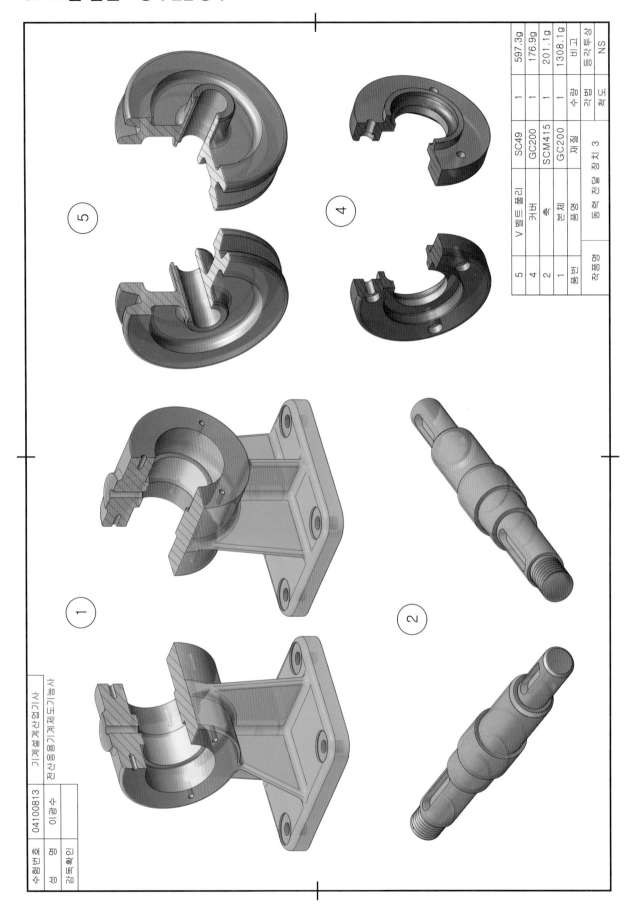

품번	작품명		재질	수량	비고
5	V벨트 풀리		SC49	1	597.3g
4	커버		GC200	1	176.9g
2	축		SCM415	1	201.1g
1	본체		GC200	1	1308.1g
품번	작품명	동력 전달 장치 3	재질	수량	비고
				각법	등각투상
				척도	NS

수험번호	04100813	기계설계산업기사
성명	이광수	전산응용기계제도기능사
감독확인		

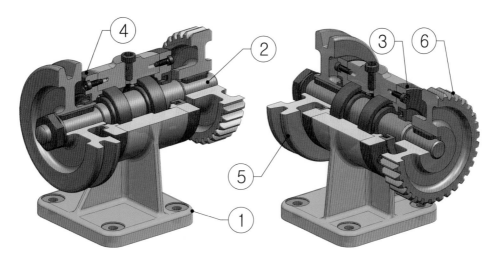

동력 전달 장치 조립도

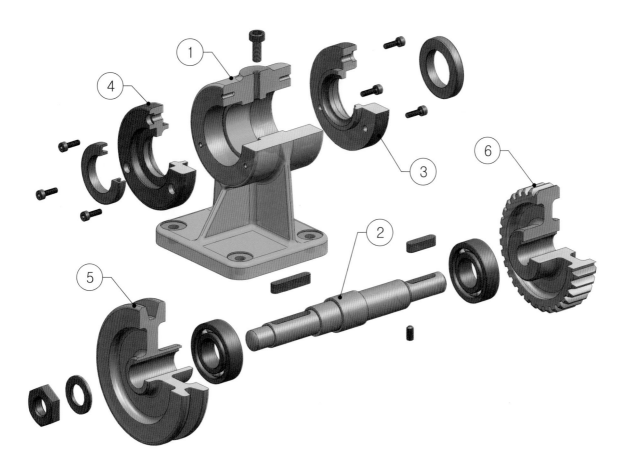

동력 전달 장치 구조도

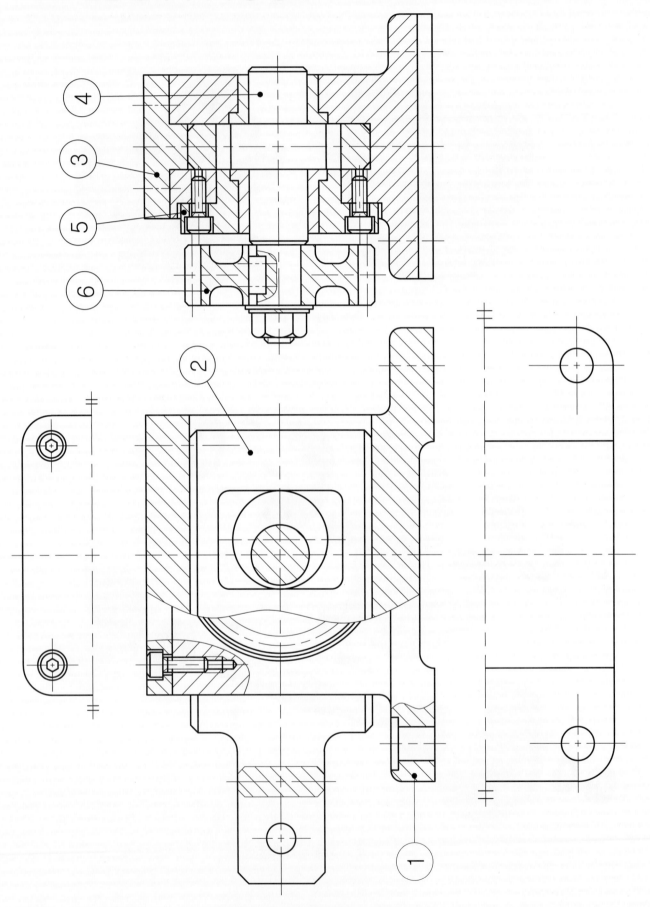

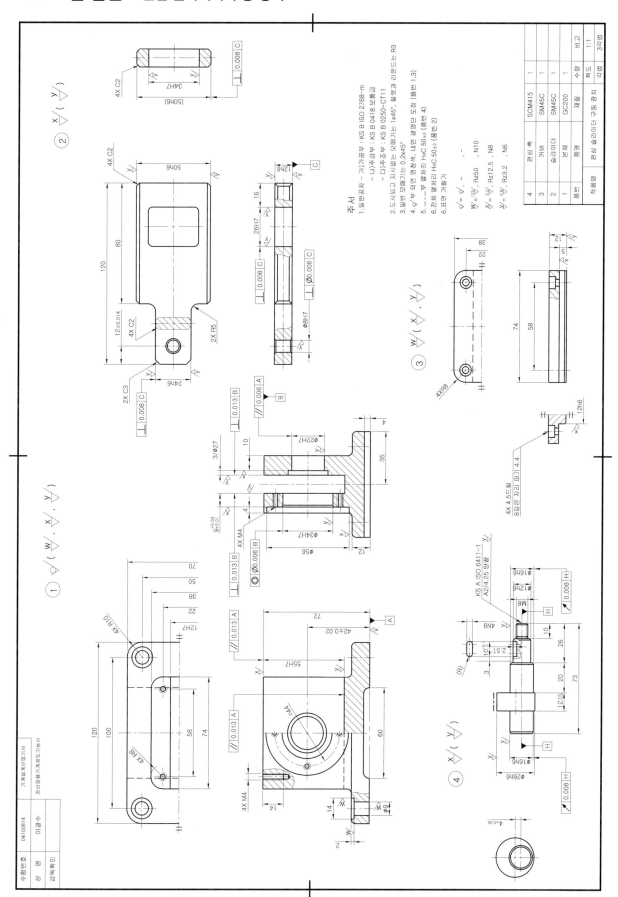

주서

1. 일반공차 – 가)기계가공부 : KS B ISO 2768-m
   – 나)주강부 : KS B 0418 보통급
   – 다)주조부 : KS B 0250-CT11
2. 도시되고 지시없는 모떼기는 1x45°, 필렛과 라운드는 R3
3. 일반 모떼기는 0.2x45°
4. ✓부 외면 명청색, 내면 광명단 도장 (품번 1,3)
5. ------부 열처리 HᵣC 50±2 (품번 4)
6. 전체 열처리 HᵣC 50±2 (품번 2)
6. 표면 거칠기

$\sqrt{} = \sqrt{}, \sqrt{} -, -$
$\sqrt{W} = \sqrt[12.5]{}, Rz50, N10$
$\sqrt{X} = \sqrt[3.2]{}, Rz12.5, N8$
$\sqrt{Y} = \sqrt[0.8]{}, Rz3.2, N6$

작품명		편심 슬라이더 구동 장치			
	품번	품명	재질	수량	비고
	1	본체	GC200	1	
	2	슬라이더	SM45C	1	
	3	커버	SM45C	1	
	4	편심 축	SCM415	1	
			척도	1:1	
			각법	3각법	

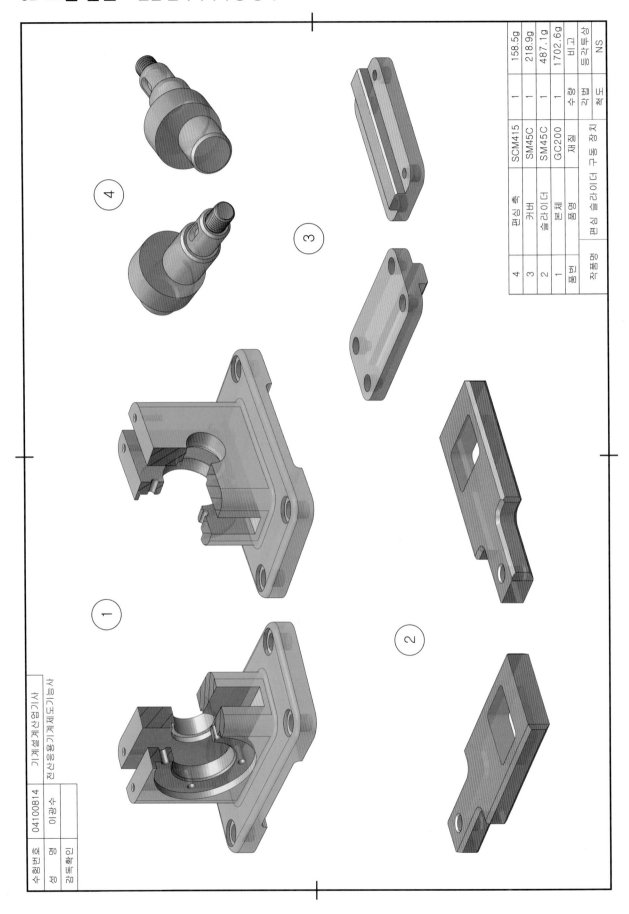

4	편심 축		SCM415	1	158.5g
3	커버		SM45C	1	218.9g
2	슬라이더		SM45C	1	487.1g
1	본체		GC200	1	1702.6g
품번	품명		재질	수량	비고
작품명	편심 슬라이더 구동 장치			각법	등각투상
				척도	NS

수험번호	04100814	기계설계산업기사
성 명	이광수	전산응용기계제도기능사
감독확인		

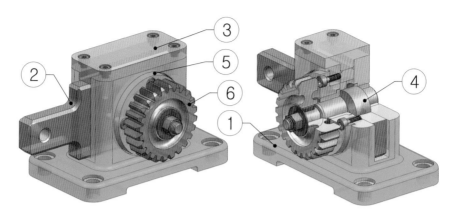

편심 슬라이더 구동 장치 조립도

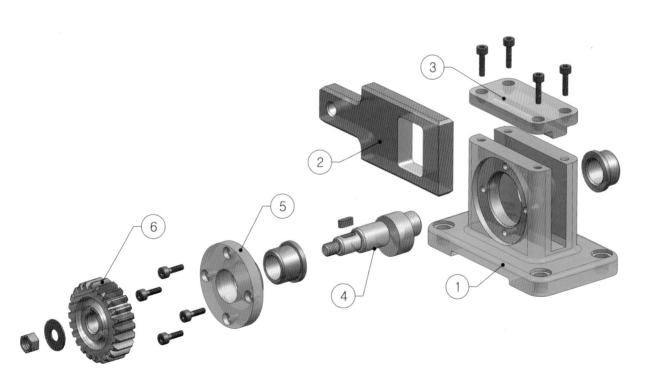

편심 슬라이더 구동 장치 구조도

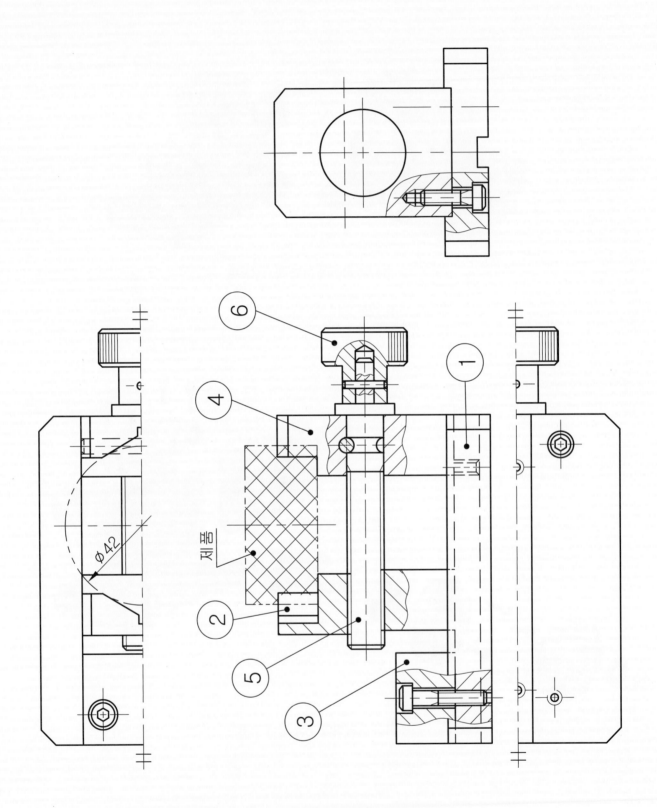

2D 모범 답안 – 바이스

주 서

1. 일반 공차-가지가공부:KS B ISO 2768-m
2. 도시되고 지시없는 모떼기는 1x45°, 필렛 및 라운드R3
3. 일반 모떼기는 0.2x45°
4. 게이지 핀 φ42
5. 표면 거칠기 기호 비교표

$\sqrt[w]{} = \sqrt[12.5]{}$, Rz50 . N10
$\sqrt[x]{} = \sqrt[3.2]{}$, Rz12.5 . N8
$\sqrt[y]{} = \sqrt[0.8]{}$, Rz3.2 . N6

5	리드 스크루	SCM415	1	
4	고정 조	SM45C	1	
2	이동 조	SM45C	1	
1	베이스	SM45C	1	
품번	품명	재질	수량	비고
	바이스		척도	1:1
작품명			각법	3각법

④ $\sqrt[w]{} (\sqrt[x]{} . \sqrt[y]{})$

② $\sqrt[w]{} (\sqrt[y]{})$

① $\sqrt[w]{} (\sqrt[x]{} . \sqrt[y]{})$

⑤ $\sqrt[x]{} (\sqrt[y]{})$

수험번호	04100815	기계설계산업기사
성 명	이광수	전산응용기계제도기능사
감독확인		

KS A ISO6411-1
A 2/4.25 $\sqrt{}$

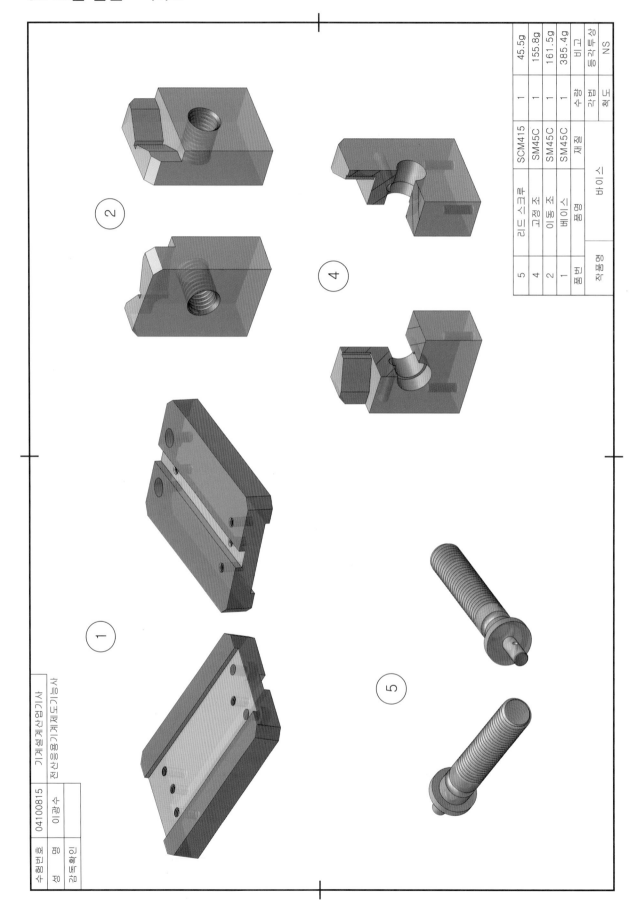

품번	작품명	재질	수량	비고
5	리드 스크루	SCM415	1	45.5g
4	고정 조	SM45C	1	155.8g
2	이동 조	SM45C	1	161.5g
1	베이스	SM45C	1	385.4g
품번	작품명	재질	수량	비고

바이스

등각투상
NS

각법
척도

수험번호	04100815
성명	이광수
감독확인	

기계설계산업기사
전산응용기계제도기능사

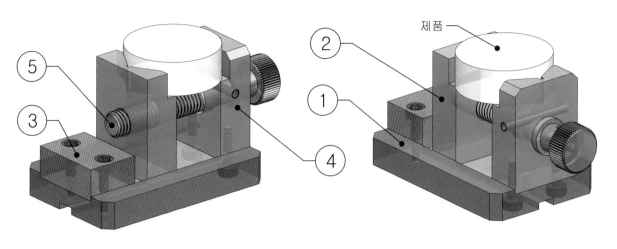

바이스 조립도

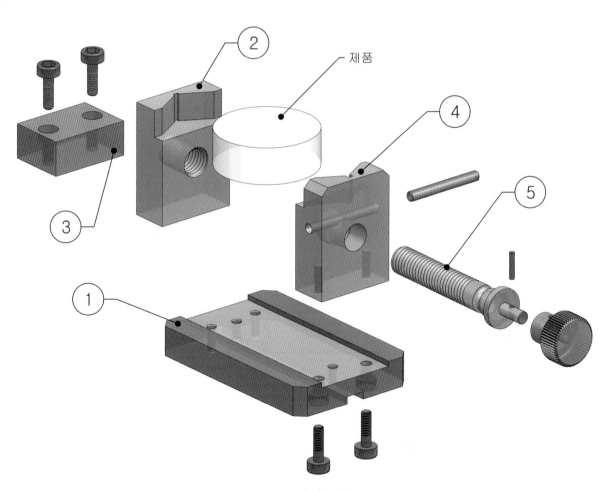

바이스 구조도

과제8 드릴 지그

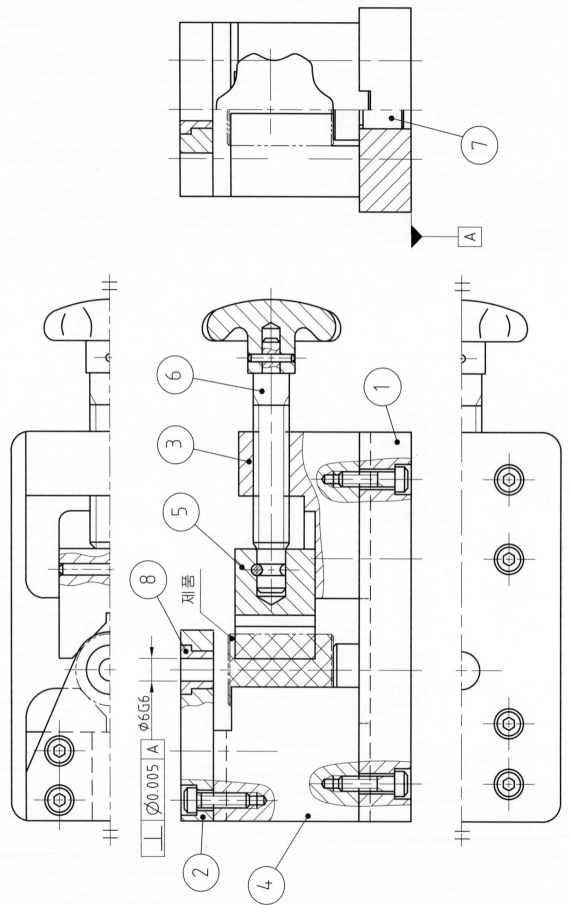

주 서

1. 일반공차-가)가공부:KS B ISO 2768-m
2. 도시되고 지시없는 모떼기 1×45°, 필렛 및 라운드 R3
3. 일반 모떼기 0.2×45°
4. 전체 열처리 HₐC50±2(품번 3)
5. ──── 부 열처리 HₐC 50±2 (품번 4)
6. 게이지 핀 φ19
7. 표면 거칠기 기호 비교표

W = ⁵⁰⁄ , Rz50 , N10
X = ²⁵⁄ , Rz12.5 , N8
Y = ⁶⁄ , Rz3.2 , N6

품번	품명	재질	수량	비고
4	V 블록	STC3	1	
3	지지대	SM45C	1	
2	드릴 가이드	SM45C	1	
1	베이스	SM45C	1	

드릴지그

작품명

척도 1:1
각법 3각

수험번호	04100818	기계설계산업기사
성 명	이광수	전산응용기계제도기능사
감독확인		

① W (X , Y)

② W (X , Y)

③ W (X , Y)

④ W (X , Y)

3D 모범 답안 – 드릴 지그

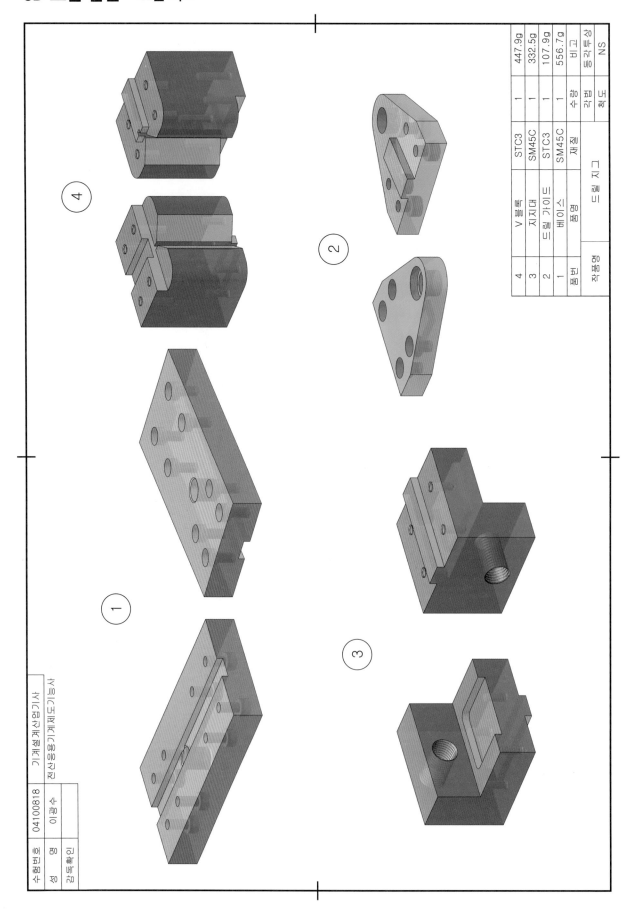

품번	품명	재질	수량	비고
4	V블록	STC3	1	447.9g
3	지지대	SM45C	1	332.5g
2	드릴가이드	STC3	1	107.9g
1	베이스	SM45C	1	556.7g

작품명 : 드릴 지그

등각투상 NS
척도 | 각법

수험번호	04100818	기계설계산업기사
성명	이광수	전산응용기계제도기능사
감독확인		

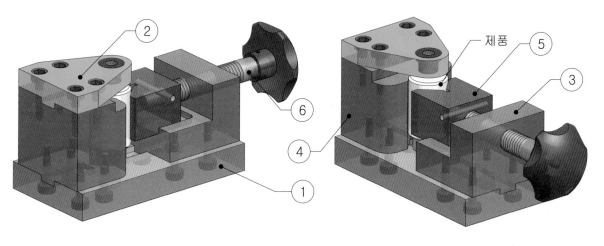

제품 ⑤

드릴 지그 조립도

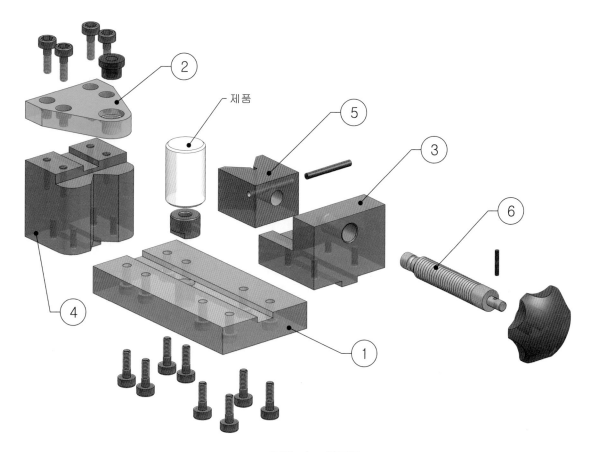

제품

드릴 지그 구조도

과제9 위치 고정 지그

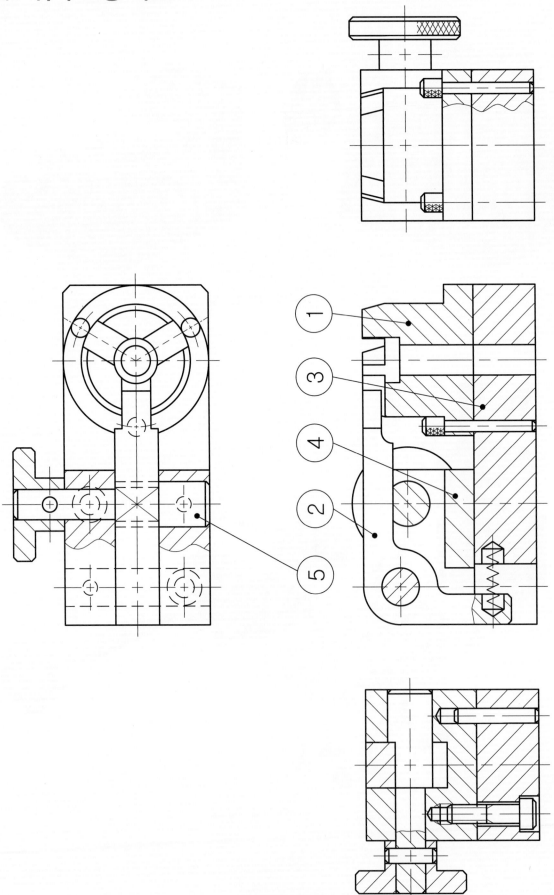

2D 모범 답안 – 위치 고정 지그

주서
1. 일반 공차-가공부:KS B ISO 2768-m
2. 도시되고 지시없는 모떼기는 1x45°, 필렛 및 라운드 R3
3. 일반 모떼기는 0.2x45°
4. 전체 열처리 HrC50±2(품번1)
5. 표면 거칠기 기호 비교표

$\overset{w}{\triangledown} = \frac{12.5}{\triangledown}$, Rz50 , N10

$\overset{x}{\triangledown} = \frac{3.2}{\triangledown}$, Rz12.5 , N8

$\overset{y}{\triangledown} = \frac{0.8}{\triangledown}$, Rz3.2 , N6

작품명		위치 고정 지그			
품번	품명	재질	수량		
1	본체	SCM430	1		
2	위치 고정 레버	SCM430	1		
3.	베이스	SM45C	1		
4	위치 고정판	SCM430	1		

척도	1:1	각법	3각법

위치 고정 지그

③ $\overset{w}{\triangledown}(\overset{x}{\triangledown},\overset{y}{\triangledown},\triangledown)$

3X φ3N7

3x120°

40

φ8H7

// 0.015 C

17

16 4

φ6

φ35

38

90

26

22

10

12

26

A   A

단면 A-A

2X φ4N7

2X φ5.5

5.4

12

φ9.5

② $\overset{w}{\triangledown}(\overset{x}{\triangledown},\overset{y}{\triangledown},\triangledown)$

φ10N7

62

10

10

φ8H8

⊥ 0.008 B

B

14

φ20

φ6

4

8

25

10

40

① $\overset{w}{\triangledown}(\overset{x}{\triangledown},\overset{y}{\triangledown},\triangledown)$

3X 8H7

3x120°

φ35

15°

10

φ30

φ40

φ8H8

φ12H8

8

6

9

30

3X 3N7

// 0.008 A

0.008 A

수험번호	04100831
성 명	이광수
감독확인	

기계설계산업기사
N级(기계계설계용융/산업기사

④ $(\overset{w}{\triangledown},\overset{x}{\triangledown},\overset{y}{\triangledown},\triangledown)$

φ10H7

// 0.011 D

40

26

22

10

◎ φ0.008 E

R10

22±0.017 9

26

41

20

18

8

30

D

B   B

단면 B-B

φ12H7

14

12H7

⊥ 0.008 D

2X 4N7

2X M5깊이10

φ8H7

10

⊥ 0.009 D

// 0.008 E

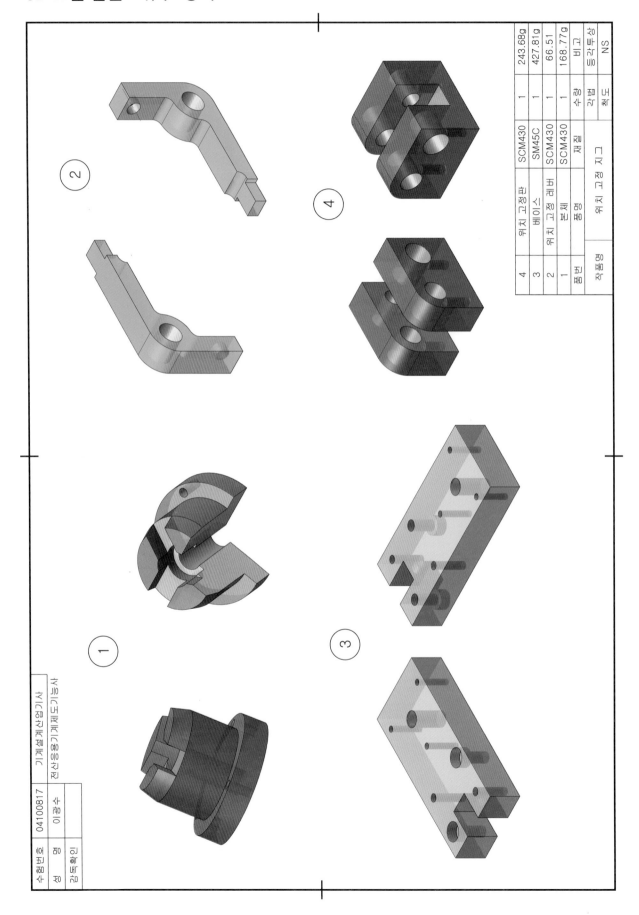

품번	품명	재질	수량	비고
4	위치 고정판	SCM430	1	243.68g
3	베이스	SM45C	1	427.81g
2	위치 고정 레버	SCM430	1	66.51
1	본체	SCM430	1	168.77g

작품명	위치 고정 지그
각법	3각법
척도	NS

수험번호	04100817
성 명	이광수
감독확인	

기계설계산업기사
전산응용기계제도기능사

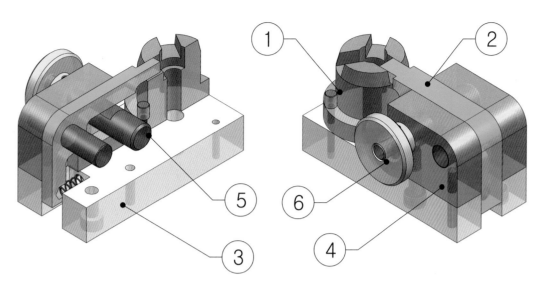

위치 고정 지그 조립도

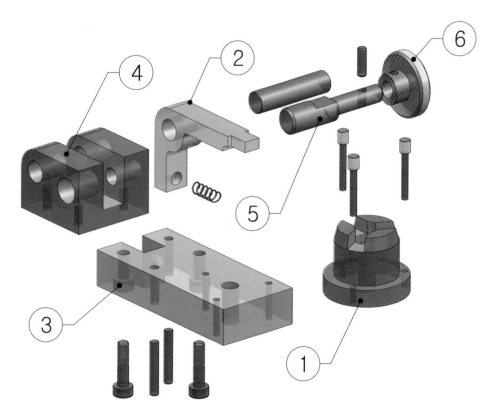

위치 고정 지그 구조도

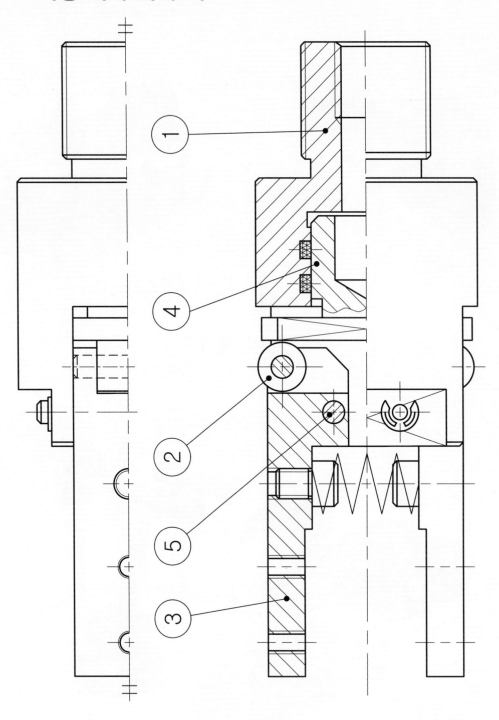

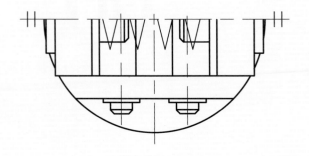

2D 모범 답안 – 2자형 레버 에어 척

주 서

1. 일반 공차-가)가공부:KS B ISO 2768-m
2. 도시되고 지시없는 모떼기는 1x45°, 필렛 및 라운드R3
3. 일반 모떼기는 0.2x45°
4. 전체 열처리 HRC50±2(부품3)
5. 파크라이징 처리(부품3)
6. 알루미늄 다이트 처리(부품1)
7. 표면 거칠기 기호 비교표

$\sqrt{} = \sqrt{}, \quad .-$

$\sqrt[w]{} = \frac{12.5}{\sqrt{}}, \quad Rz50 \quad , N10$

$\sqrt[x]{} = \frac{3.2}{\sqrt{}}, \quad Rz12.5 \quad , N8$

$\sqrt[y]{} = \frac{0.8}{\sqrt{}}, \quad Rz3.2 \quad , N6$

$\sqrt[z]{} = \frac{0.2}{\sqrt{}}, \quad Rz0.8 \quad , N4$

작품명			2자형 레버 에어 척			각법	3각법
						척도	1:1
4			AC8C			1	비고
3	레버형 멈가		SCM430			2	
2	부시		CAC502A			2	
1	실린더		ALDC7			1	
품번	품 명		재질			수량	

수험번호	04100821
성 명	이광수
감독확인	

기계설계산업기사

전산응용기계제도기능사

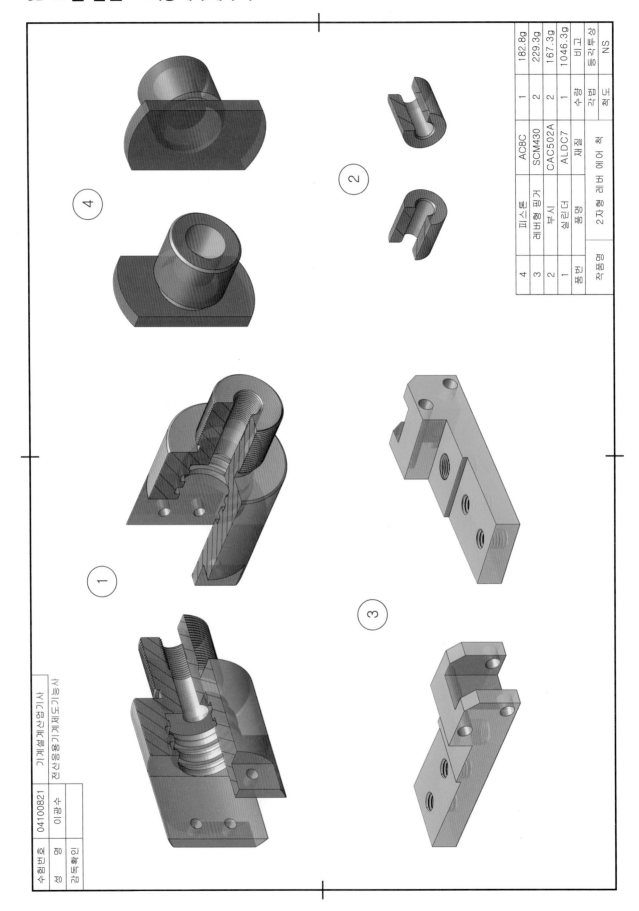

4	3	2	1	품번	
피스톤	레버형 핑거	부시	실린더	품명	2자형 레버 에어 척
AC8C	SCM430	CAC502A	ALDC7	재질	
1	2	2	1	수량	각법
182.8g	229.3g	167.3g	1046.3g	비고	척도
				등각투상	NS

수험번호	04100821	기계설계산업기사
성 명	이광수	전산응용기계제도기능사
감독확인		

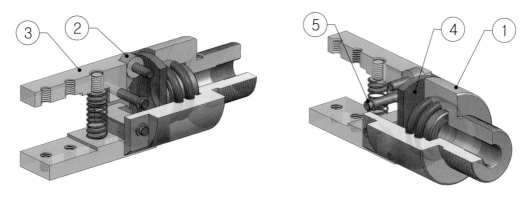

2자형 레버 에어 척 조립도

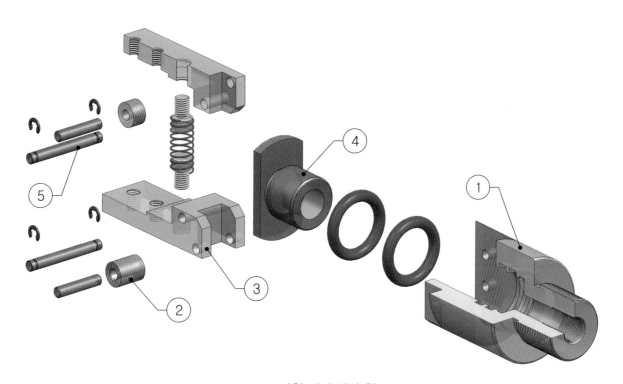

2자형 레버 에어 척 구조도

3D CAD 실기 / 실습
인벤터 형상 모델링

2019년 1월 10일 1판 1쇄
2022년 1월 10일 1판 3쇄

저자 : 이광수 · 공성일
펴낸이 : 이정일

펴낸곳 : 도서출판 **일진사**
www.iljinsa.com

(우)04317 서울시 용산구 효창원로 64길 6
대표전화 : 704-1616, 팩스 : 715-3536
등록번호 : 제1979-000009호(1979. 4. 2)

값 **28,000원**

ISBN : 978-89-429-1560-6